工业和信息化普通高等教育"十三五"规划教材立项项目
普通高等学校计算机教育"十三五"规划教材

大学计算机基础实验教程（第2版）

A Coursebook on Fundamentals Experiment of Computer (2nd Edition)

卜言彬 陈婷 杨艳 主编
曹海燕 薛雁丹 丁昕健 王远阳 副主编

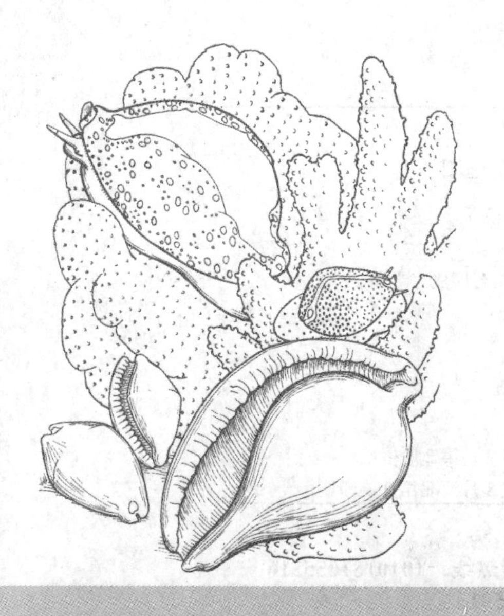

人民邮电出版社
北京

图书在版编目（CIP）数据

大学计算机基础实验教程 / 卜言彬，陈婷，杨艳主编. -- 2版. -- 北京 : 人民邮电出版社，2020.9（2023.8重印）
普通高等学校计算机教育“十三五”规划教材
ISBN 978-7-115-54763-7

Ⅰ. ①大… Ⅱ. ①卜… ②陈… ③杨… Ⅲ. ①电子计算机－高等学校－教材 Ⅳ. ①TP3

中国版本图书馆CIP数据核字(2020)第181296号

内容提要

本书为《大学计算机基础（第 2 版）》的配套实验教材，目的是培养读者使用计算机解决实际问题的能力。本书介绍的实验内容包括 Windows 10 操作系统、文字处理软件 Word、电子表格处理软件 Excel、演示文稿制作软件 PowerPoint、计算机网络等，每部分内容均由面向实际应用的实验案例组成。通过实验，读者不仅可以加深对理论知识的理解，还可以提高分析问题并通过计算机解决实际问题的能力。

本书既可以作为应用型本科院校计算机基础课程的实验教材，也可以作为计算机初学者的培训用书和自学教材。

◆ 主　　编　卜言彬　陈　婷　杨　艳
副 主 编　曹海燕　薛雁丹　丁昕健　王远阳
责任编辑　张　斌
责任印制　王　郁　陈　犇

◆ 人民邮电出版社出版发行　　北京市丰台区成寿寺路 11 号
邮编　100164　　电子邮件　315@ptpress.com.cn
网址　https://www.ptpress.com.cn
三河市祥达印刷包装有限公司印刷

◆ 开本：787×1092　1/16
印张：12.75　　2020 年 9 月第 2 版
字数：318 千字　　2023 年 8 月河北第 9 次印刷

定价：39.80 元

读者服务热线：(010)81055256　印装质量热线：(010)81055316
反盗版热线：(010)81055315
广告经营许可证：京东市监广登字 20170147 号

前言 PREFACE

本书是《大学计算机基础（第 2 版）》的配套实验教材，编写的目的是培养读者在现代计算机环境下通过计算机解决问题的能力。本书可帮助读者理解课程中讲解的基础理论知识，指导读者进行实践操作，进而达到灵活应用计算机的目的。书中实验均是面向实际问题而设计的，是编者结合多年课堂实践经验，经过深化整理所得。

本书主要介绍了 Windows 10 操作系统、Office 2016 办公软件、计算机网络等实验内容，实例丰富、内容精练、通俗易懂。通过实验练习，读者不仅能加深对理论知识的理解，而且能提高分析问题及通过计算机解决实际问题的能力和应用水平。

由于时间仓促及编者水平有限，书中难免存在不当之处，敬请读者批评指正。编者的联系方式：lance-2@163.com。

编　者

2020 年 6 月

目 录 CONTENTS

01

第1章　Windows 10操作系统

实验 1　指法和输入法练习

【实验目的】

- 了解键盘各部分的组成及各键的功能。
- 掌握键盘指法。
- 掌握中文输入法的添加与删除的方法。
- 掌握输入法的设置和切换的方法。

【实验内容与步骤】

任务 1　键盘布局及各键的功能

键盘是用户向计算机输入数据和命令的工具。随着计算机技术的发展，输入设备越来越繁多，但键盘的主导地位却是替换不了的。正确地掌握键盘的使用，是学好计算机操作的第一步。计算机键盘通常分为 5 个区域，它们分别是主键盘区、功能键区、编辑键区、小键盘区（辅助键区）和状态指示区，如图 1-1 所示。

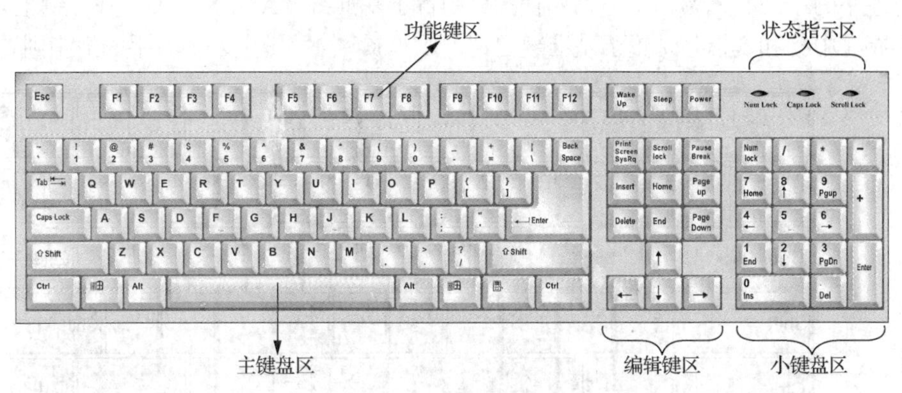

图 1-1　键盘

功能键区位于键盘上方第一排，包括<Esc>键、<F1>～<F12>键等。主键盘区位于中间区域，包括数字键 0～9，字母键 A～Z 及部分符号键和一些特殊功能键。编辑键区位于主键盘区的右边。小键盘区位于键盘右侧。下面重点介绍几个常用键的功能。

① 大小写字母转换键（<Caps Lock>键）：<Caps Lock>键可用来转换字母大小写状态。如果<Caps Lock>指示灯亮着，则键盘处于大写字母锁定状态，若此时直接按下字母键，则输入为大写字母；如果<Caps Lock>指示灯不亮，则大写字母锁定状态被取消，若此时直接按下字母键，则输入为小写字母。

② 上挡键（<Shift>键）：<Shift>键的主要功能有两个，一是按住此键再按双字符键即可输入双字符键的上挡的字符；二是按住此键再按字母键可输入与当前所处状态相反的大写或小写字母。

③ <Esc>键：<Esc>键位于键盘的左上角，一般起退出或取消的作用，它在不同环境下有不同的用途。

④ 退格键（<Backspace>或<←>键）：退格键位于主键盘区的右上角，每按一次该键，将删除当前光标位置的前一个字符。

⑤ 控制键（<Ctrl>键）和转换键（<Alt>键）：这两个键均要与其他键配合起来使用才能完成某种功能。

⑥ 数字输入锁定换键（<Num Lock>键）：<Num Lock>键是一个开关键，使用小数字键盘进行输入时，用它来在数字输入和编辑控制状态之间切换。当<Num Lock>指示灯亮时，表示小数字键盘区正处于数字输入状态，反之则处于编辑控制状态。

⑦ 删除键（<Delete>或<Del>键）：<Delete>键位于编辑键区，该键的主要功能是删除光标右侧的一个字符或删除选中的项目。

任务 2 键盘指法

操作计算机要保持正确的姿势，打字时使用正确的姿势有利于提高我们打字的准确率和速度。对于初学者来说，养成良好的打字习惯很重要。如果开始时不注意，养成不正确的打字习惯后就很难纠正过来了。

要想熟练地操作计算机，必须牢记键盘上各键的位置，并且要正确掌握键盘的指法。键盘指法要求两手同时操作，并对手指有明确的分工，如图 1-2 所示。指法规定：在键盘的第三行中，“A”“S”“D”“F”“J”“K”“L”“;”这 8 个键是基准键。基准键位是左右手指的固定位置，输入时左手的小指、无名指、中指和食指分别置于基准键“A”“S”“D”“F”键上，右手的小指、无名指、中指和食指分别置于基准键“;”“L”“K”“J”键上，左右手的拇指则置于空格键上。

图 1-2 键盘的手指分工

任务3 中文输入法的添加与删除

将文字输入计算机中的方法有很多，如使用键盘、手写板输入或语音输入，但最常用的还是键盘输入。按照不同的设计思想，可把数量众多的中文输入法归纳为4大类：数字编码、拼音码、字形码和音形码。

通常计算机的使用者都习惯使用固定的输入法，为了方便使用，使用者可以添加习惯使用的输入法，删除不用的输入法。Windows 10提供了“微软拼音”“微软五笔”中文输入法。有些输入法的添加，需要先下载相应的输入法软件再进行安装，如搜狗拼音输入法、QQ拼音输入法等。

添加和删除输入法的操作步骤如下。

步骤1：单击任务栏中的“语言栏”按钮，在弹出的快捷菜单中选择“语言首选项”菜单项，弹出“设置”→“语言”对话框，如图1-3所示。

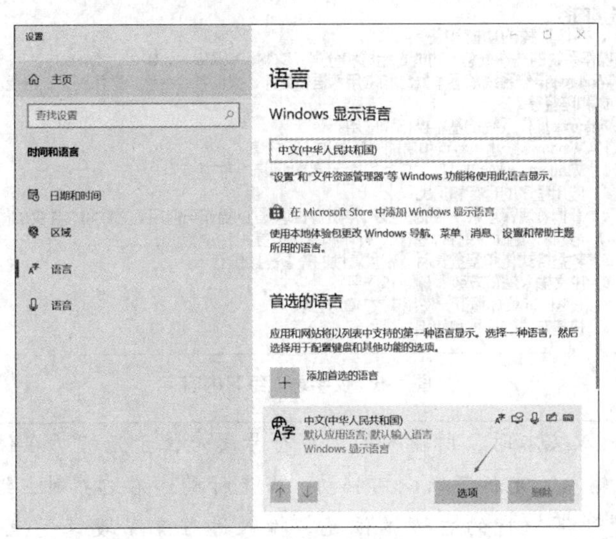

图1-3 语言设置

步骤2：单击“添加首选的语言”→“中文”→“选项”按钮，在弹出的“语言选项”对话框中单击“键盘”→“添加键盘”按钮，即可添加需要的输入法。

步骤3：单击“键盘”下不用的输入法，再单击“删除”按钮，即可删除不需要的输入法，如图1-4所示。

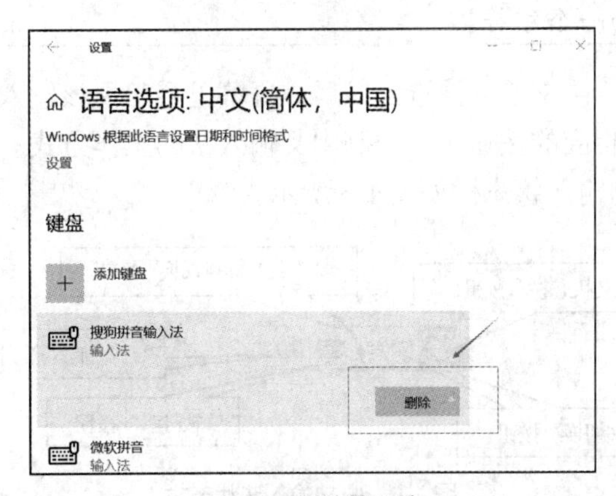

图1-4 删除输入法

任务4 “汉字录入”练习

选择“开始”→“Windows 附件”→“写字板”菜单项，打开“写字板”程序，输入图1-5所示的内容，字体为宋体，字号为11，并以“打字练习.RTF”为文件名保存在D盘下。

全国计算机一级考试MS Office考试大纲
基本要求
1.具有使用微型计算机的基础知识（包括计算机病毒的防治常识）。
2.了解微型计算机系统的组成和各组成部分的功能。
3.了解操作系统的基本功能和作用，掌握Windows的基本操作和应用。
4.了解文字处理的基本知识，掌握Word输入方法，熟练掌握一种汉字（键盘）的基本操作和应用。
5.了解电子表格软件基本知识，掌握Excel的基本操作和应用。
6.了解演示文稿的基本知识，掌握PowerPoint的基本操作和应用。
7.了解计算机网络的基本概念和因特网（Internet）的初步知识，掌握IE浏览器软件和“Outlook Express”软件的基本操作和使用。
考试内容
一、操作系统的功能和使用
1.操作系统的基本概念、功能、组成和分类（DOS、Windows、UNIX、Linux）。
2.Windows操作系统的基本概念和常用术语，文件、文件名、目录（文件夹）、目录（文件夹）树和路径等。
3.Windows操作系统的基本操作和应用。
（1）Windows概述、特点和功能、配置和运行环境。
（2）Windows“开始”按钮、“任务栏”“菜单”“图标”等的使用。
（3）应用程序的运行和退出。
（4）掌握资源管理系统“我的电脑”或“资源管理器”的操作与应用。文件和文件夹的创建、移动、复制、删除、更名、查找、打印和属性设置。
（5）软盘格式化和整盘复制，磁盘属性的查看等操作。
（6）中文输入法的安装、删除和选用。
（7）在Windows环境下，使用中文DOS方式。
（8）快捷方式的设置和使用。

图1-5 汉字录入练习内容

- 输入文本时，所输入的文字符号总是位于光标所在位置，即插入点处。随着字符的输入，光标不断向右移动。当光标到达右边界时，继续输入字符，光标将自动移动到下一行的左边界位置。输入过程除了段落结束外，不用按键盘上的<Enter>键。
- 按<Ctrl+Shift>组合键可以切换文字输入法。
- 当输入法需要进行中英文切换时，按<Ctrl+空格>组合键可以打开或关闭中文输入法。
- 删除字符：按<Backspace>键可删除光标前面的一个字符，按<Delete>键可删除光标后面的一个字符。

输入法相关操作提示：中文输入法选定以后，屏幕上会出现该输入法的显示界面，称为中文输入法状态栏，通过单击相应的按钮可以控制中文输入法的工作方式。

“搜狗拼音输入法”的输入状态栏如图1-6所示。

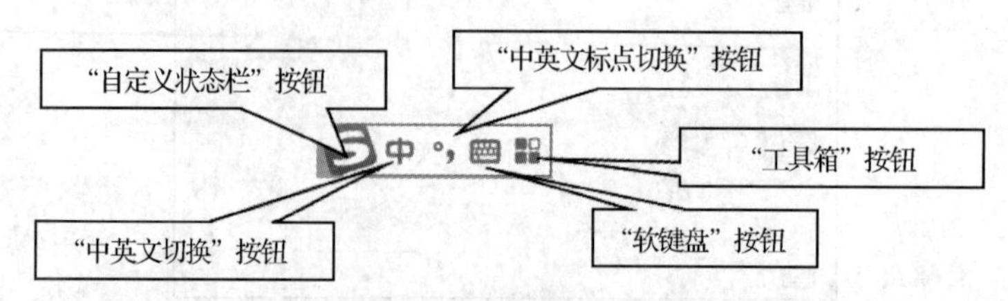

图1-6 中文输入法状态栏

（1）切换中英文标点

中文与英文的标点符号是不同的。在英文标点输入状态时，“中英文标点切换”按钮上显示的是英文句点和英文逗号；在中文标点输入状态时，“中英文标点切换”按钮上显示的是中文句号和中文逗号。

（2）软键盘

键盘上所提供的标点符号并没有包含所有的中文标点符号，如…、～等，这时用户可以右键单击“软键盘”按钮，然后在弹出的选项框中选择“标点符号”选项，如图 1-7 所示，会出现图 1-8 所示的软键盘，鼠标单击相应的键即可输入对应的中文标点符号。

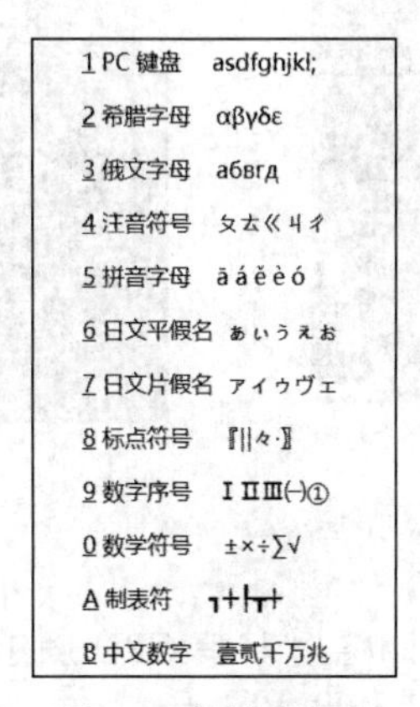

图 1-7　软键盘选项

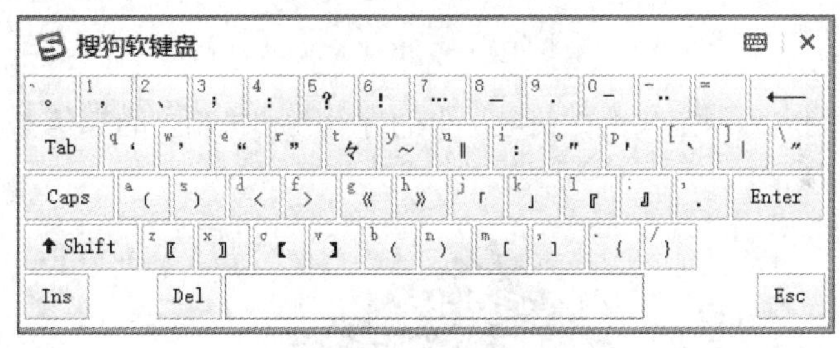

图 1-8　软键盘

实验 2　计算机硬件系统

【实验目的】

- 认识计算机的基本硬件及组成部件。
- 掌握计算机的硬件连接步骤及安装过程。

【实验内容与步骤】

任务　了解计算机硬件的组成

1. 硬件的基本配置

计算机的硬件系统由主机、显示器、键盘和鼠标组成。具有多媒体功能的计算机还配有音箱、话筒等。除此之外，计算机还可以外接打印机、扫描仪、数码相机等设备。

计算机最主要的部分位于主机箱中，如计算机的主板（见图 1-9）、电源、CPU、内存、硬盘、各种板卡（如显卡、声卡、网卡）等，如图 1-10 所示。机箱的前面板上有一些按钮和指示灯，有的还有一些插接口；机箱的背面板上则有一些插槽和接口。

图 1-9　计算机主板

图 1-10　计算机主机箱内部

2. 硬件连接步骤

首先安装电源，再在主板的对应插槽里安装 CPU、内存；然后把主板安装在主机箱内，再安装硬盘、显卡、声卡、网卡等，并连接机箱内的接线；最后连接外部设备，如显示器、鼠标、键盘等。

（1）安装电源

把电源放在机箱的电源固定架上，使电源上的螺丝孔和机箱上的螺丝孔一一对应，然后拧上螺丝。电源如图 1-11 所示。

图 1-11　电源

（2）安装 CPU

将主板平置于桌面，CPU 插槽是一个布满均匀圆形小孔的方形插槽，根据 CPU 的针脚和 CPU 插槽上插孔的位置的对应关系确定 CPU 的安装方向。拉起 CPU 插槽边上的拉杆，将 CPU 的引脚缺针位置对准 CPU 插槽的相应位置，待 CPU 针脚完全放入后，按下拉杆至水平方向，锁紧 CPU。之后涂抹散热硅胶并安装散热器，然后将风扇电源线插头插到主板上的 CPU 风扇插座上。CPU 如图 1-12 和图 1-13 所示。

图 1-12 CPU 正面

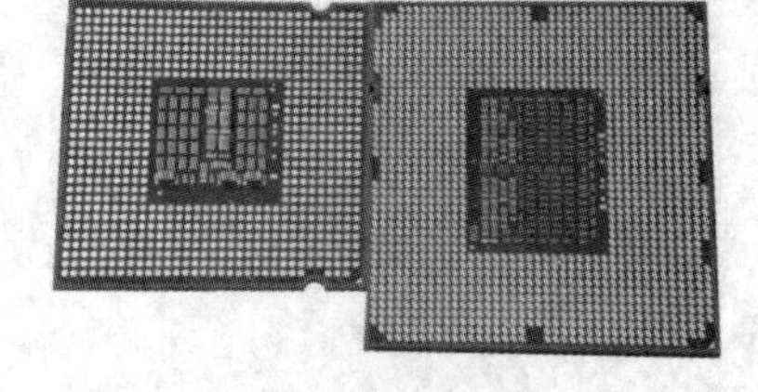
图 1-13 CPU 背面

（3）安装内存

内存插槽是长条形的，它的中间有一个用于定位的凸起部分，按照内存插脚上的缺口位置将内存压入内存插槽，使插槽两端的卡子可完全卡住内存。内存如图 1-14 所示。

图 1-14 内存

（4）安装主板

首先将机箱自带的金属螺柱拧入主板支撑板的螺丝孔中，然后将主板放入机箱，注意主板上的固定孔要对准拧入的螺柱，主板的接口区要对准机箱背面板的对应接口孔，边调整位置边依次拧紧螺丝以固定主板。

（5）安装硬盘

拆下机箱前部与要安装硬盘位置对应的挡板，将硬盘从前面平行推入机箱内部，边调整位置边拧紧螺丝，把硬盘固定在托架上。硬盘如图 1-15 所示。

图 1-15 硬盘

（6）安装显卡、声卡、网卡等各种板卡

根据显卡、声卡、网卡等板卡的接口（PCI 接口、AGP 接口、PCI-E 接口等）确定不同板卡对应的插槽（PCI 插槽、AGP 插槽、PCI-E 插槽等），取下机箱内部与插槽对应的金属挡片，将相应板卡插脚对准对应插槽，板卡挡板对准机箱内挡片孔，用力将板卡压入插槽中并拧紧螺丝，将板卡固定在机箱上。显卡如图 1-16 所示，声卡如图 1-17 所示，网卡如图 1-18 所示。

图1-16　显卡　　图1-17　声卡

图1-18　网卡

接下来连接机箱内部连线以及连接外部设备等。步骤完成后，计算机系统的硬件部分就基本安装完毕了。

主板作为计算机硬件系统的核心部件，一直以来都承担着系统的设备连接及数据传输功能。纵观当今主板市场，集成主板以较低的价格及安装的简便性，在主板市场占有一席之地。集成主板通常指那些直接集成了显卡、声卡和网卡等部件的主板。以集成显卡为例，集成显卡的优点是功耗低、发热量小，部分集成显卡的性能已经可以媲美入门级的独立显卡，所以不用花费额外的资金购买显卡；而集成显卡的缺点则是性能相对略低，且固化在主板或CPU上，本身无法更换，如需更换，只能与主板一起更换。

实验3　文件与文件夹的管理

【实验目的】

- 了解文件资源管理器的组成。
- 掌握文件资源管理器的使用方法。
- 掌握文件和文件夹的浏览设置方法。
- 掌握文件和文件夹的管理方法。

【实验内容与步骤】

任务1　了解“文件资源管理器”窗口的组成

打开“文件资源管理器”窗口的方法有以下4种。

- 右键单击“开始”按钮，在弹出的快捷菜单中选择“文件资源管理器”菜单项。
- 选择“开始”→“Windows 系统”→“文件资源管理器”菜单项。
- 单击任务栏上的“文件资源管理器”按钮。
- 按<Windows+E>组合键。

在“文件资源管理器”窗口查看文件和文件夹的操作步骤如下。

步骤 1：在“文件资源管理器”窗口中，单击左侧窗格中的右箭头图标，可以展开一级级目录树，再单击下箭头图标，可以将目录树一级级折叠起来。用户可以在左侧窗格中单击磁盘或文件夹，它的内容会显示在右侧窗格中，如图 1-19 所示。

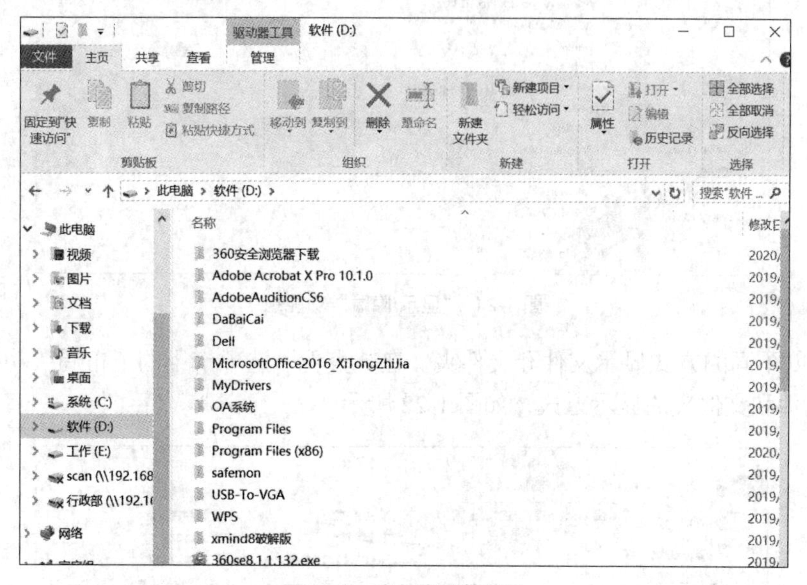

图 1-19 文件资源管理器

步骤 2：单击“查看”选项卡会显示常用的功能组，包含“窗格”“布局”“当前视图”和“显示/隐藏”，如图 1-20 所示，可适当调整左、右窗格的大小。

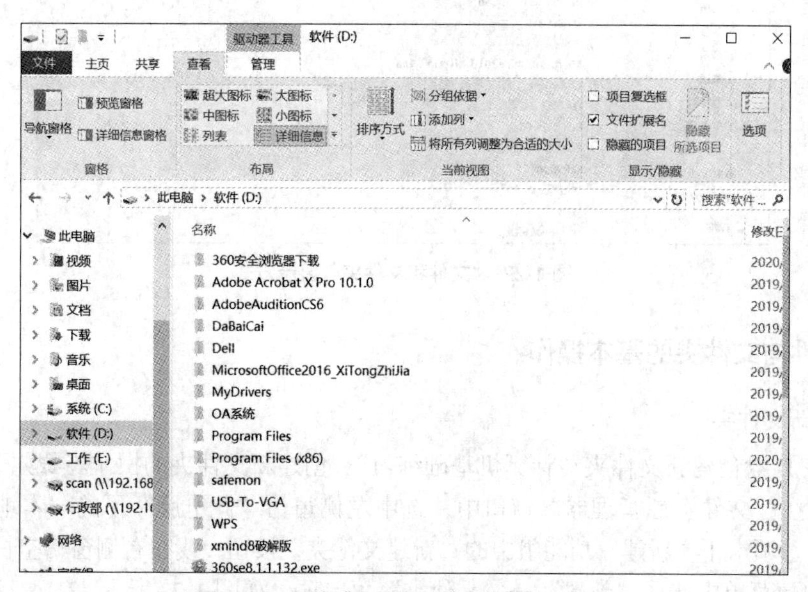

图 1-20 调整“文件资源管理器”窗口布局

步骤 3：在“查看”选项卡下“显示/隐藏”功能组中，可以设置是否显示隐藏的文件或文件夹，以及是否显示已知文件类型的扩展名，如图 1-21 所示。

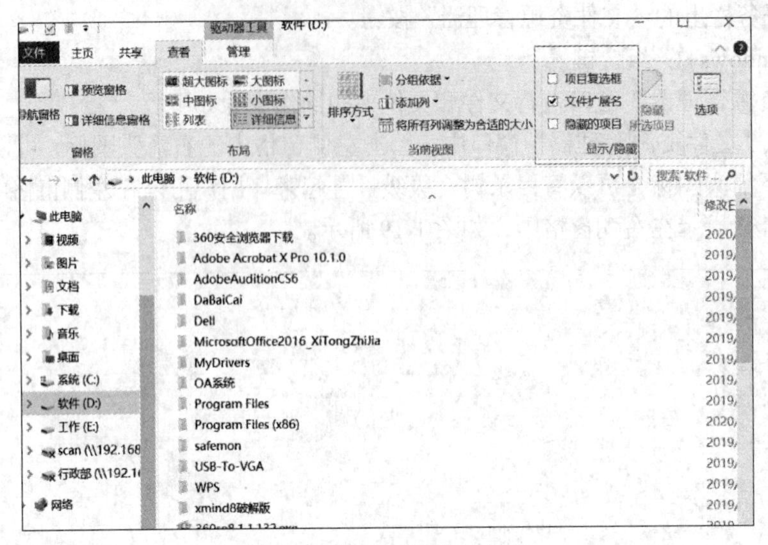

图 1-21 “显示/隐藏”功能组

步骤 4：以不同的方式显示文件和文件夹。在“查看”选项卡下的“布局”功能组中可以根据需要变换文件和文件夹的显示方式，如图 1-22 所示。

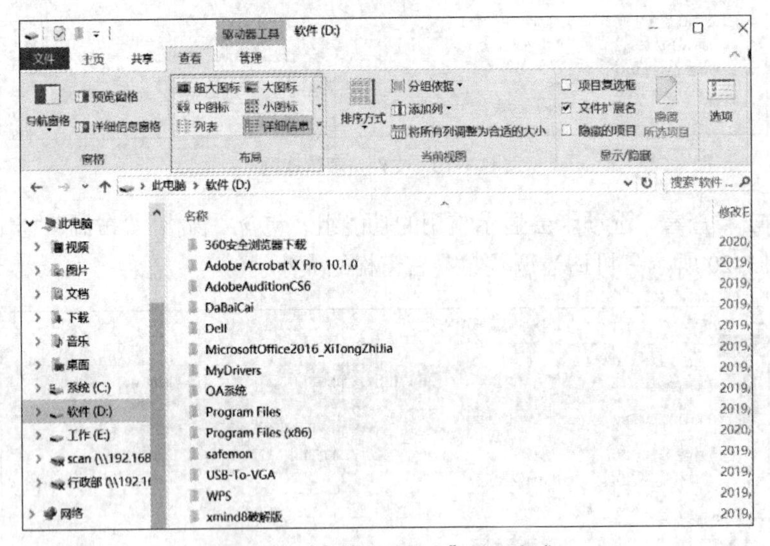

图 1-22 “文件和文件夹”显示方式

任务 2 文件与文件夹的基本操作

1. 创建新文件夹

下面将在 D 盘创建新文件夹“计算机基础练习”。创建新文件夹的操作步骤如下。

步骤 1：在“文件资源管理器”窗口中，选中左侧窗格“此电脑”下的“本地磁盘（D:）”，单击“主页”选项卡下“新建”功能组中的“新建文件夹”按钮，或在右侧窗格空白处单击右键，并在弹出的快捷菜单中选择“新建”→“文件夹”菜单项，如图 1-23 所示。

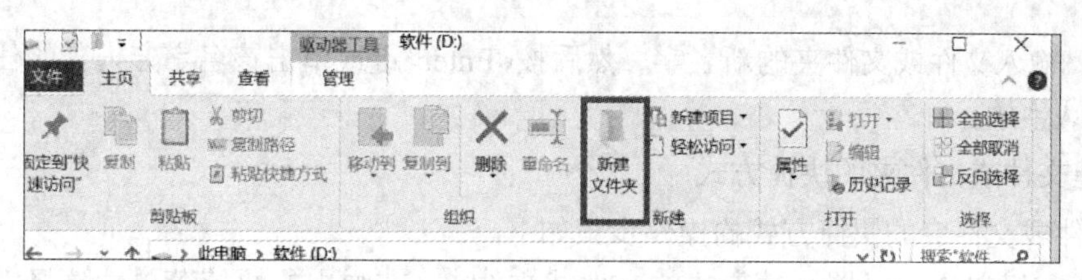

图 1-23 新建文件夹

步骤 2：系统创建一个新文件夹后，会默认选中文件夹名称，此时直接输入文件夹名“计算机基础练习”即可。

2. 查找文件或文件夹

查找文件或文件夹的操作步骤如下。

在“文件资源管理器”窗口右上角的“搜索框”中输入“练习”关键字，计算机进行自动搜索，并将 D 盘所有名称中包含“练习”关键字的文件和文件夹显示在右侧窗格中，如图 1-24 所示。

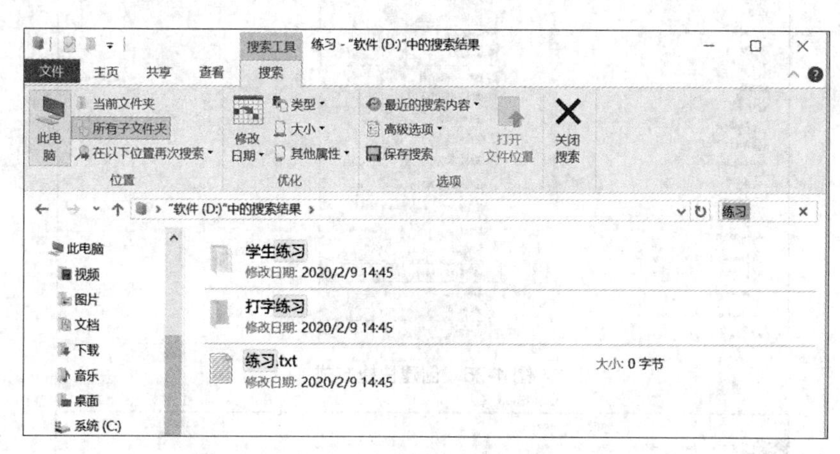

图 1-24 查找文件或文件夹

3. 复制文件或文件夹

复制文件或文件夹的操作步骤如下。

步骤 1：选中需要复制的文件或文件夹，单击“主页”选项卡下“剪贴板”功能组中的“复制”按钮；或者右键单击选中的文件或文件夹，并在弹出的快捷菜单中选择“复制”菜单项；或按<Ctrl+C>组合键。

步骤 2：打开目标文件夹，单击“主页”选项卡下“剪贴板”功能组中的“粘贴”按钮；或者右键单击目标文件夹的空白处，并在弹出的快捷菜单中选择“粘贴”菜单项；或按<Ctrl+V>组合键，完成文件和文件夹的复制。

4. 重命名文件或文件夹

重命名文件或文件夹的操作步骤如下。

步骤 1：选择要重命名的文件或文件夹，单击“主页”选项卡下“组织”功能组中的“重命名”按钮；或者右键单击选中的文件或文件夹，并在弹出的快捷菜单中选择“重命名”菜单项。

步骤 2：在文件或文件夹的名字周围会出现一个方框，且其中有光标在闪烁，表示处于等待编辑状态。

步骤 3：输入文件或文件夹的新名字，然后按<Enter>键或单击该名字方框外的任意位置，新名字即可确认生效。

5. 创建文件或文件夹的快捷方式

创建文件或文件夹的快捷方式的操作步骤如下。

步骤 1：右键单击要设置快捷方式的文件或文件夹，在弹出的快捷菜单中选择“创建快捷方式”菜单项，如图 1-25 所示。此时创建的文件或文件夹的快捷方式出现在同一目录下，如图 1-26 所示。

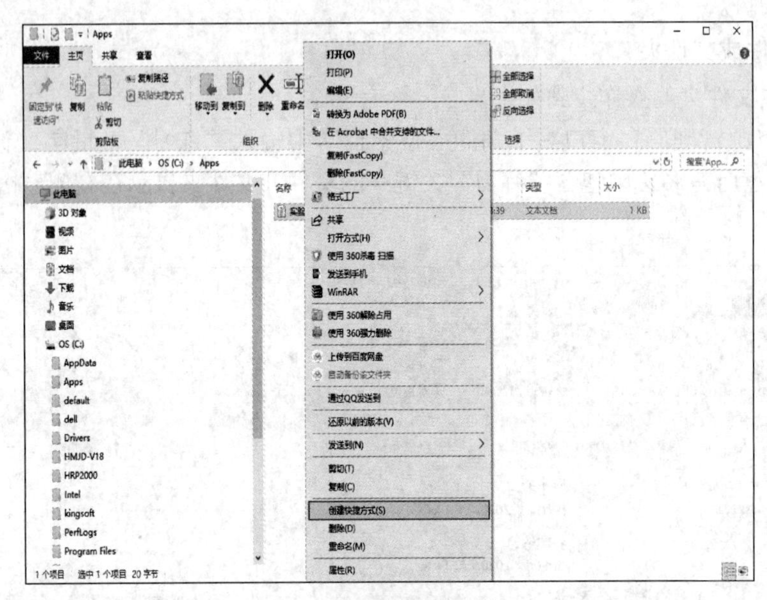

图 1-25 创建快捷方式

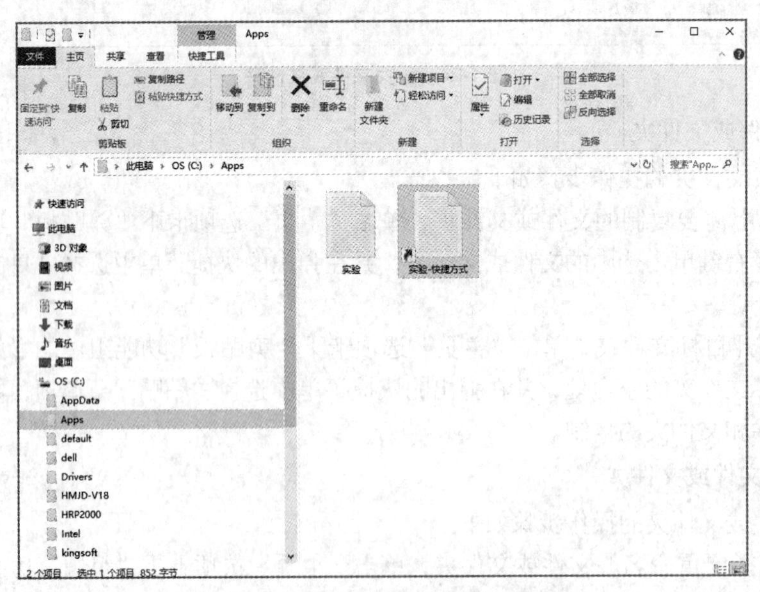

图 1-26 在同一目录下创建快捷方式

步骤 2：通过复制或移动操作可以将快捷方式移动到桌面上；或者右键单击选中的文件，并在弹出的快捷菜单中选择“发送到”→“桌面快捷方式”菜单项也可以将快捷方式创建在桌面上。

6. 删除和还原文件或文件夹

删除和还原文件或文件夹的操作步骤如下。

步骤 1：选择要删除的文件或文件夹，单击“主页”选项卡下“组织”功能组中的“删除”按钮，或直接按<Delete>键，则该文件或文件夹就会被放到回收站中。注意，如选中文件或文件夹后按<Shift+Delete>组合键，则会在不经过回收站的情况下彻底删除文件或文件夹。

步骤 2：双击桌面上的“回收站”图标，打开“回收站”窗口。

步骤 3：在“回收站”窗口中选择要还原的文件或文件夹，单击“回收站工具”选项卡下“还原”功能组中的“还原选定的项目”按钮；或者右键单击选中的文件或文件夹，在弹出的快捷菜单中选择“还原”菜单项，即可将文件或文件夹恢复到原来的存储位置上，如图 1-27 所示。

图 1-27 还原被删除的文件或文件夹

任务 3 文件与文件夹操作练习

（1）在 D 盘上新建一个文件夹，并命名为“我的文件”。

（2）在“我的文件”文件夹下分别建立三个子文件夹“图片”“音乐”和“文档”。

（3）在“Windows 10 操作练习素材库”文件夹中搜索扩展名为.jpg 的所有文件并复制到“图片”文件夹中，搜索扩展名为.mp3 的所有文件并复制到“音乐”文件夹中，搜索扩展名为.docx 的所有文件并复制到“文档”文件夹中。

（4）在“我的文件”文件夹中建立“音乐”文件夹的快捷方式，并复制到桌面。

（5）查看“我的文件”文件夹的属性，包括文件夹的大小、文件夹的建立日期与修改日期等。

（6）删除“Windows 10 操作练习素材库”文件夹。

实验 4 定制个性化的 Windows 10

【实验目的】

- 掌握定制“开始”菜单和任务栏的方法。
- 了解任务管理器的使用方法。
- 掌握 Windows 10 显示属性的设置方法。
- 了解键盘和鼠标的设置方法。

【实验内容与步骤】

任务 1 定制“开始”菜单和任务栏

定制“开始”菜单和任务栏的操作步骤如下。

步骤 1：右键单击任务栏的空白处，在弹出的快捷菜单中选择“任务栏设置”菜单项，如图 1-28 所示。

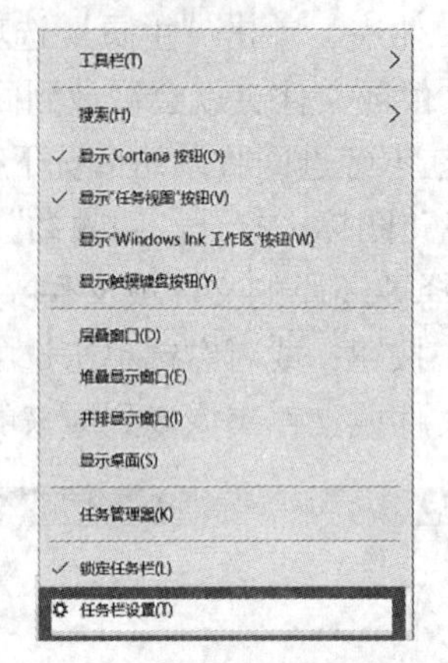

图 1-28 “任务栏设置”快捷菜单

步骤 2：弹出“设置”界面，如图 1-29 所示。

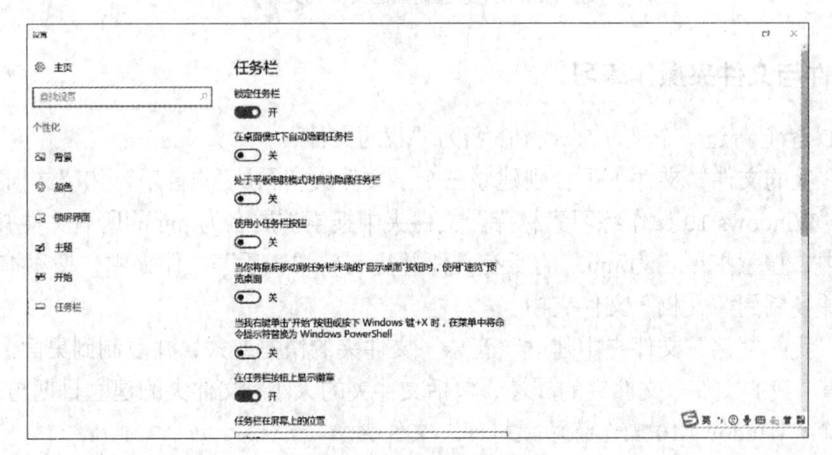

图 1-29 “任务栏”选项卡

步骤 3：在“任务栏”选项卡中，可以通过单击“锁定任务栏”“在桌面模式下自动隐藏任务栏”及“任务栏在屏幕上的位置”等的开关按钮来定制任务栏。

步骤 4：单击“设置”界面的“开始”选项卡，如图 1-30 所示。

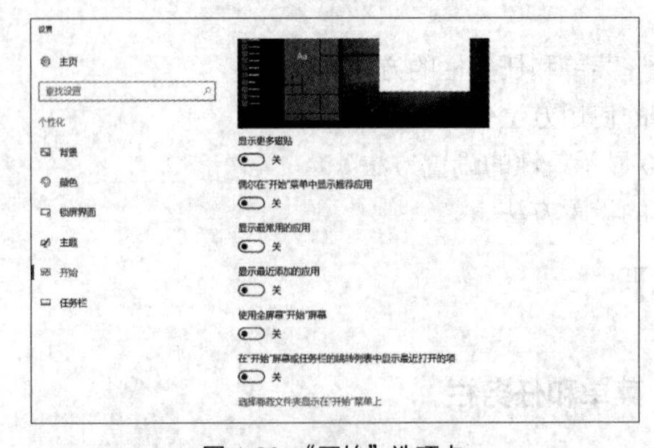

图 1-30 “开始”选项卡

步骤 5：在“开始”选项卡中，单击“选择哪些文件夹显示在‘开始’菜单上”链接，然后在弹出的界面中设置各文件夹的属性，如图 1-31 所示。

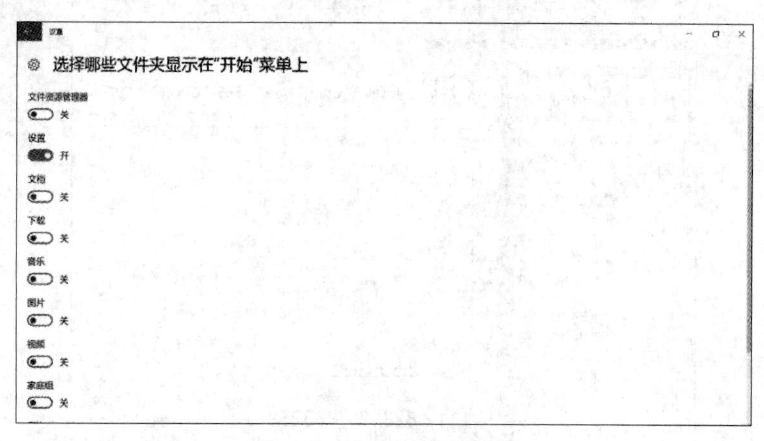

图 1-31 设置文件夹的属性

任务 2 任务管理器的使用

任务管理器主要显示的是计算机上正在运行的程序、进程和服务的相关信息。一般用户可以使用任务管理器监视计算机的性能、查看正在运行的程序的状态、关闭没有响应的程序或切换程序。利用任务管理器还可以查看 CPU 和内存使用情况的图形和数据等。

使用任务管理器的操作步骤如下。

步骤 1：右键单击任务栏的空白处，在弹出的快捷菜单中选择“任务管理器”菜单项，或按 <Ctrl+Alt+Del>组合键，在出现的界面中选择“任务管理器”选项。

步骤 2：弹出“任务管理器”窗口，单击“进程”选项卡，如图 1-32 所示。

任务管理器
文件(F) 选项(O) 查看(V)
进程 性能 应用历史记录 启动 用户 详细信息 服务

名称	19% CPU	87% 内存	3% 磁盘	0% 网络
应用 (5)				
360安全浏览器 (32 位)	0%	35.2 MB	0 MB/秒	0 Mbps
Microsoft Word (32 位)	0%	172.7 MB	0 MB/秒	0 Mbps
Task Manager	4.3%	24.0 MB	0 MB/秒	0 Mbps
Windows 资源管理器	0.1%	50.4 MB	0 MB/秒	0 Mbps
腾讯QQ (32 位)	0%	108.2 MB	0 MB/秒	0 Mbps
后台进程 (67)				
360安全浏览器 (32 位)	0%	0.8 MB	0 MB/秒	0 Mbps
360安全浏览器 (32 位)	0%	42.7 MB	0 MB/秒	0 Mbps
360安全浏览器 (32 位)	0%	17.9 MB	0 MB/秒	0 Mbps
360安全浏览器 服务组件 (32 位)	0%	2.6 MB	0 MB/秒	0 Mbps
360安全浏览器 服务组件 (32 位)	0%	0.1 MB	0 MB/秒	0 Mbps
Adobe Acrobat Update Servi...	0%	0.1 MB	0 MB/秒	0 Mbps
Application Frame Host	0%	5.4 MB	0 MB/秒	0 Mbps

简略信息(D) 结束任务(E)

图 1-32 “任务管理器”窗口的“进程”选项卡

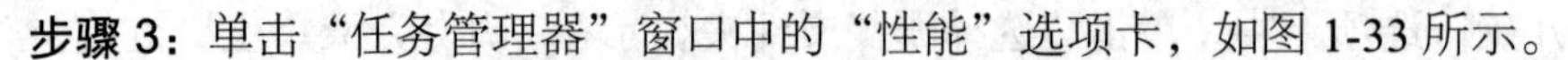

步骤 3：单击“任务管理器”窗口中的“性能”选项卡，如图 1-33 所示。

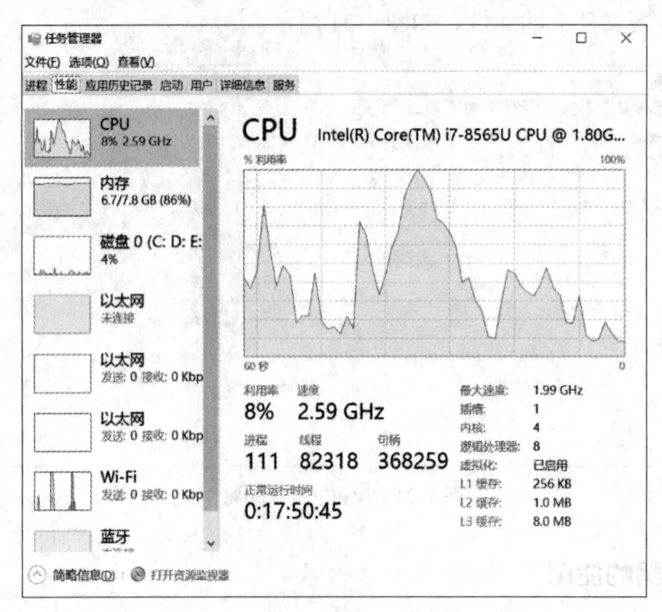

图 1-33 “任务管理器”窗口的“性能”选项卡

步骤 4：单击“任务管理器”窗口中的“详细信息”选项卡。在打开的“详细信息”窗口中可以看到各进程占用资源的详细信息，如图 1-34 所示。

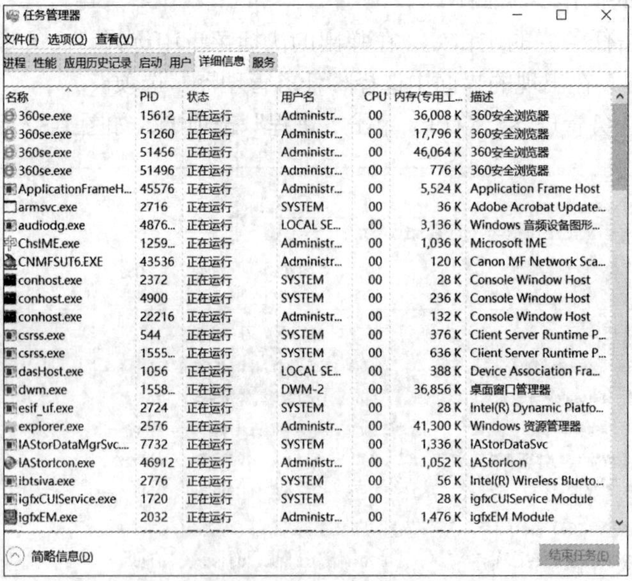

任务管理器
文件(F) 选项(O) 查看(V)
进程 性能 应用历史记录 启动 用户 详细信息 服务

名称	PID	状态	用户名	CPU	内存(专用工...	描述
360se.exe	15612	正在运行	Administr...	00	36,008 K	360安全浏览器
360se.exe	51260	正在运行	Administr...	00	17,796 K	360安全浏览器
360se.exe	51456	正在运行	Administr...	00	46,064 K	360安全浏览器
360se.exe	51496	正在运行	Administr...	00	776 K	360安全浏览器
ApplicationFrameH...	45576	正在运行	Administr...	00	5,524 K	Application Frame Host
armsvc.exe	2716	正在运行	SYSTEM	00	36 K	Adobe Acrobat Update...
audiodg.exe	4876...	正在运行	LOCAL SE...	00	3,136 K	Windows 音频设备图形...
ChsIME.exe	1259...	正在运行	Administr...	00	1,036 K	Microsoft IME
CNMFSUT6.EXE	43536	正在运行	Administr...	00	120 K	Canon MF Network Sca...
conhost.exe	2372	正在运行	SYSTEM	00	28 K	Console Window Host
conhost.exe	4900	正在运行	SYSTEM	00	236 K	Console Window Host
conhost.exe	22216	正在运行	Administr...	00	132 K	Console Window Host
csrss.exe	544	正在运行	SYSTEM	00	376 K	Client Server Runtime P...
csrss.exe	1555...	正在运行	SYSTEM	00	636 K	Client Server Runtime P...
dasHost.exe	1056	正在运行	LOCAL SE...	00	388 K	Device Association Fra...
dwm.exe	1558...	正在运行	DWM-2	00	36,856 K	桌面窗口管理器
esif_uf.exe	2724	正在运行	SYSTEM	00	28 K	Intel(R) Dynamic Platfo...
explorer.exe	2576	正在运行	Administr...	00	41,300 K	Windows 资源管理器
IAStorDataMgrSvc....	7732	正在运行	SYSTEM	00	1,336 K	IAStorDataSvc
IAStorIcon.exe	46912	正在运行	Administr...	00	1,052 K	IAStorIcon
ibtsiva.exe	2776	正在运行	SYSTEM	00	56 K	Intel(R) Wireless Blueto...
igfxCUIService.exe	1720	正在运行	SYSTEM	00	28 K	igfxCUIService Module
igfxEM.exe	2032	正在运行	Administr...	00	1,476 K	igfxEM Module

简略信息(D) 结束任务(E)

图 1-34 “任务管理器”窗口的“详细信息”选项卡

任务 3 设置“显示”属性

设置“显示”属性的操作步骤如下。

步骤 1：打开图 1-35 所示的“Windows 设置”窗口，该窗口的启动方法有以下几种。

- 右键单击“开始”按钮，在弹出的快捷菜单中选择“设置”菜单项。

➢ 单击“开始”按钮，在“开始”菜单中选择“设置”选项。

➢ 右键单击“开始”按钮，在弹出的快捷菜单中选择“搜索”菜单项，或按<Windows+S>组合键，在弹出的“搜索”对话框的“搜索”文本框中输入“设置”，即可找到“设置”应用，双击即可将之打开。

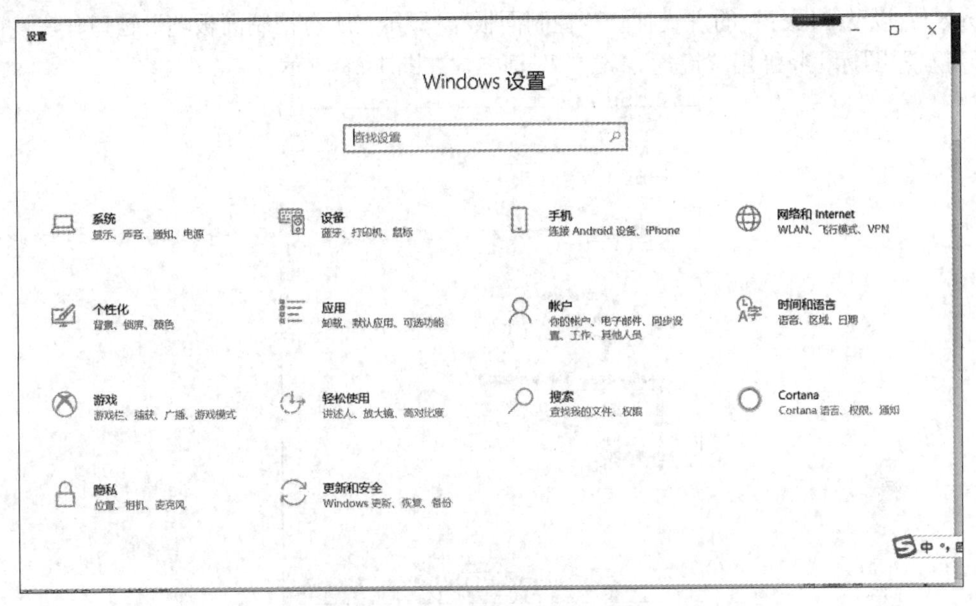

图 1-35 “Windows 设置”窗口

步骤 2：在“Windows 设置”窗口中单击“个性化”按钮，弹出的“个性化”设置对话框如图 1-36 所示。

步骤 3：在“背景”选项卡中选择一张合适的图片作为桌面的背景，然后在“选择契合度”列表框中选择“填充”“适应”“拉伸”“平铺”“居中”或“跨区”等方式来显示图片，如图 1-37 所示。

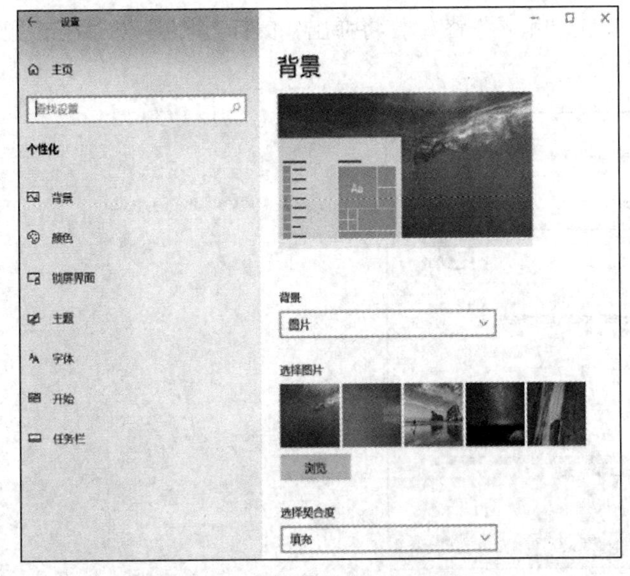

图 1-36 “个性化”设置对话框

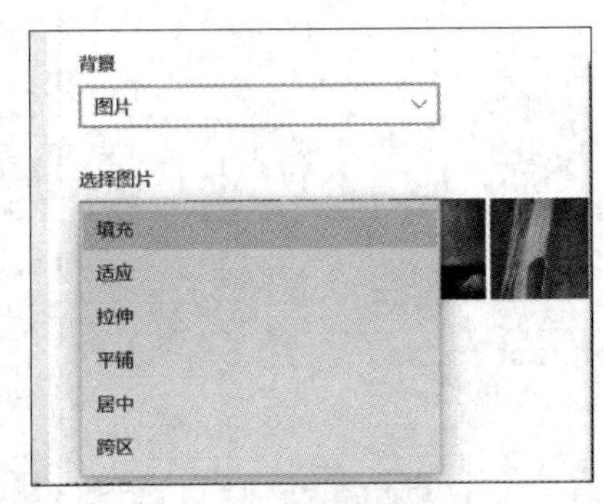

图 1-37 设置桌面背景

任务 4　设置键盘和鼠标属性

1. 设置键盘属性

设置键盘属性的操作步骤如下。

步骤 1： 以“小图标”的方式打开“控制面板”，显示“所有控制面板项”窗口，在该窗口中单击“键盘”图标，将弹出“键盘 属性”对话框，如图 1-38 所示。

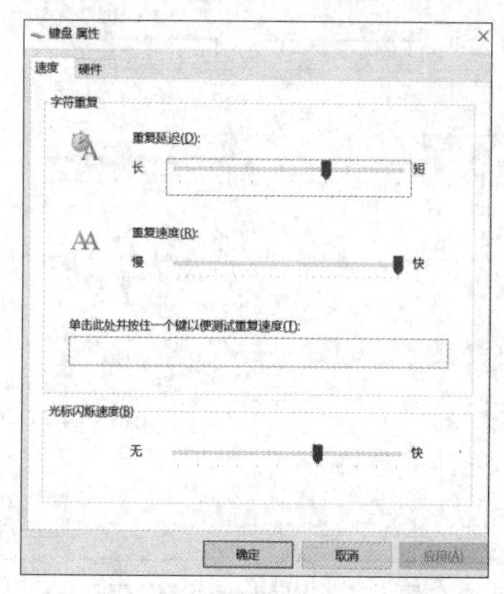

图 1-38 “键盘 属性”对话框

步骤 2： 单击“速度”选项卡，拖动“字符重复”组合框中的“重复延迟”滑块来调整键盘重复延迟时间，拖动“重复速度”滑块来调整输入重复字符的速度。

步骤 3： 单击“确定”或“应用”按钮完成设置。

2. 设置鼠标属性

设置鼠标属性的操作步骤如下。

步骤 1： 在“所有控制面板项”窗口中单击“鼠标”图标，将弹出“鼠标 属性”对话框，如图 1-39 所示。

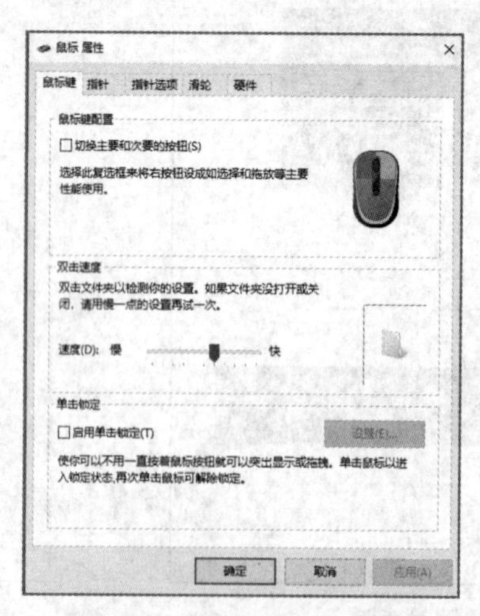

图 1-39 “鼠标 属性”对话框

步骤 2：拖动“双击速度”组合框中的“速度”滑块来调整双击时间间隔。

任务 5 设置个性化 Windows

根据本章所学知识，完成下列任务。

（1）把桌面背景更改为喜欢的图片，设置屏幕保护程序。

（2）将任务栏设置为桌面模式下自动隐藏。

（3）在任务栏上为“Word 2016”应用程序建立快速启动图标。

（4）将鼠标设置为左手习惯。

实验 5 Windows 10“搜索”功能与常用工具的使用

【实验目的】

- 了解“搜索”功能。
- 熟悉画图、计算器的使用方法。
- 掌握计算机磁盘管理的基本操作方法。

【实验内容与步骤】

任务 1 通过“搜索”功能查找“通配符”

使用“搜索”功能的操作步骤如下。

步骤 1：单击“开始”菜单中的“搜索”菜单项，弹出“搜索”对话框。

步骤 2：在菜单底部的“搜索”文本框中输入“通配符”，稍等片刻，查找到的信息如图 1-40 所示。

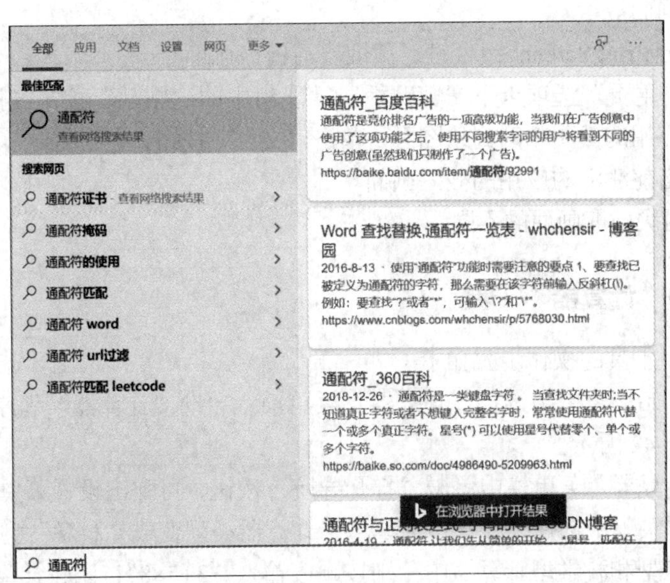

图 1-40 通配符

步骤 3：单击相关的文字链接，即可找到需要的答案。

任务 2　练习使用“画图”工具

使用“画图”工具的操作步骤如下。

步骤 1：单击“开始”菜单，选择“Windows 附件”→“画图”菜单项，启动“画图”程序，如图 1-41 所示。

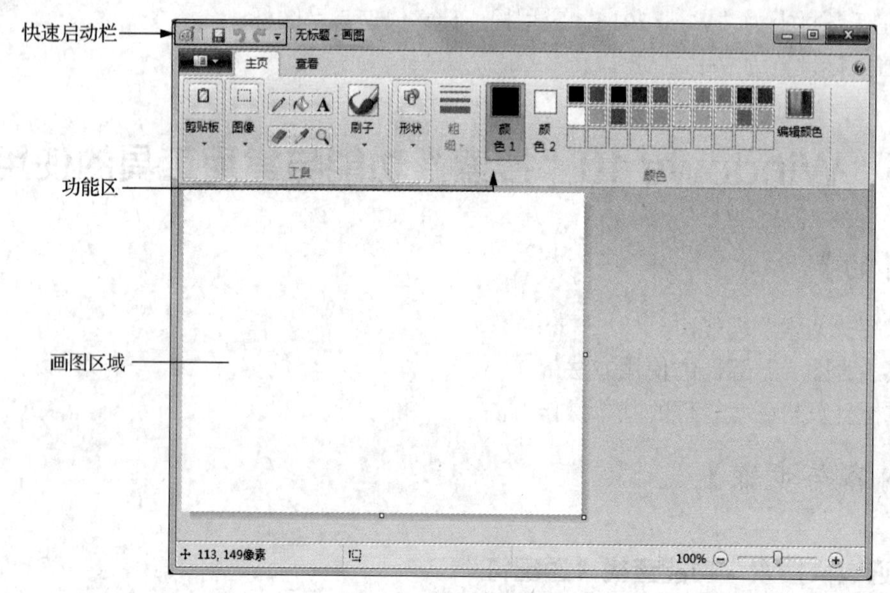

图 1-41　“画图”窗口

步骤 2：按<Print Screen>键，截取当前屏幕画面。

步骤 3：单击“主页”选项卡下“剪贴板”功能组中的“粘贴”按钮或按<Ctrl+V>组合键，即可将当前屏幕截图粘贴到绘图区，单击“文件”按钮，在“文件”菜单中选择“保存”菜单项，即可保存当前截图画面。

步骤 4：按<Alt+Print Screen>组合键，截取当前窗口画面。

步骤 5：单击“主页”选项卡下“剪贴板”功能组中的“粘贴”按钮或按<Ctrl+V>组合键，即可将当前激活的应用的截图粘贴到绘图区，单击“文件”按钮，在“文件”菜单中选择“保存”菜单项，即可保存当前激活的应用的截图画面。

步骤 6：比较两次截取画面的不同。

任务 3　练习使用“计算器”工具

使用“计算器”工具的操作步骤如下。

步骤 1：从“开始”菜单中选择“计算器”菜单项，启动“计算器”程序窗口，打开的“标准”型计算器如图 1-42 所示。

步骤 2：在“计算器”菜单栏中单击“打开导航”按钮，可弹出设置菜单，如图 1-43 所示。

步骤 3：在设置菜单中选择“科学”菜单项，计算器类型变成“科学”型，如图 1-44 所示。

步骤 4：在标准型和科学型计算器中分别按顺序输入“3+5×8”，比较计算结果，会发现标准型计算器的计算结果为 64，而科学型计算器的计算结果为 43。因为以科学型模式进行计算时，计算器会考虑运算符的优先级。

步骤5：在设置菜单中选择“程序员”菜单项，计算器类型变成“程序员”型，在程序员型计算器中输入“65535”，如图1-45所示。可以看到，程序员型计算器会自动换算出对应的进制数，包括十六进制（HEX）、十进制（DEC）、八进制（OCT）和二进制（BIN）。

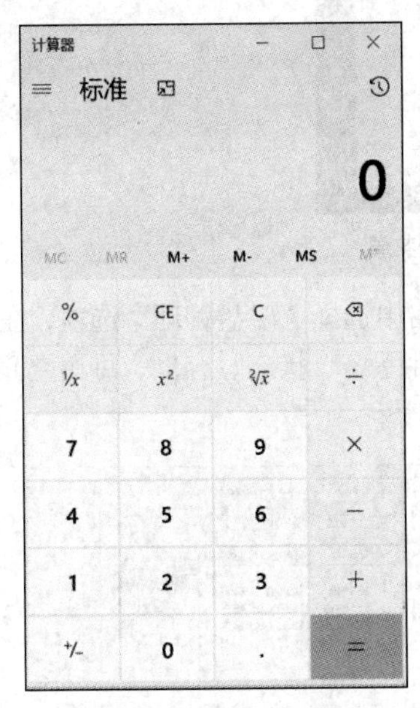

图1-42 标准型计算器

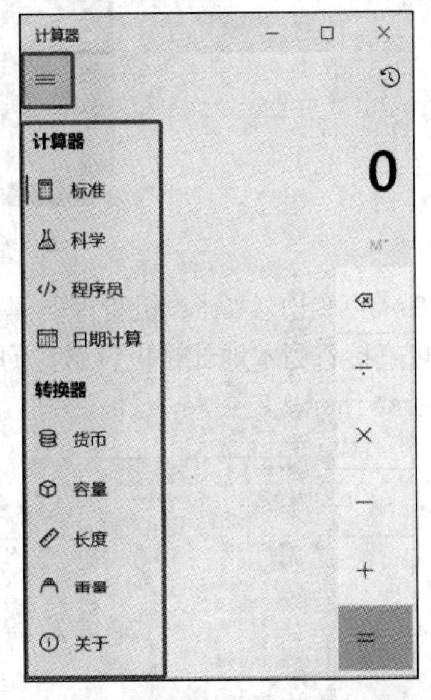

图1-43 “计算器”中“打开导航”设置菜单

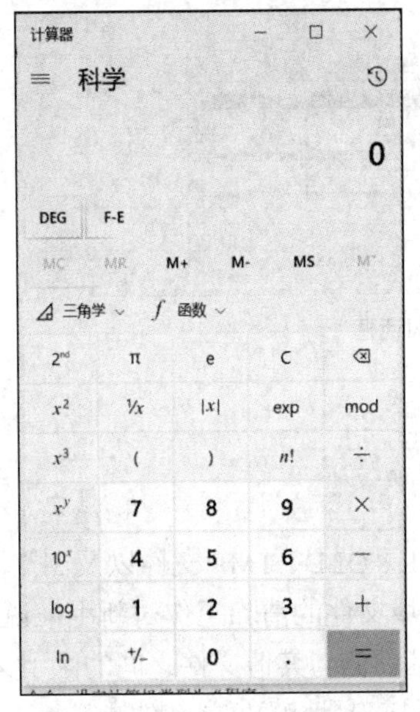

图1-44 科学型计算器

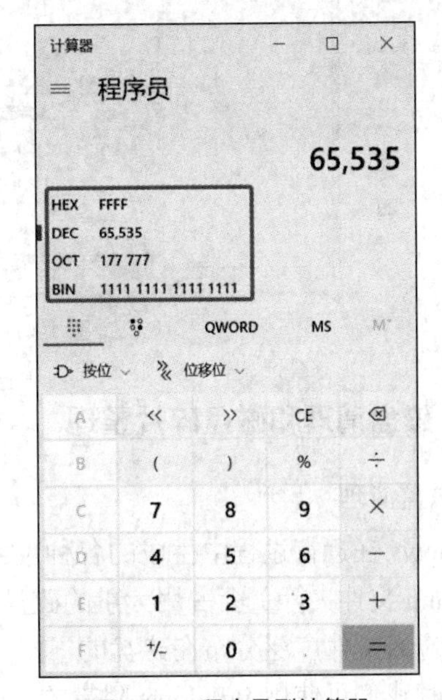

图1-45 程序员型计算器

任务4 查看本地计算机的磁盘分区属性

查看本地计算机的磁盘分区属性的操作步骤如下。

步骤1：右键单击桌面上的“此电脑”图标，在弹出的快捷菜单中选择“管理”菜单项，如图1-46所示。

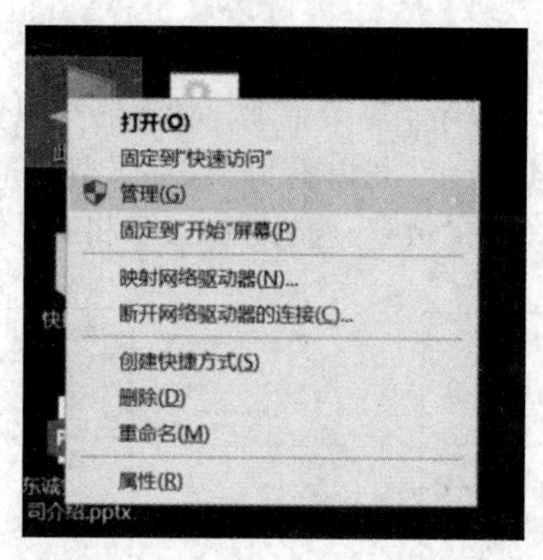

图1-46 “此电脑”快捷菜单

步骤2：在弹出的“计算机管理”对话框的左侧窗格中选择“磁盘管理”选项，在它的右侧窗口中即可直接看到本地计算机各磁盘的卷、类型、文件系统、状态、容量、可用空间等常规信息，如图1-47所示。

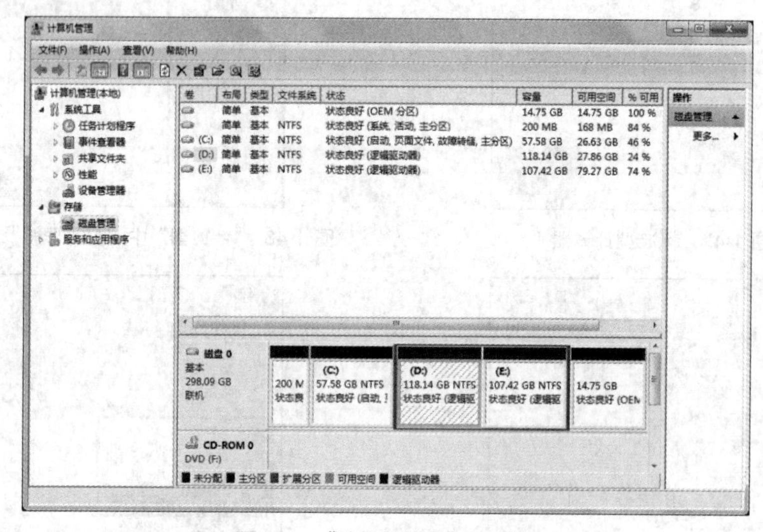

图1-47 “计算机管理”对话框

任务5 磁盘清理和磁盘碎片整理

1. 磁盘清理

Windows在运行过程中生成的各种垃圾文件（如BAK、OLD、TMP文件以及浏览器的Cache文件、Temp文件夹等）会占用大量的磁盘空间，这些垃圾文件的清除工作对新手来说比较困难，因为这些垃圾文件广泛分布在磁盘的不同文件夹中，并且它们与其他文件之间的区别又不是十分明显。这时我们可使用Windows附带的“磁盘清理”工具轻易地解决这一难题。

硬盘清理的操作步骤如下。

步骤1：选择“开始”→“Windows管理工具”→“磁盘清理”菜单项。

步骤2：弹出“磁盘清理：驱动器选择”对话框，如图1-48所示。

步骤3：选择待清理的磁盘后单击“确定”按钮，系统开始扫描所选磁盘驱动器中的文件，如图1-49所示。

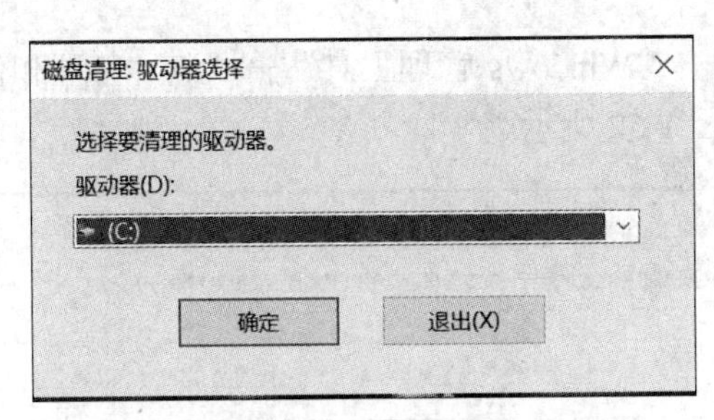

图 1-48 选择驱动器

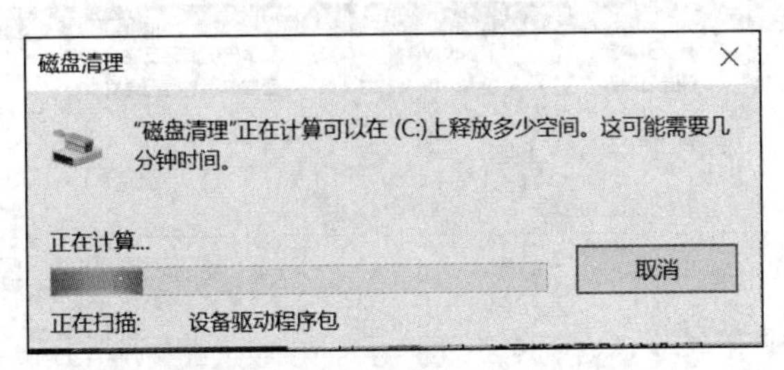

图 1-49 "磁盘清理"对话框

步骤 4：扫描完毕后，会弹出图 1-50 所示的对话框。在"要删除的文件"列表中选择要删除的文件类型，然后单击"确定"按钮会弹出确认删除对话框，单击"删除文件"按钮，计算机开始清理计算机中不需要的文件，并弹出图 1-51 所示的对话框，清理完毕，该对话框自动关闭。

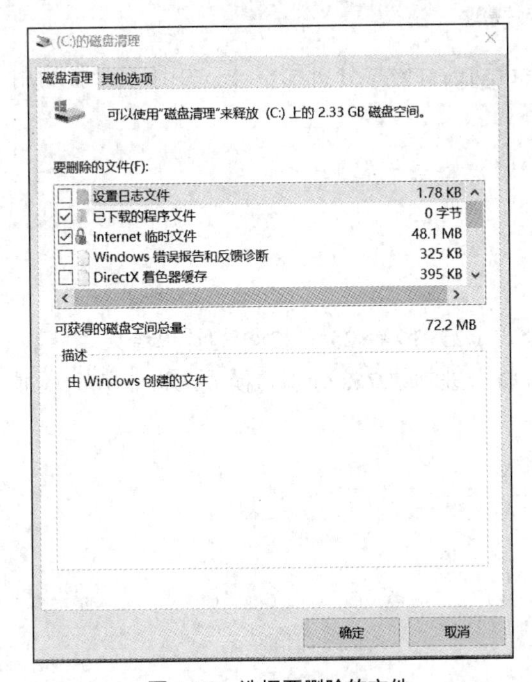

图 1-50 选择要删除的文件

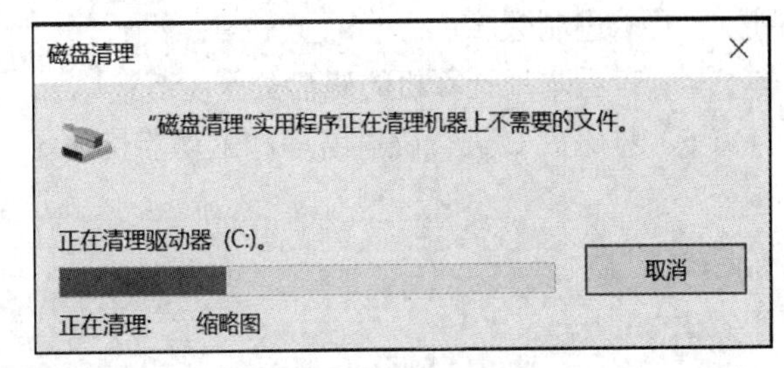

图 1-51 磁盘清理进程

2. 磁盘碎片整理

通过磁盘碎片整理工具可以对计算机使用过程中生成的碎片文件进行整理，从而释放出更多的磁盘空间，提高计算机的整体性能和运行速度。

磁盘碎片整理的操作步骤如下。

步骤 1：选择“开始”→“Windows 管理工具”→“碎片整理和优化驱动器”菜单项，弹出“优化驱动器”对话框，如图 1-52 所示。

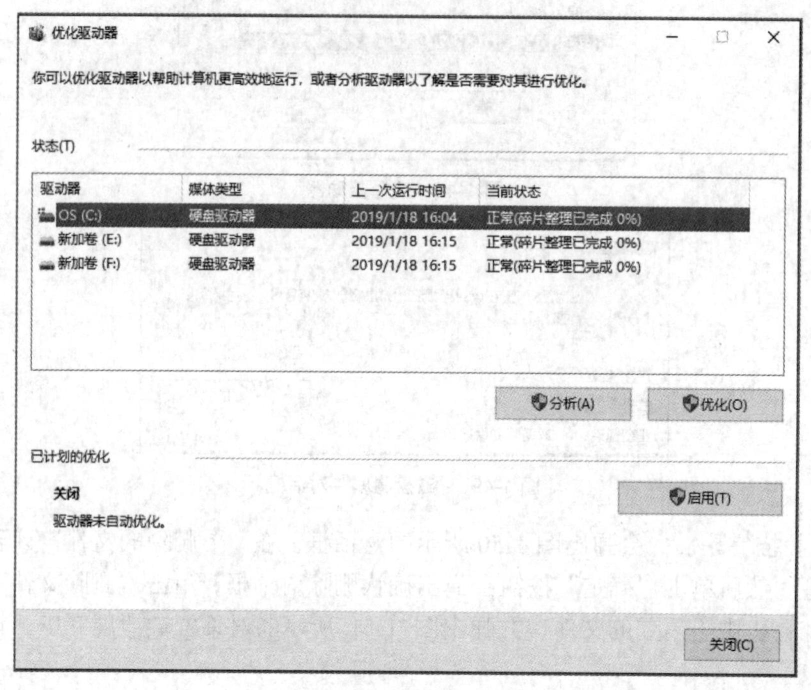

图 1-52　磁盘碎片整理

步骤 2：单击“分析”和“优化”按钮，系统会自动进行碎片分析和整理，并且不会影响用户的其他操作。

任务 6　Windows 常用工具的使用

根据本章所学知识，完成下列任务。

（1）使用“画图”工具绘制一幅图并保存。

（2）使用科学型计算器进行复杂公式计算，求公式（25+36）×25/5−32×2 的计算结果。

（3）使用程序员型计算器进行进制转换，例如，将十进制数 768 分别转换成二进制数、八进制数、十六进制数。

（4）查看本地计算机的磁盘分区。

（5）对磁盘 C 进行磁盘清理和驱动器优化。

02

第2章　文字处理软件Word

实验1　Word 2016 文档的创建与排版

【实验目的】

- 掌握 Word 2016 文档创建、打开、保存、复制的方法。
- 掌握文档字符格式、段落格式、页面设置的方法。
- 掌握项目符号和编号的使用方法。
- 了解文档的不同视图显示方式。
- 掌握格式刷的使用方法。

【实验内容与步骤】

任务1　新建与保存 Word 文档

步骤 1：启动 Word 2016 后，进入 Word 的启动界面，如图 2-1 所示。

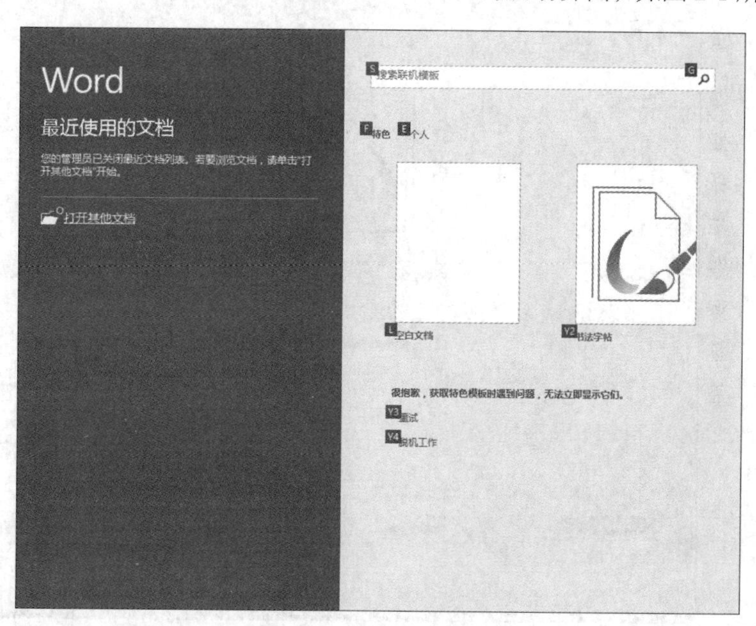

图 2-1　Word 2016 启动界面

步骤 2：单击启动界面右侧的“空白文档”图标，即可创建一个新的空白 Word 文档，默认文件名为“文档 1.docx”，如图 2-2 所示。

图 2-2　新建空白文档

在启动界面中，单击右侧的“脱机工作”按钮，可以展示 Word 2016 提供的模板选项，如图 2-3 所示，根据需要单击合适的模板即可利用模板建立新文档。

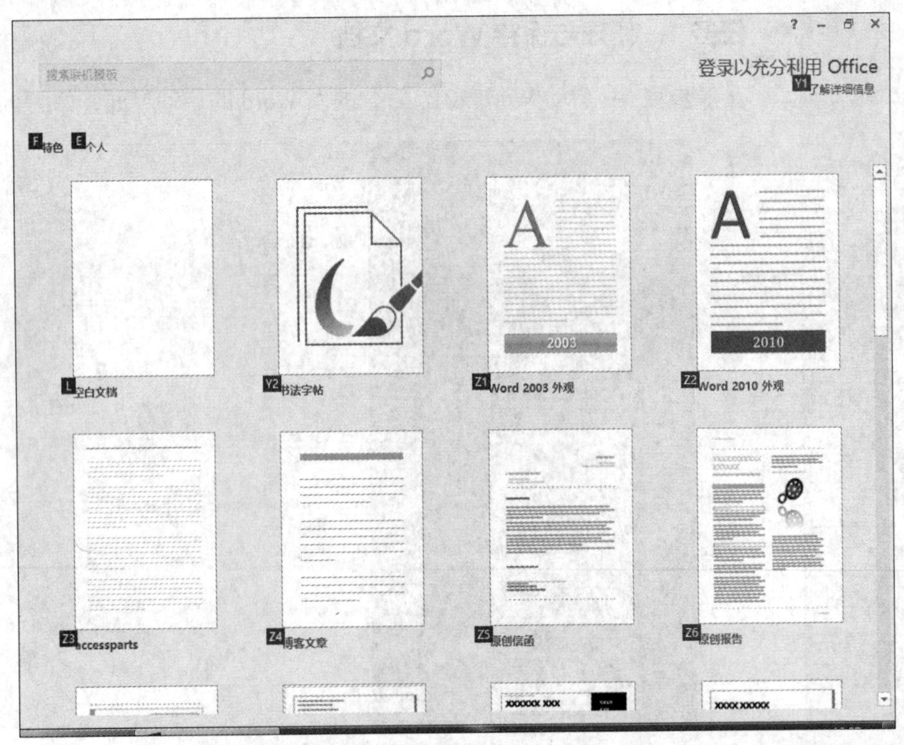

图 2-3　Word 2016 的内置模板

步骤 3：在空白文档中使用默认格式输入图 2-4 所示的段落文字。

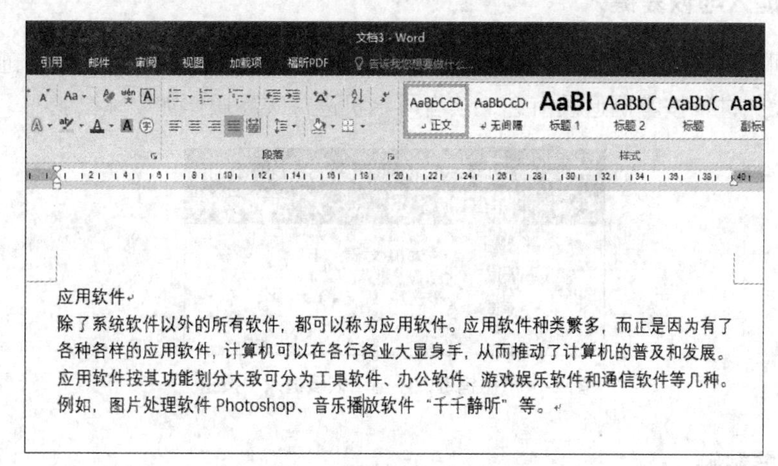

图 2-4　在 Word 2016 中输入文字

输入文本时，所输入的文字符号总是位于光标所在位置，即插入点处。随着字符的输入，光标不断向右移动。当光标到达右边界时，继续输入字符，光标将自动移动到下一行的左边界位置。在输入过程中除了段落结束，是不用按<Enter>键的。

当输入法需要切换中英文时，按<Ctrl+空格>组合键可以打开或关闭中文输入法。

单击“开始”选项卡，让鼠标指针在“样式”功能组的某个快速样式按钮上移动并稍微悬停，体验字体样式变化的实时预览功能。图形化工具按钮显示的字体与预览的结果一致，这样用户就可以不用实际操作就能直观地看到最终效果了。

步骤 4：保存文档

单击快速访问工具栏上的“保存”按钮，或单击“文件”选项卡后会打开图 2-5 所示的界面，依次单击“另存为”→“这台电脑”→“桌面”选项，弹出“另存为”对话框。在“文件名”文本框中输入“计算机软件系统 1.docx”，选择保存位置为 D 盘根目录下，然后单击“保存”按钮即可。

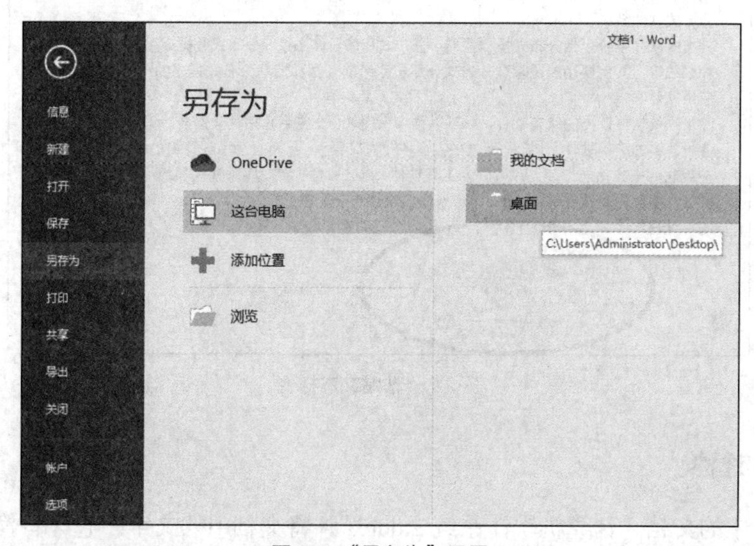

图 2-5　“另存为”设置

任务 2　撤销键入与恢复键入

在快速访问工具栏上有“撤销键入”与“恢复键入”按钮，如图 2-6 所示，通过这两个按钮可以对文件的操作进行按步倒退及前进，读者可上机进行实际操作加以体会。

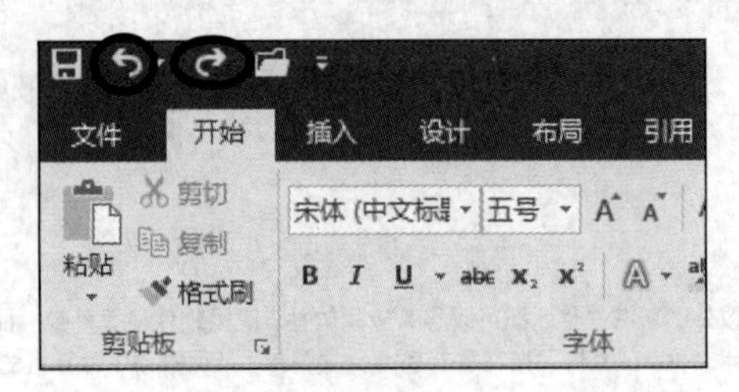

图 2-6　“撤销键入”与“恢复键入”按钮

任务 3　复制与粘贴

打开素材库中的文档“计算机软件系统 2.docx”后进行以下操作。

步骤 1：按<Ctrl+A>组合键选定文档“计算机软件系统 1.docx”的全部内容，按<Ctrl+C>组合键复制该文档的全部内容。

步骤 2：将光标定位于文档“计算机软件系统 2.docx”中的末尾处，按<Enter>键另起一段，然后按<Ctrl+V>组合键粘贴文本。

步骤 3：单击“粘贴选项”按钮，在弹出的下拉框中选择“只保留文本”选项，结果如图 2-7 所示。

步骤 4：按<Ctrl+S>组合键保存文档“计算机软件系统 2.docx”。

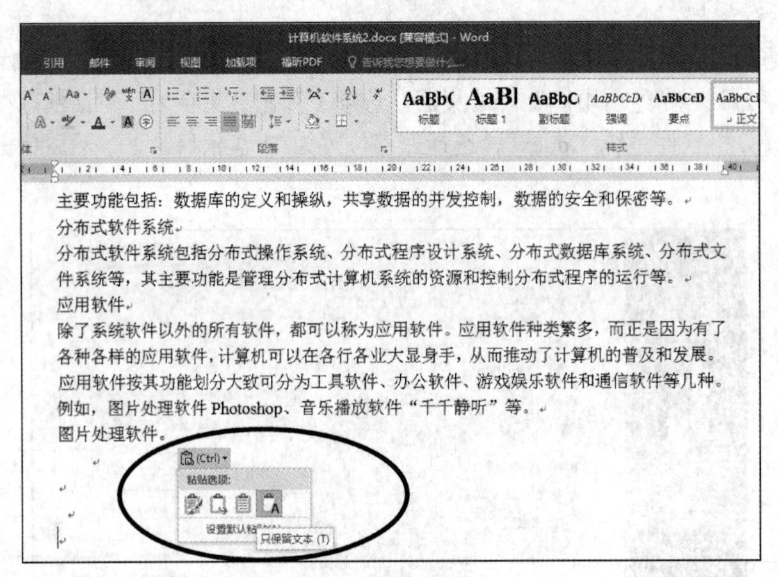

图 2-7　粘贴文本样例

任务 4　查找与替换

打开素材库中的文档“计算机软件系统 2.docx”，将文档中的文字“它”替换成“软件”，其操作步骤如下。

步骤 1：将光标定位在文档开始处，单击“开始”选项卡下“编辑”功能组中的“替换”按钮，弹出“查找和替换”对话框。

步骤 2：在“查找内容”文本框中输入“它”，在“替换为”文本框中输入“软件”，如图 2-8 所示。

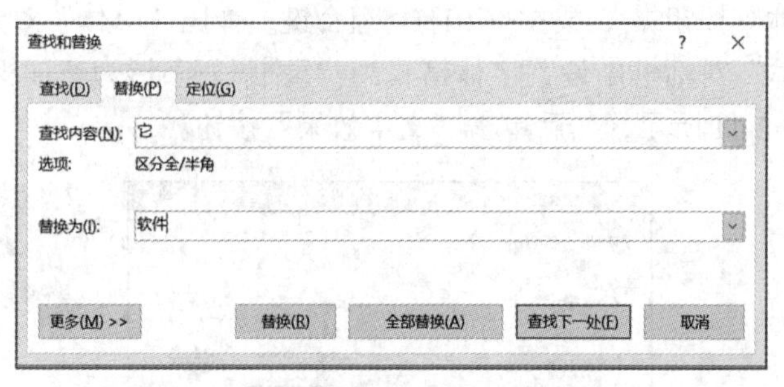

图 2-8　“查找和替换”对话框

步骤 3：单击“全部替换”按钮，即可完成替换功能，并弹出提示框显示替换了几处内容，如图 2-9 所示。

图 2-9　完成全部替换功能提示框

步骤 4：单击“开始”选项卡下“编辑”功能组中的“查找”按钮，在“导航”窗格的“在文档中搜索”文本框中输入“它”搜索，再输入“软件”搜索，如图 2-10 所示，观察是否全部替换成功。

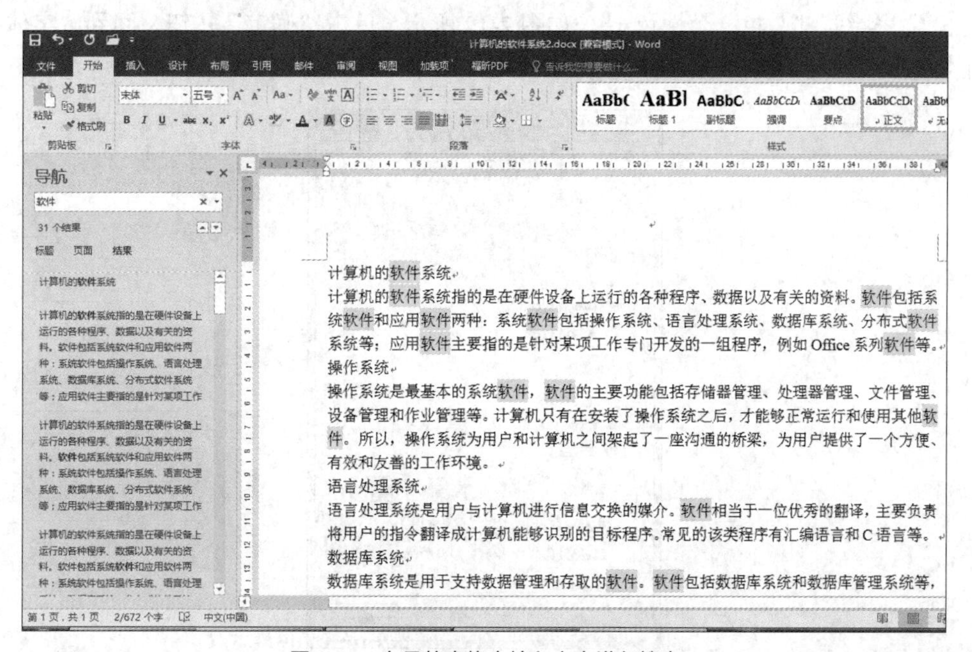

图 2-10　在导航窗格中输入文字进行搜索

任务 5　设置字符格式

打开素材库中的文档“计算机软件系统 2.docx”，设置字符格式的操作步骤如下。

步骤 1：选中文档第 1 段的文字“计算机的软件系统”，在功能区单击“开始”选项卡下“字体”功能组中的“字体”按钮，或按<Ctrl+D>组合键，弹出“字体”对话框。

步骤 2：在“字体”对话框中设置字体格式为“隶书”，字形为“加粗”，字号为“小一”，添加“着重号”，如图 2-11 所示，然后单击“文字效果”按钮。

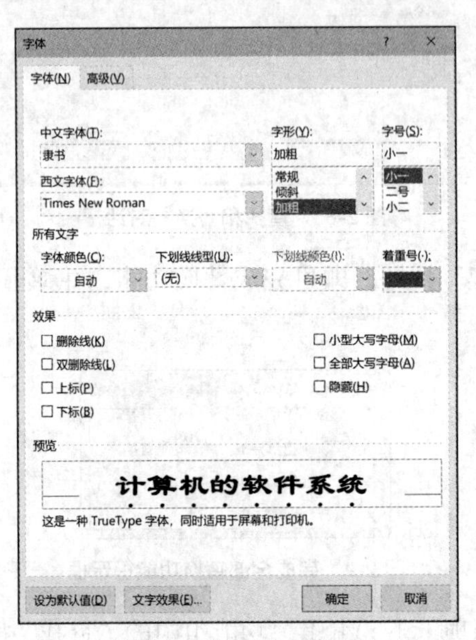

图 2-11　“字体”对话框

步骤 3：弹出“设置文本效果格式”对话框，在该对话框中设置文本填充为“无填充”，设置文本边框为“实线”“蓝色，个性色 1”，如图 2-12 所示。单击“确定”按钮，回到“字体”对话框，再次单击“确定”按钮。设置后的文档标题文字格式如图 2-13 所示。

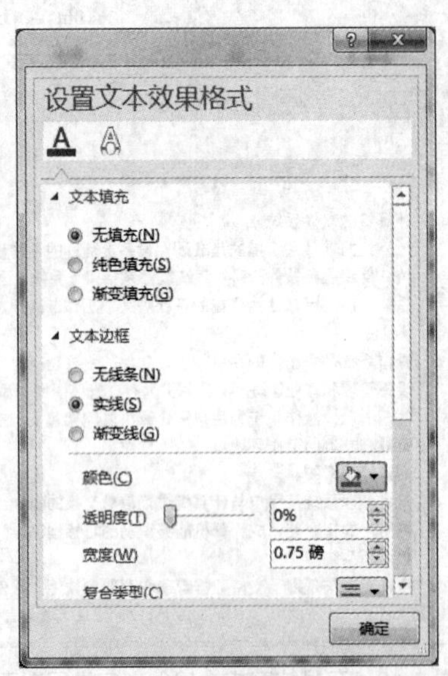

图 2-12　“设置文本效果格式”对话框

步骤 4：选中文档第 3 段的文字“操作系统”，在浮动工具栏中单击“字体”下拉列表框，选择“楷体”选项，单击“字号”下拉列表框，选择“四号”选项，单击“加粗”按钮将文字加粗，单击“倾斜”按钮将文字倾斜，如图 2-14 所示，观察所选取的文字的字体变化。

图 2-13　文档标题文字格式

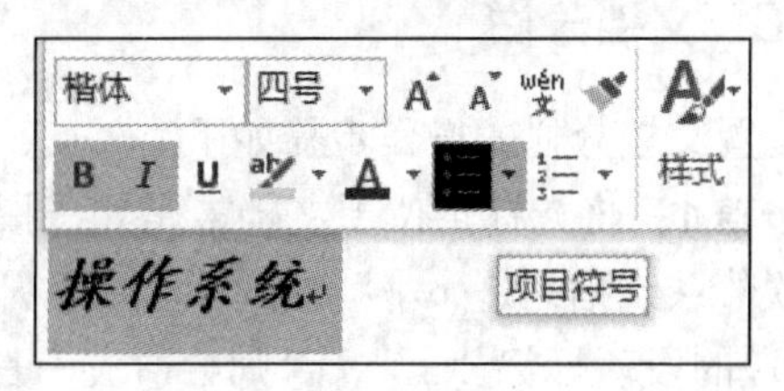

图 2-14　字体设置

步骤 5：将光标定位于文档的第 3 段处，单击“开始”选项卡下“段落”功能组中的“项目符号”下拉按钮，在弹出的下拉列表中选择项目符号库的最后一个，或者在浮动工具栏中单击“项目符号”下拉按钮，在弹出的下拉列表中选择项目符号库的最后一个，添加项目符号后的样式，如图 2-15 所示。

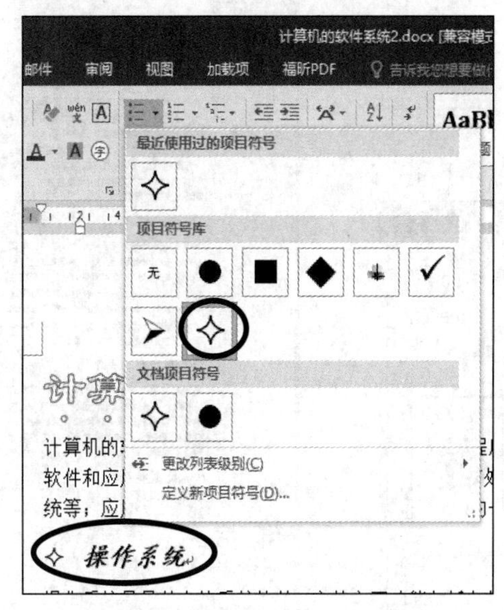

图 2-15　“项目符号”下拉列表及样式

步骤 6：再次将光标定位于第 3 段处，双击“开始”选项卡下“剪贴板”功能组中的“格式刷”按钮 格式刷，此时光标变成小刷子形状。

步骤 7：直接用鼠标选取需要修饰的文字，Word 将自动设置为子标题编号并复制文字格式。例如，第 5 段文字“语言处理系统”、第 7 段文字“数据库系统”、第 9 段文字“分布式软件系统”和第 11 段文字“应用软件”，如图 2-16 所示。

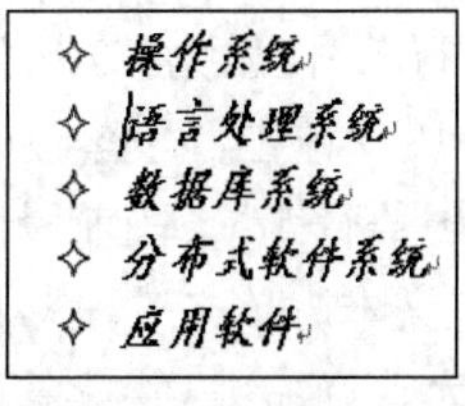

✧ *操作系统*
✧ *语言处理系统*
✧ *数据库系统*
✧ *分布式软件系统*
✧ *应用软件*

图 2-16　用“格式刷”修饰子标题

步骤8：完成子标题修饰后，单击“开始”选项卡下“剪贴板”功能组中的“格式刷”按钮 格式刷 或按<Esc>键退出格式刷编辑状态。

任务6 文档分栏

设置文档分栏的操作步骤如下。

步骤1：将光标定位于文档末尾处，按<Enter>键另起第13段。选中文档第2段文字“计算机的软件系统指的是……”直到文档最后“……音乐播放软件“千千静听”等。”，注意不要选中第13段的段落标记“↵”，否则会造成一长一短的两栏。

步骤2：单击“布局”选项卡下“页面设置”功能组中的“分栏”下拉按钮，在弹出的“分栏”下拉列表中选择“更多分栏”选项，弹出“分栏”对话框。

步骤3：在“预设”区域选择“两栏”选项，并选中“分隔线”复选框，如图2-17所示。

步骤4：单击“确定”按钮，完成文档分栏，效果如图2-18所示。

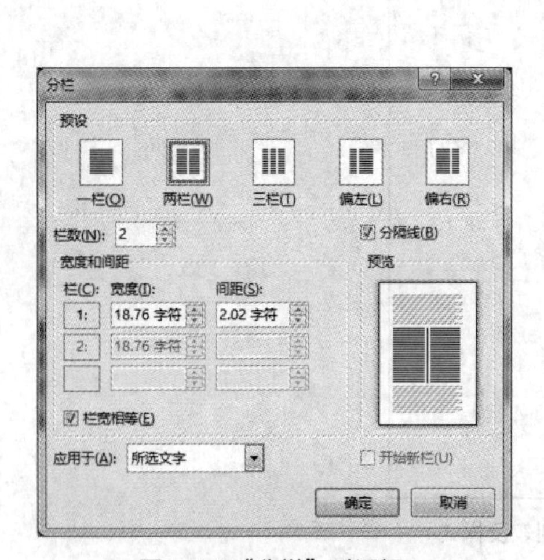

图2-17 “分栏”对话框

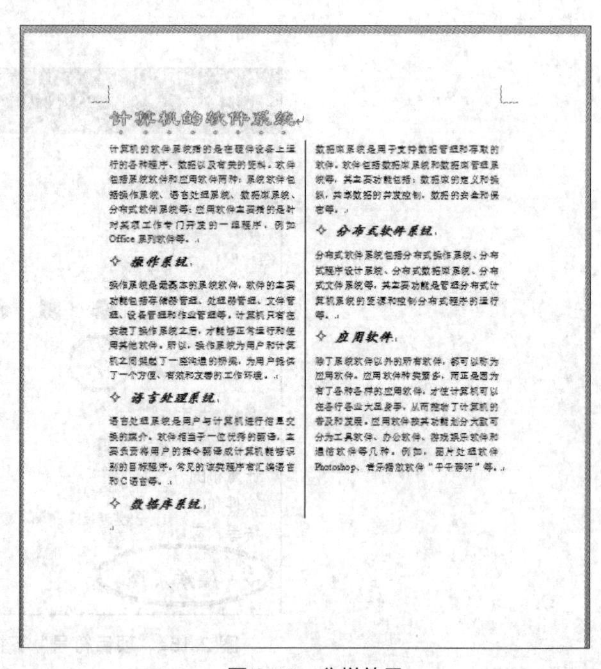

计算机的软件系统

计算机的软件系统指的是在硬件设备上运行的各种程序、数据以及有关的资料。软件包括系统软件和应用软件两种：系统软件包括操作系统、语言处理系统、数据库系统、分布式软件系统等；应用软件主要指的是针对某项工作专门开发的一组程序，例如Office系列软件等。

✧ 操作系统

操作系统是最基本的系统软件，软件的主要功能包括存储器管理、处理器管理、文件管理、设备管理和作业管理等。计算机只有在安装了操作系统之后，才能够正常运行和使用其他软件。所以，操作系统为用户和计算机之间架起了一座沟通的桥梁，为用户提供了一个方便、有效和友善的工作环境。

✧ 语言处理系统

语言处理系统是用户与计算机进行信息交换的媒介。软件相当于一位优秀的翻译，主要负责将用户的指令翻译成计算机能够识别的目标程序。常见的该类程序有汇编语言和C语言等。

✧ 数据库系统

数据库系统是用于支持数据管理和存取的软件。软件包括数据库系统和数据库管理系统等，其主要功能包括：数据库的定义和操纵，共享数据的并发控制，数据的安全和保密等。

✧ 分布式软件系统

分布式软件系统包括分布式操作系统、分布式程序设计系统、分布式数据库系统、分布式文件系统等，其主要功能是管理分布式计算机系统的资源和控制分布式程序的运行等。

✧ 应用软件

除了系统软件以外的所有软件，都可以称为应用软件。应用软件种类繁多，而正是因为有了各种各样的应用软件，才使计算机可以在各行各业大显身手，从而推动了计算机的普及和发展。应用软件按其功能划分大致可分为工具软件、办公软件、游戏娱乐软件和通信软件等几种。例如，图片处理软件Photoshop、音乐播放软件“千千静听”等。

图2-18 分栏效果

任务7 设置段落格式

设置段落格式的操作步骤如下。

步骤1：将光标定位于文档的第1段，单击“开始”选项卡下“段落”功能组中的“居中”按钮，使第1段文字居中。单击“开始”选项卡下“段落”功能组中的“段落设置”按钮，弹出“段落”对话框，设置段前为“0行”，段后为“1行”，如图2-19所示。

步骤2：将光标定位于文档的第2段，单击“段落设置”按钮，弹出“段落”对话框，设置对齐方式为“两端对齐”，行距为“1.25倍行距”，段前段后都为“0行”。

步骤3：选中第3段及其后的所有文本，单击“段落设置”按钮，弹出“段落”对话框，设置对齐方式为“两端对齐”，特殊格式为首行缩进“2字符”，行距为“1.25倍行距”，段前段后都为“0行”。

图 2-19　设置段落格式

步骤 4：单击“确定”按钮，即可完成段落的设置，效果如图 2-20 所示。

步骤 5：将光标定位在第 2 段，单击“插入”选项卡下“文本”功能组中的“首字下沉”按钮，选择“下沉”选项。最终效果如图 2-20 所示。按<Ctrl+S>组合键保存文档。

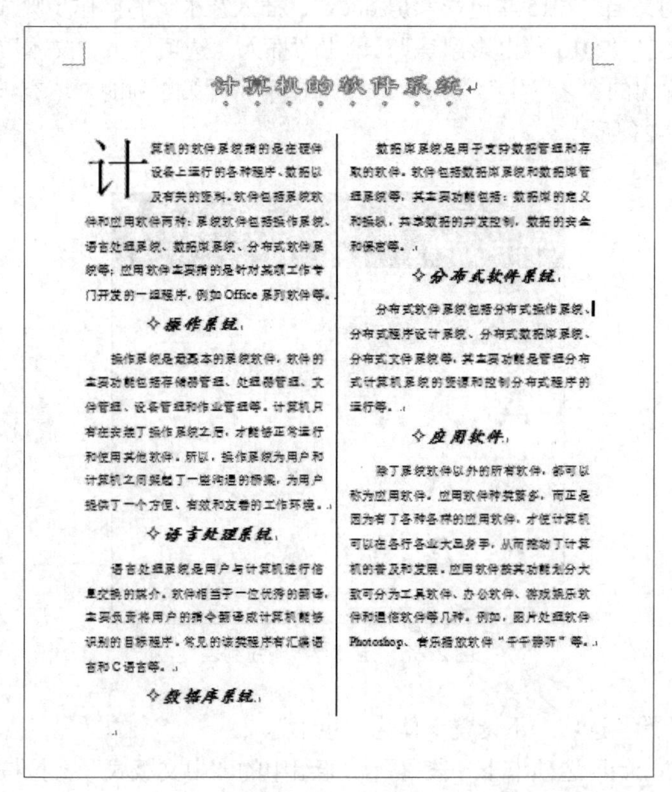

计算机的软件系统

计算机的软件系统指的是在硬件设备上运行的各种程序、数据以及有关的资料。软件包括系统软件和应用软件两种：系统软件包括操作系统、语言处理系统、数据库系统、分布式软件系统等；应用软件主要指的是针对某项工作专门开发的一组程序，例如 Office 系列软件等。

◇操作系统

操作系统是最基本的系统软件。软件的主要功能包括存储器管理、处理器管理、文件管理、设备管理和作业管理等。计算机只有在安装了操作系统之后，才能够正常运行和使用其他软件。所以，操作系统为用户和计算机之间搭起了一座沟通的桥梁，为用户提供了一个方便、有效和友善的工作环境。

◇语言处理系统

语言处理系统是用户与计算机进行信息交换的媒介。软件相当于一位优秀的翻译，主要负责将用户的指令翻译成计算机能够识别的目标程序。常见的该类程序有汇编语言和C语言等。

◇数据库系统

数据库系统是用于支持数据管理和存取的软件。软件包括数据库系统和数据库管理系统等，其主要功能包括：数据库的定义和操纵，共享数据的并发控制，数据的安全和保密等。

◇分布式软件系统

分布式软件系统包括分布式操作系统、分布式程序设计系统、分布式数据库系统、分布式文件系统等，其主要功能是管理分布式计算机系统的资源和控制分布式程序的运行等。

◇应用软件

除了系统软件以外的所有软件，都可以称为应用软件。应用软件种类繁多，而正是因为有了各种各样的应用软件，才使计算机可以在各行各业大显身手，从而推动了计算机的普及和发展。应用软件按其功能划分大致可分为工具软件、办公软件、游戏娱乐软件和通信软件等几种。例如，图片处理软件 Photoshop、音乐播放软件“千千静听”等。

图 2-20　最终效果图

任务8　视图显示方式的切换

通过单击“视图”选项卡下“视图”功能组中的视图按钮，进行各种视图显示方式的切换，并观察显示效果。

在D盘建立一个以自己的学号、姓名命名的文件夹，存放自己所做的Word文档作业，将文件夹压缩后提交给指导教师。

实验2　图文混排

【实验目的】

- 掌握插入艺术字的操作方法。
- 掌握插入图片、SmartArt图形的方法。
- 掌握插入文本框的操作方法。
- 掌握边框和底纹的设置方法。

【实验内容与步骤】

任务1　插入艺术字

打开素材库中的文档“2015年电影票房.docx”，插入艺术字的操作步骤如下。

步骤1：选中文字“2015年电影票房”，单击“插入”选项卡下“文本”功能组中的“艺术字”下拉按钮，在弹出的“艺术字”下拉列表中选择第3行第5列的“填充-茶色，背景2，内部阴影”选项，如图2-21所示。

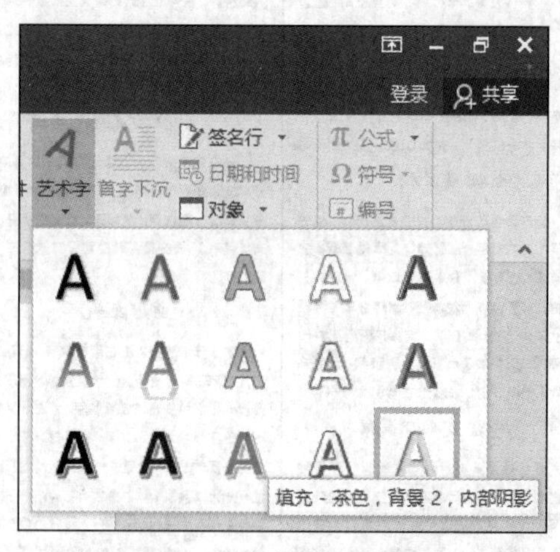

图2-21　“艺术字”下拉列表

步骤2：在“开始”选项卡下设置字体为“隶书”。

步骤3：单击“开始”选项卡下“段落”功能组中的“中文版式”下拉按钮，在弹出的下拉菜单中选择“字符缩放”→“150%”菜单项，如图2-22所示。

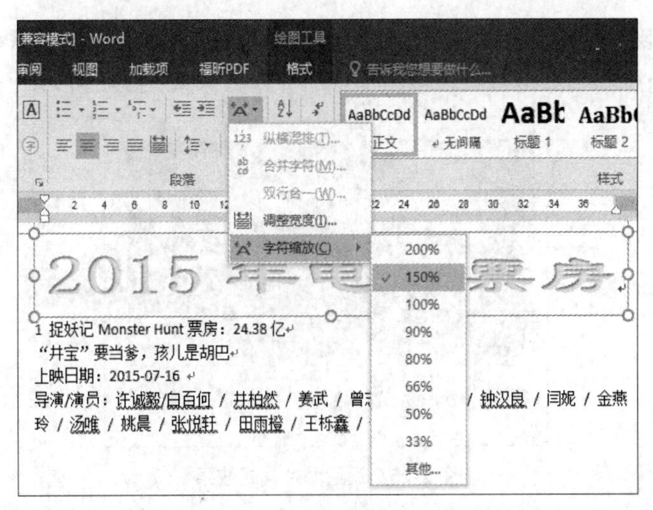

图 2-22　设置字符缩放为 150%

任务 2　插入图片

插入图片的操作步骤如下。

步骤 1：将光标定位于文档第 2 段“1 捉妖记”之前，单击“插入”选项卡下“插图”功能组中的“图片”按钮，打开“插入图片”对话框，选择图片文件“捉妖记.jpg”，单击“插入”按钮。

步骤 2：单击“图片工具/格式”选项卡下“排列”功能组中的“位置”下拉按钮，从弹出的下拉列表中选择“其他布局选项”选项，或右键单击该图片，在弹出的快捷菜单中选择“大小和位置”选项，弹出“布局”对话框，单击该对话框中的“文字环绕”选项卡，选择环绕方式为“上下型”，如图 2-23 所示，然后单击“确定”按钮。

步骤 3：右键单击图片，在弹出的快捷菜单中选择“大小和位置”菜单项，在弹出的“布局”对话框中单击“大小”选项卡，取消选中“锁定纵横比”和“相对原始图片大小”复选框。设置图片高度为 5 厘米，宽度为 8 厘米，如图 2-24 所示，然后单击“确定”按钮。

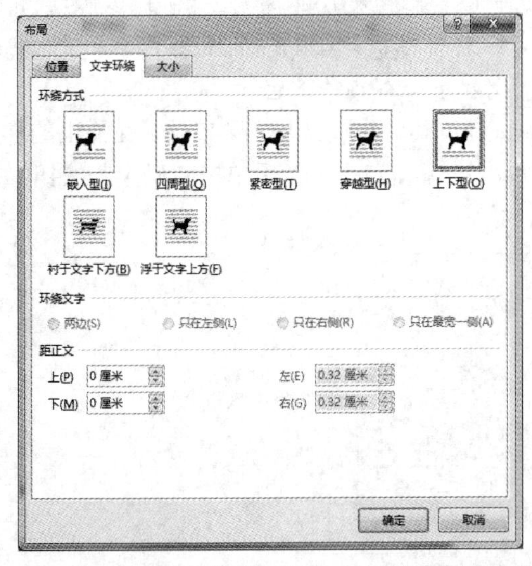

图 2-23　“文字环绕”选项卡设置图片文字环绕方式

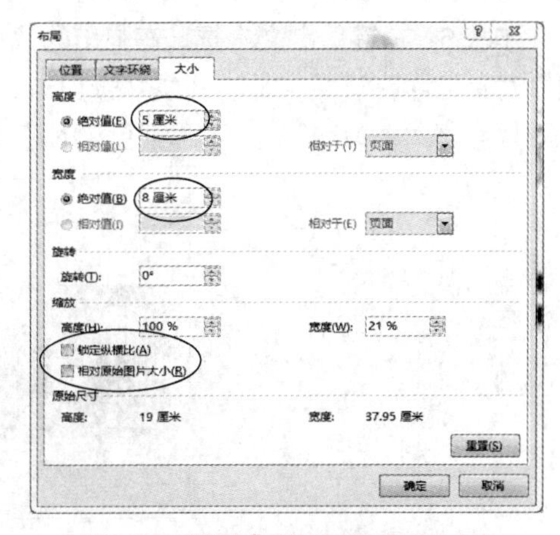

图 2-24　“大小”选项卡设置图片大小

步骤 4：单击“图片工具/格式”选项卡下“图片样式”功能组中的“其他”下拉按钮，在打开的下拉菜单中选择“映像棱台，白色”样式，显示效果如图 2-25 所示。

图 2-25　设置图片样式效果

任务 3　插入文本框

插入文本框的操作步骤如下。

步骤 1：选定第 2 段至第 5 段“1 捉妖记……保剑锋”，如果要同时选中了艺术字和图片，可按住<Ctrl>键，再单击艺术字和图片，即可同时选中艺术字和图片。按<Ctrl+X>组合键剪切文字后，单击“插入”选项卡下“文本”功能组中的“文本框”按钮，在弹出的下拉菜单中选择“简单文本框”选项，这时文档会出现一个矩形区域。

步骤 2：按<Ctrl+V>组合键粘贴，将第 2 至 5 段移动到文本框中。

步骤 3：设置文本框的格式。单击“绘图工具/格式”选项卡下“形状样式”功能组中的“其他”下拉按钮，在弹出的下拉菜单中选择“细微效果-水绿色，强调颜色 5”选项，然后单击“绘图工具/格式”选项卡下“形状样式”功能组中的“形状效果”下拉按钮 形状效果，在弹出的下拉列表中选择“阴影”→“外部”→“右下斜偏移”选项。

步骤 4：设置文本格式。选择“绘图工具/格式”选项卡下“艺术字样式”功能组中的“填充-蓝色，着色 1，阴影”选项。

步骤 5：单击“开始”选项卡下“字体”功能组中的“文本突出显示颜色”下拉按钮，在弹出的下拉列表中选择“红色”选项，鼠标指针在文档中变为，用鼠标选择文字“票房：24.38 亿”后，再次单击“文本突出显示颜色”按钮突出显示文本颜色状态。

步骤 6：右键单击文本框，在弹出的快捷菜单中选择“其他布局选项”菜单项，在弹出的“布局”对话框中，选择“文字环绕”选项卡下的“四周型”环绕方式，然后单击“确定”按钮。拖曳图片和文本框改变其位置，如图 2-26 所示。

图 2-26　设置文本框样式及位置

任务 4　插入 SmartArt 图形

插入 SmartArt 图形的操作步骤如下。

步骤 1：在图片下方输入文字“公司结构组织图”，选中该文字并设置为“华文彩云，小初，居中”。

步骤 2：把光标定位于文字“公司结构组织图”右侧，单击“布局”选项卡下“页面设置”功能组中的“分隔符”下拉按钮，在弹出的下拉列表中选择“自动换行符”选项，另起一段，单击“插入”选项卡下“插图”功能组中的“SmartArt”按钮，弹出“选择 SmartArt 图形”对话框，选择“层次结构”中的“组织结构图”形状，如图 2-27 所示。单击“确定”按钮。

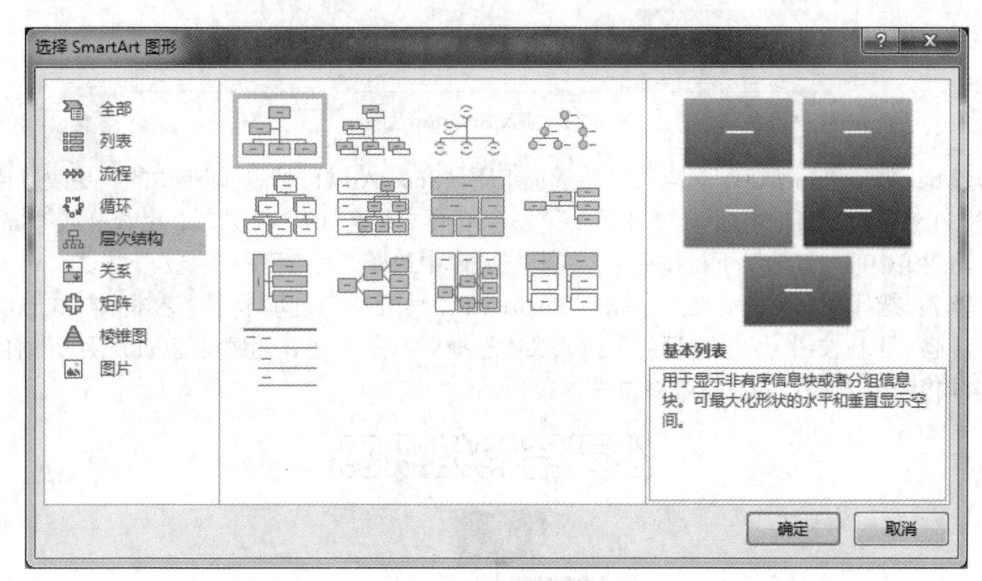

图 2-27　选择 SmartArt 图形

步骤 3：单击“SmartArt 工具/设计”选项卡下“创建图形”功能组中的“文本窗格”按钮，打开“在此处键入文字”窗格。

步骤 4：按照图 2-28 左侧所示的示例创建文本结构。在文本窗格中将光标定位于第 1 个项目后，输入“总经理”，并在助理位置输入“秘书”，然后依次输入“行政主任”“任务组长”“职员”等内容。将光标定位于“文本窗格”中第 2 层次的第 3 个文本框，即“任务组长”，单击“SmartArt 工具/设计”选项卡下“创建图形”功能组中的“降级”按钮 → 降级，观察 SmartArt 图形结构发生的变化。然后通过降级调整形状直到完成图 2-28 右侧所示的结构图。

添加新的项目：单击“SmartArt 工具/设计”选项卡下“创建图形”功能组中的“添加形状”下拉按钮，根据需要添加的位置，在下拉菜单中选择相应的菜单项。

降低当前项目等级：按“SmartArt 工具/设计”选项卡下“创建图形”功能组中的“降级”按钮。

提升当前项目等级：按“SmartArt 工具/设计”选项卡下“创建图形”功能组中的“升级”按钮。

步骤 5：单击“在此处键入文字”窗格的“关闭”按钮。

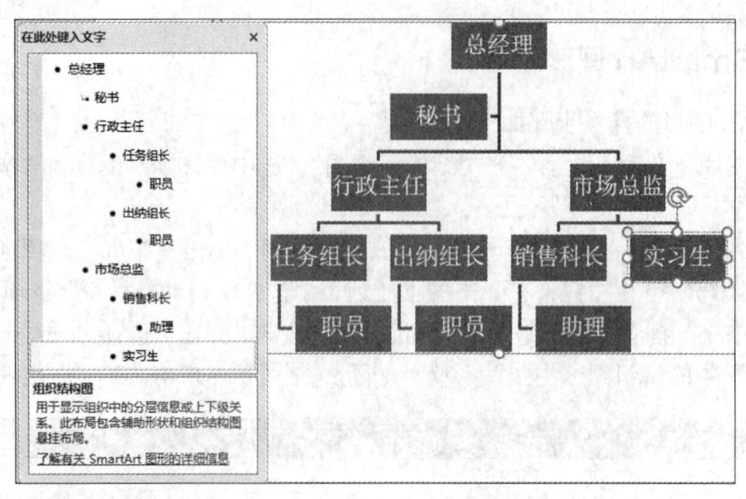

图 2-28　插入 SmartArt 图形

步骤 6：单击“SmartArt 工具/设计”选项卡下“SmartArt 样式”功能组中的“更改颜色”下拉按钮，在其下拉列表框中选择“彩色”→“彩色范围-个性色 3 至 4”选项，接着单击“SmartArt 样式”功能组中的“其他”下拉按钮，在其样式库中选择“三维”→“嵌入”样式。

步骤 7：选择文字“总经理”，单击“SmartArt 工具/格式”选项卡下“艺术字样式”功能组中的“其他”下拉按钮，在出现的下拉列表中选择“填充-白色，轮廓-着色 1，阴影”样式。

“公司组织结构图”的最终效果如图 2-29 所示。

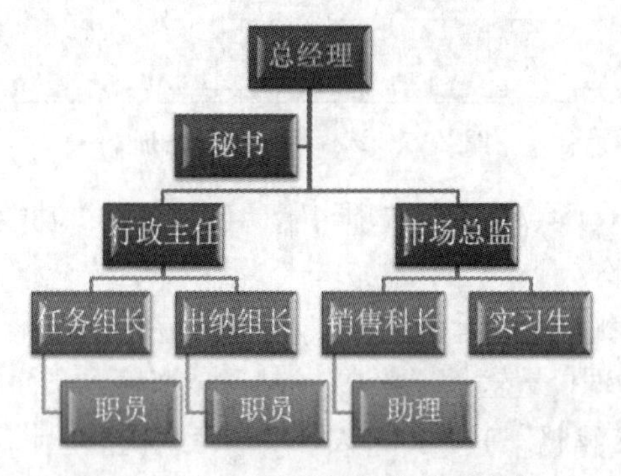

图 2-29　“公司组织结构图”的最终效果

任务 5　插入剪贴画

插入剪贴画的操作步骤如下。

步骤 1：单击“插入”选项卡下“插图”功能组中的“形状”下拉按钮，在弹出的下拉列表框里选择“基本形状”→“笑脸”选项，然后在“公司组织结构图”下绘制一个“笑脸”图形。“形状”下拉列表框如图 2-30 所示。

步骤 2：单击“笑脸”图形，再单击“绘图工具/格式”选项卡下“形状样式”功能组中的“其他”下拉按钮，在“形状样式”下拉列表里选择“细微效果-橙色，强调颜色 2”，即可得到图 2-31 所示的效果。

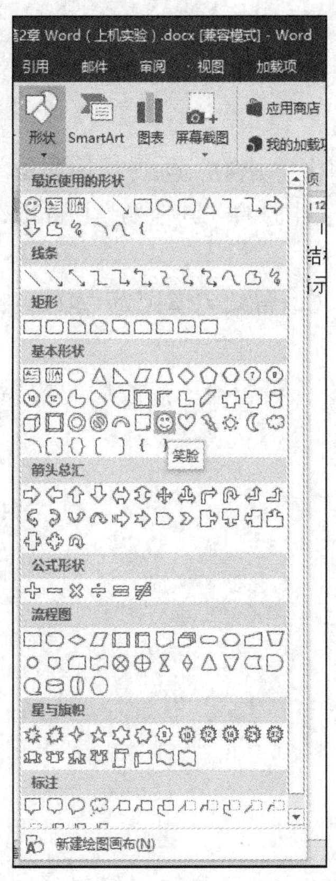

图 2-30　“形状”下拉列表框

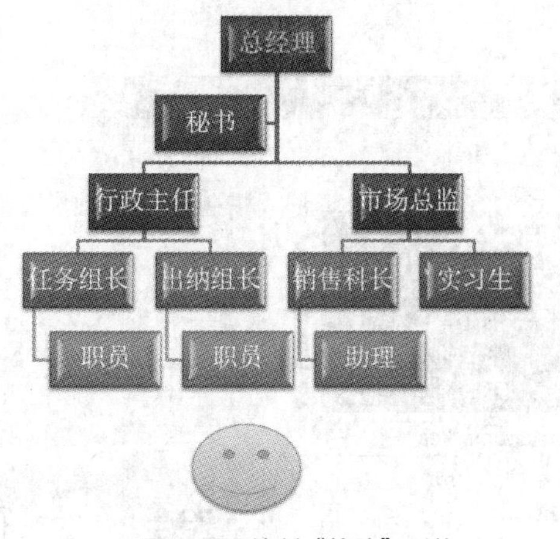

图 2-31　绘制“笑脸”形状

任务 6　插入水印

插入水印的操作步骤如下。

步骤 1：单击“设计”选项卡下“页面背景”功能组中的“水印”下拉按钮，在弹出的列表中选择“自定义水印”选项，弹出“水印”对话框。

步骤 2：单击“文字水印”单选按钮，在“文字”文本框中输入“禁止复制”，如图 2-32 所示，单击“确定”按钮。

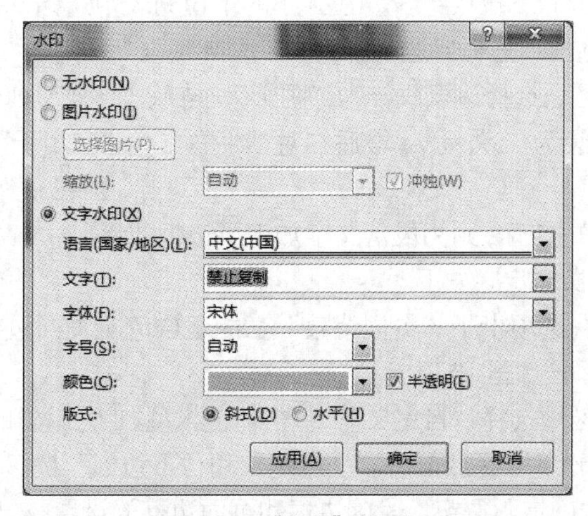

图 2-32　“水印”对话框

任务 7　设置段落底纹

设置段落底纹的操作步骤如下。

步骤 1：选中文档的第 3 段文字“公司结构组织图”，单击“开始”选项卡下“段落”功能组中的“底纹”按钮右侧的下拉按钮，在弹出的下拉列表中选择“其他颜色”选项，弹出“颜色”对话框。

步骤 2：在“颜色”对话框中，选择“自定义”选项卡，设置颜色模式为“RGB”，设置红、绿、蓝色值分别为 65、55、240，如图 2-33 所示。

步骤 3：单击“确定”按钮，即可为该段落加上底纹效果。设置段落底纹后的效果如图 2-34 所示。

图 2-33　“颜色”对话框

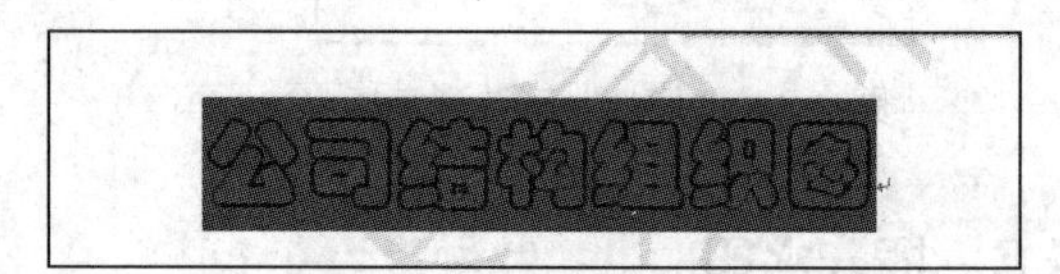

图 2-34　设置段落底纹

任务 8　设置边框

（1）设置段落边框的操作步骤如下。

步骤 1：选中文档的第 3 段文字“公司结构组织图”，单击“开始”选项卡下“段落”功能组中的“边框”按钮右侧的下拉按钮，在弹出的下拉列表中选择“边框和底纹”选项，弹出“边框和底纹”对话框，选择“边框”选项卡。

步骤 2：在“设置”区域选择边框式样为“阴影”，再从“样式”列表框中选择二线型边框线的式样，并将宽度设为“3.0 磅”。最后在对话框右下角“应用于”下列列表中选择“文字”选项，如图 2-35 所示。

步骤 3：单击“确定”按钮，则为段落文字加上了边框效果。

（2）设置页面边框的操作步骤如下。

步骤 1：单击“设计”选项卡下“页面背景”功能组中的“页面边框”按钮，弹出“边框与底纹”对话框，选择“页面边框”选项卡。

步骤 2：在“设置”区域选择“自定义”，单击“艺术型”下拉按钮，并在弹出的下拉列表中选择第 4 种样式，在“预览”区域单击“上边框”和“下边框”按钮，取消上下边框样式，如图 2-36 所示。最后单击“确定”按钮。段落边框和页面边框的设置效果如图 2-37 所示。

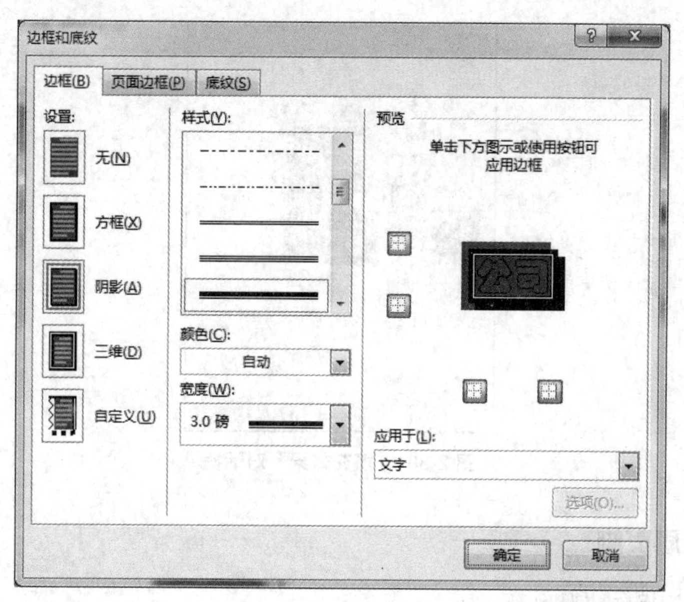

图 2-35　设置边框

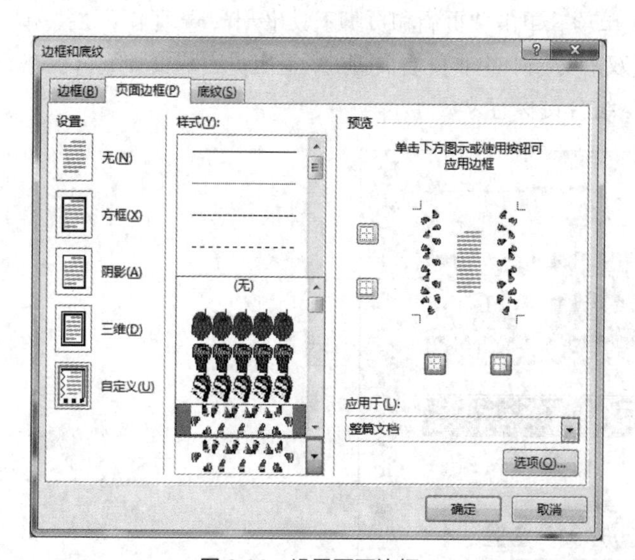

图 2-36　设置页面边框

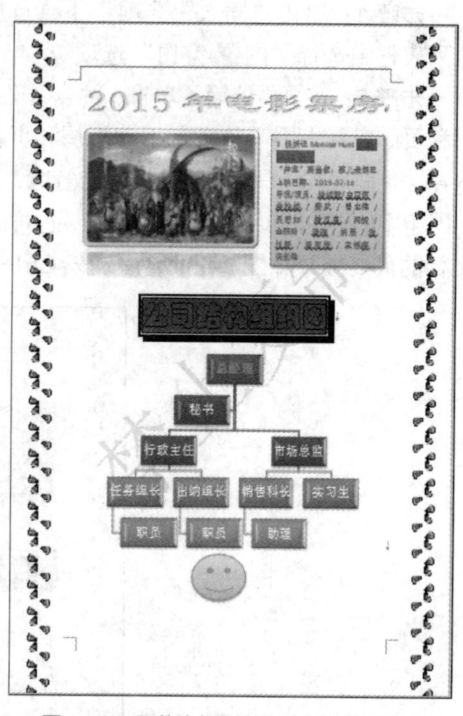

图 2-37　段落边框和页面边框的设置效果

任务 9　设置页面背景

设置页面背景的操作步骤如下。

步骤 1：单击“设计”选项卡下“页面背景”功能组中的“页面颜色”下拉按钮，在弹出的下拉列表中选择“填充效果”选项。

步骤 2：在弹出的“填充效果”对话框中选择“纹理”选项卡，选择“羊皮纸”纹理，如图 2-38 所示，然后单击“确定”按钮。

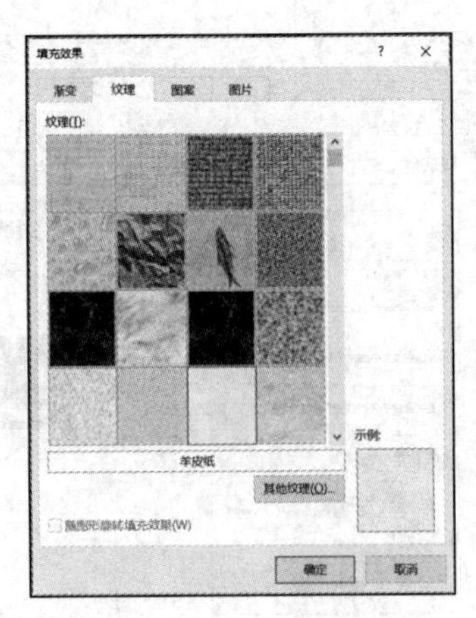

图 2-38 “填充效果”对话框

任务 10 设置页眉页脚

设置页眉页脚的操作步骤如下。

步骤 1：单击“插入”选项卡下“页眉和页脚”功能组中的“页眉”下拉按钮，在弹出的下拉列表框中选择“内置-空白”选项。

步骤 2：在页眉处输入学号、姓名、班级，如“2016011101 楚留香 16 播音主持 1 班”，单击“页眉和页脚工具/设计”选项卡下“页眉和页脚”功能组中的“页码”下拉按钮，在弹出的下拉菜单中选择“页面底端”→“加粗显示的数字 2”菜单项。单击“页眉和页脚工具/设计”选项卡下“关闭”功能组中的“关闭页眉和页脚”按钮，也可以双击文档中的非页眉页脚处，退出页眉和页脚编辑状态。文档的最终效果如图 2-39 所示。按<Ctrl+S>组合键保存文档。

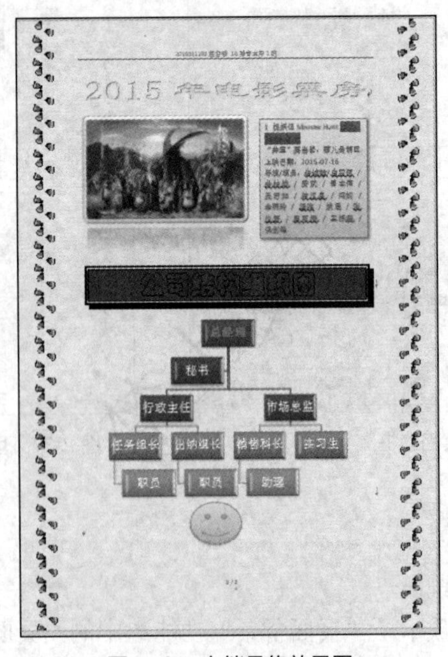

图 2-39 文档最终效果图

在 D 盘建立一个以自己的学号及姓名命名的文件夹，存放自己所做的 Word 文档作业，文件夹压缩后提交给指导教师。

实验 3 表格制作

【实验目的】

- 掌握建立表格的操作方法。
- 掌握编辑表格的操作方法。
- 掌握格式化表格的操作方法。

【实验内容与步骤】

任务 1 创建表格

创建表格的操作步骤如下。

步骤 1：新建一个空白文档，输入文字“分公司销售额表”，设置输入文字的字体为“黑体、五号、加粗、居中”。

步骤 2：单击“插入”选项卡下“表格”功能组中的“表格”下拉按钮，会出现一个“插入表格”下拉菜单，用鼠标指针在网格上移动，选择 6 行 3 列，然后单击鼠标，即可在文档中插入一个 6 行 3 列的表格，如图 2-40 所示。

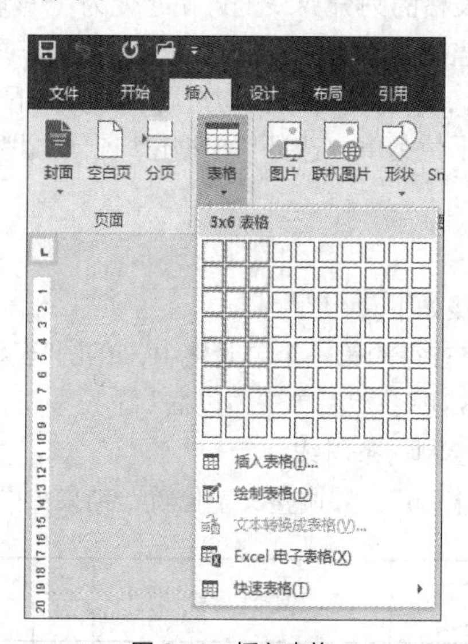

图 2-40 插入表格

步骤 3：按表 2-1 所示的“分公司销售额表”输入文字，并将单元格中文字字体设置为“黑体、加粗、小五号、居中”，然后保存为“表格 1.docx”。

表 2–1 分公司销售额表

	香港分公司	北京分公司
一季度销售额	435	543
二季度销售额	567	654
三季度销售额	675	789
四季度销售额	765	765
合计		

任务 2　删除表格最后一行

打开文件“表格 1.docx”，另存为“表格 2.docx”，将光标定位到最后一行，再单击“表格工具/布局”选项卡下“行和列”功能组中的“删除”下拉按钮，在弹出的下拉列表中选择“删除行”选项即可。

任务 3　插入表格行

若要在最后一行之前插入一行，可先将光标定位到最后一行，再单击“表格工具/布局”选项卡下“行和列”功能组中的“在上方插入”按钮。

任务 4　插入表格列

若要在第三列的左边插入一列，可先将光标定位到第三列，再单击“表格工具/布局”选项卡下“行和列”功能组中的“在左侧插入”按钮。

任务 5　调整表格行高、列宽

以列为例调整表格行高或列宽的操作步骤如下。

步骤 1：将鼠标指针移到表格的列分界线上，使之变为“←‖→”形状，然后按住鼠标左键左右拖曳分界线，使之移到适当位置。行的调整操作与之类似，请读者试着操作并观察效果。

步骤 2：选择所有表格内容，单击“表格工具/布局”选项卡下“单元格大小”功能组中的“自动调整”下拉按钮，在弹出的下拉菜单中选择“根据窗口自动调整表格”选项即可。

任务 6　画表格中的斜线

画表格中的斜线的操作步骤如下。

步骤 1：将光标定位在表格首行的第一个单元格中，单击“表格工具/表设计”选项卡，在“边框”功能组中选择“实线”“0.5 磅”，然后单击“边框”下拉按钮，在弹出的下拉列表中选择“斜下框线”选项即可在单元格中绘制一条斜线。

步骤 2：输入“公司”“销售额”，并调整文字位置，结果如图 2-41 所示。

公司 / 销售额	香港分公司		北京分公司
一季度销售额	435		543
二季度销售额	567		654
三季度销售额	675		789
四季度销售额	765		765

图 2-41　画表格中的斜线

任务 7　调整表格位置

调整表格在页面中的位置，使之居中显示。将光标移动到表格的任一单元格中，单击“表格工具/布局”选项卡下“表”功能组中的“属性”按钮，打开“表格属性”对话框，在“表格”选项卡下设置“对齐方式”为“居中”，然后单击“确定”按钮，如图 2-42 所示。

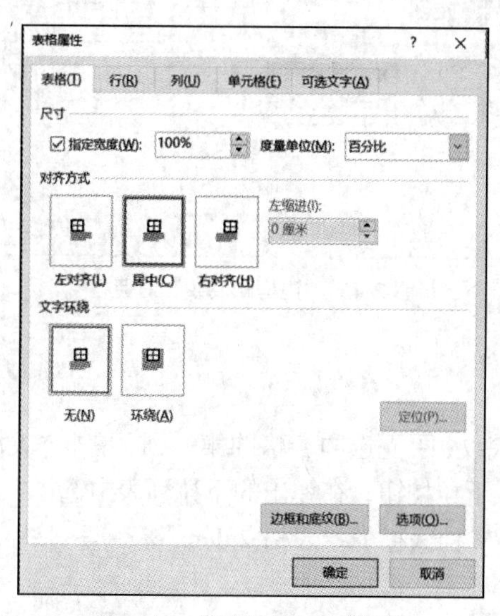

图 2-42　“表格属性”对话框

任务 8　拆分表格

选中表格的最后一行，单击“表格工具/布局”选项卡下“合并”功能组中的“拆分表格”按钮，可以见到选中行的内容脱离了原表，成为一个新表。

任务 9　单元格中文字的对齐方式

修改单元格中文字的对齐方式的操作步骤如下。

步骤 1：选中表格第一列中除表头以外的所有单元格，单击“表格工具/布局”选项卡下“对齐方式”功能组中的“水平居中”按钮。

步骤 2：用同样的方法将表格后两列文字设置为“中部右对齐”。

任务 10　修改表格边框

修改表格边框的操作步骤如下。

步骤 1：选中表格中第 1～5 行的文字，单击“表格工具/表设计”选项卡下“边框”功能组中“边框”按钮右侧的下拉按钮，在弹出的下拉菜单中选择“边框和底纹”选项，弹出“边框和底纹”对话框。

步骤 2：在“边框”选项卡下，设置选择“自定义”，样式选择“实线”，颜色选择“深蓝，文字 2”，宽度选择“1.5 磅”，并分别单击“预览”区域的“上边框”“下边框”“左边框”“右边框”“内部框线”按钮。之后在对话框右下角“应用于”下拉列表中选择“表格”选项，观察“预览”区域表格边框样式的变化，如图 2-43 所示，最后单击“确定”按钮。

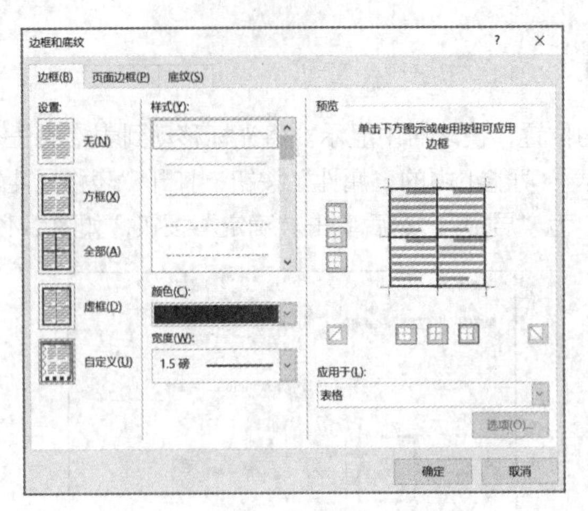

图 2-43 “边框和底纹”对话框

任务 11 添加表格底纹

若要为表格第一列添加底纹，可先选中表格的第一列，单击“表格工具/表设计”选项卡下“表格样式”功能组中的“底纹”下拉按钮，在弹出的下拉列表中选择“白色，背景 1，深色 15%”选项。然后按<Ctrl+S>组合键将文档保存为“表格 2.docx”。

任务 12 自动套用表格样式

打开文件“表格 1.docx”，将之另存为“表格 3.docx”，单击表格中的任一单元格后，将鼠标移至“表格工具/表设计”选项卡中“表格样式”功能组内，鼠标指向哪个样式，其效果就会自动应用在表上，自选一种样式，单击“确定”按钮后即可自动套用一种格式。最后按<Ctrl+S>组合键保存文档。

任务 13 表格转换

打开文件“表格 1.docx”，将之另存为“表格 4.docx”，将表格中第 2～4 行的内容转换成文字的步骤如下。

步骤 1：选中表格的第 2～4 行，单击“表格工具/布局”选项卡下“数据”功能组中的“转换为文本”按钮，弹出“表格转换成文本”对话框。

步骤 2：在对话框中选择文字的分隔符为“逗号”，如图 2-44 所示，单击“确定”按钮。

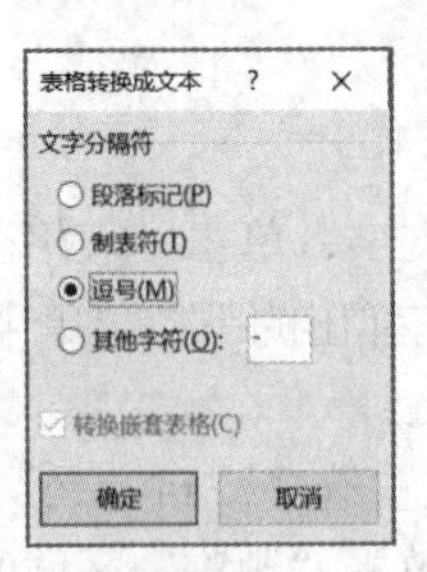

图 2-44 “表格转换成文本”对话框

步骤 3：实现转换后，注意观察图 2-45 所示的结果。最后按<Ctrl+S>组合键保存文档。

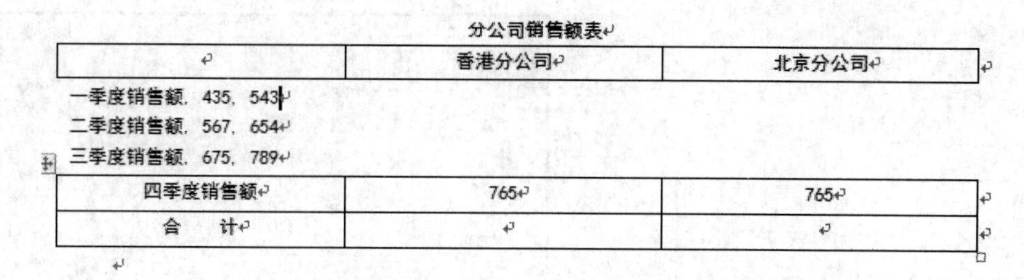
分公司销售额表

	香港分公司	北京分公司

一季度销售额, 435, 543
二季度销售额, 567, 654
三季度销售额, 675, 789

四季度销售额	765	765
合　计		

图 2-45　表格转换成文本的效果

用类似的操作也可将转换来的文本再次恢复成表格形式，具体的操作步骤如下。

步骤 1：选中文字“一季度销售额, 435, 543　二季度销售额, 567, 654”（注意不要改变文字格式），单击“插入”选项卡下“表格”功能组中的“表格”下拉按钮，在弹出的下拉框中选择“文本转换成表格”选项。

步骤 2：在弹出的“将文字转换成表格”对话框中选择列数为 3、行数为 2，文字分隔位置为“逗号”，如图 2-46 所示，单击“确定”按钮。

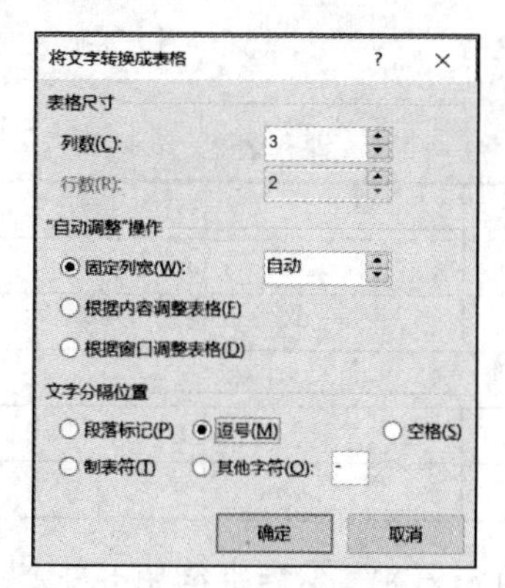

图 2-46　“将文字转换成表格”对话框

步骤 3：选中转换后的表格的第一列，在“表格工具/布局”选项卡下“单元格大小”功能组的“宽度”文本框中修改宽度为 4.8 厘米，再调整第二列、第三列与第一行同宽。

步骤 4：将文档保存为“表格 5.docx”。

任务 14　表格中数据的计算与排序

表格中数据的计算与排序的操作步骤如下。

步骤 1：打开文件“表格 1.docx”，将光标定位于第 2 列第 6 行的单元格中，单击“插入”选项卡下“文本”功能组中的“文档部件”下拉按钮，在弹出的下拉列表中选择“域”选项，打开“域”对话框，单击“公式”按钮后，弹出“公式”对话框。

步骤 2：在“公式”文本框中填入相应公式“=SUM(ABOVE)”，如图 2-47 所示，单击“确定”按钮。

步骤 3：用相同的方法将第 3 列第 6 行的单元格的结果计算出来。

步骤 4：先选中需要排序的单元格，即第 2～5 行的单元格区域，单击“表格工具/布局”选项卡下“数据”功能组中的“排序”按钮，弹出“排序”对话框，设置主要关键字为“列 2”，类型为“数字”和“降序”，如图 2-48 所示，单击“确定”按钮。

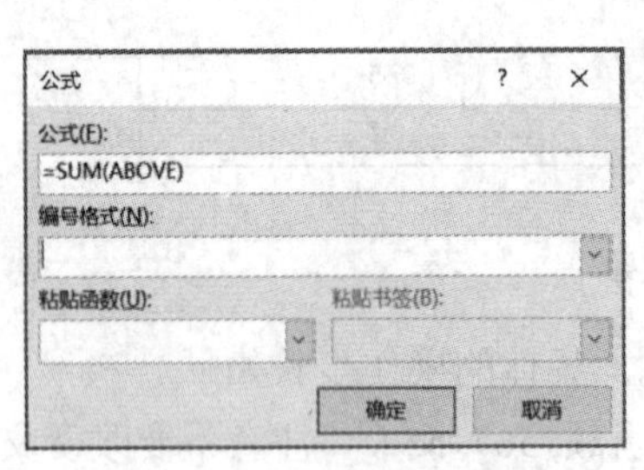

图 2-47 “公式”对话框

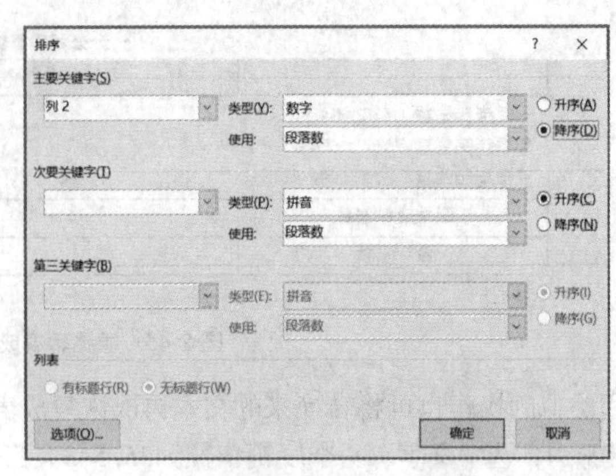

图 2-48 “排序”对话框

步骤 5：将文档另存为“表格 6.docx”。

任务 15　制作课程表

设计课程表，内容如表 2-2 所示。

表 2–2　　课程表

	星期一	星期二	星期三	星期四	星期五
第一大节					
第二大节					
午休					
第三大节					
第四大节					

表格内的内容依照实际情况进行填充，然后进行如下设置。

步骤 1：将标题“课程表”的字体设为“楷体、五号、居中”。表格套用“清单 4-着色 1”样式，表中文字设为“小五号、楷体字”，对齐方式设为“水平居中”。调整表格四周的边框线为 1.5 磅实线，内框线纵向为 0.5 磅虚线，其余表格线的宽度为默认值，最终效果如图 2-49 所示。

步骤 2：将文档保存为“课程表.docx”。

课程表

	星期一	星期二	星期三	星期四	星期五
第一大节					
第二大节					
午休					
第三大节					
第四大节					

图 2-49　课程表最终效果图

任务 16　制作求职简历

制作一个求职简历，内容如表 2-3 所示。

步骤 1：将第 1 行 2、3、4 列单元格合并。选中需要合并的单元格，单击“表格工具/布局”选项卡下“合并”功能组中的“合并单元格”按钮。

步骤 2：先选中“贴照片处”的单元格，然后单击“表格工具/布局”选项卡下“对齐方式”功能组中的“文字方向”按钮，改变文字的方向为垂直。

表 2–3　　求职简历

<table>
<tr><td colspan="4">基本信息</td><td>个 人 相 片</td></tr>
<tr><td>姓　　名：</td><td></td><td>性　　别：</td><td></td><td rowspan="7">（贴照片处）</td></tr>
<tr><td>民　　族：</td><td></td><td>出生年月：</td><td></td></tr>
<tr><td>身　　高：</td><td></td><td>体　　重：</td><td></td></tr>
<tr><td>户　　籍：</td><td></td><td>现所在地：</td><td></td></tr>
<tr><td>毕业学校：</td><td></td><td>学　　历：</td><td></td></tr>
<tr><td>专业名称：</td><td></td><td>毕业年份：</td><td></td></tr>
<tr><td>工作年限：</td><td></td><td>职　　称：</td><td></td></tr>
<tr><td>求职意向：</td><td colspan="4"></td></tr>
<tr><td>职位性质：</td><td colspan="4"></td></tr>
<tr><td>职位类别：</td><td colspan="4"></td></tr>
<tr><td>职位名称：</td><td colspan="4"></td></tr>
<tr><td>工作地区：</td><td colspan="4"></td></tr>
<tr><td>待遇要求：</td><td colspan="4"></td></tr>
<tr><td>到职时间：</td><td colspan="4"></td></tr>
<tr><td>技能专长：</td><td colspan="4"></td></tr>
<tr><td>语言能力：</td><td colspan="4"></td></tr>
<tr><td>教育培训：</td><td colspan="4"></td></tr>
<tr><td rowspan="2">教育经历：</td><td>时间</td><td colspan="2">所在学校</td><td>学历</td></tr>
<tr><td></td><td colspan="2"></td><td></td></tr>
<tr><td rowspan="6">工作经历：</td><td>所在公司：</td><td colspan="3"></td></tr>
<tr><td>时间范围：</td><td colspan="3"></td></tr>
<tr><td>公司性质：</td><td colspan="3"></td></tr>
<tr><td>所属行业：</td><td colspan="3"></td></tr>
<tr><td>担任职位：</td><td colspan="3"></td></tr>
<tr><td>工作描述：</td><td colspan="3"></td></tr>
<tr><td rowspan="3">其他信息：</td><td>自我评价：</td><td colspan="3"></td></tr>
<tr><td>发展方向：</td><td colspan="3"></td></tr>
<tr><td>其他要求：</td><td colspan="3"></td></tr>
<tr><td rowspan="2">联系方式：</td><td colspan="4"></td></tr>
<tr><td>电话：</td><td></td><td>地址：</td><td></td></tr>
</table>

步骤 3：将文档保存为“求职简历.docx”。

任务 17　制作个人简历

步骤 1：制作一份个人简历，内容如表 2-4 所示。

表 2-4　　个人简历

<table>
<tr><td rowspan="6">个人概况：</td><td>姓名：张三</td><td colspan="2">性别：男</td><td>出生年月：1994 年 11 月</td></tr>
<tr><td>身体状况：健康</td><td colspan="2">民族：汉</td><td>身高：176cm</td></tr>
<tr><td colspan="4">专业：数字媒体技术专业</td></tr>
<tr><td colspan="2">学历：本科</td><td colspan="2">政治面貌：党员</td></tr>
<tr><td colspan="2">毕业院校：中国传媒大学南广学院</td><td colspan="2">通信地址：江苏省南京市江宁区弘景大道 3666 号</td></tr>
<tr><td colspan="2">联系电话：1330158××××</td><td colspan="2">邮编：210012</td></tr>
<tr><td>个人品质：</td><td colspan="4">诚实守信，乐于助人</td></tr>
<tr><td>座右铭：</td><td colspan="4">活到老，学到老</td></tr>
<tr><td rowspan="2">受教育情况：</td><td colspan="4">教育背景：
2012—2016 年　中国传媒大学南广学院　数字媒体技术专业</td></tr>
<tr><td colspan="4">主修课程：
C 语言程序设计、多媒体技术与应用、数字图像处理技术、数据库原理、媒体资产管理系统、虚拟现实技术、动画设计与制作技术、数字影视合成技术、动态网页制作</td></tr>
<tr><td rowspan="2">个人能力：</td><td colspan="4">语言能力：
◆ 具有较强的语言表达能力
◆ 具有一定的英语读、写、听能力，获全国大学生英语四级证书</td></tr>
<tr><td colspan="4">计算机水平：
◆ 具有良好的计算机应用能力，获全国计算机等级考试二级证书</td></tr>
<tr><td>社会实践：</td><td colspan="4">◆ 2015 年任校学生会主席
◆ 曾参加中国传媒大学南广学院社会实践“华彩新声”活动
◆ 在电视台实习两个月</td></tr>
<tr><td>性格特点：</td><td colspan="4">诚实、自信、有恒心、易于相处。有一定协调组织能力、适应能力强。有较强的责任心和吃苦耐劳精神</td></tr>
</table>

步骤 2：将文档保存为“个人简历.docx”。在 D 盘建立一个以自己学号姓名命名的文件夹，存放自己所做的 Word 文档作业，文件夹压缩后提交给指导教师。

实验 4　公文写作

【实验目的】

- 熟练掌握公文文件的基本技术标准。
- 熟悉公文文件的正文格式。
- 熟练掌握加盖印章的方法。
- 掌握插入页码及设置的方法。

【实验内容与步骤】

打开素材库中的文档“实验 4.docx”，按照操作步骤完成公文的写作和设置。

任务 1　页面设置

页面设置的操作步骤如下。

步骤 1：单击“布局”选项卡下“页面设置”功能组中的“页面设置”按钮 ，打开“页面设置”对话框。选择“页边距”选项卡，设置页边距“上”为 3.7 厘米，“下”为 3.5 厘米，“左”为 2.8 厘米，“右”为 2.6 厘米，如图 2-50 所示。

步骤 2：在“页面设置”对话框中，选择“纸张”选项卡，选择“A4”型纸。

步骤 3：在“页面设置”对话框中，选择“版式”选项卡，设置“页眉和页脚”为“奇偶页不同”，“页脚”距边界“2.8 厘米”，如图 2-51 所示。

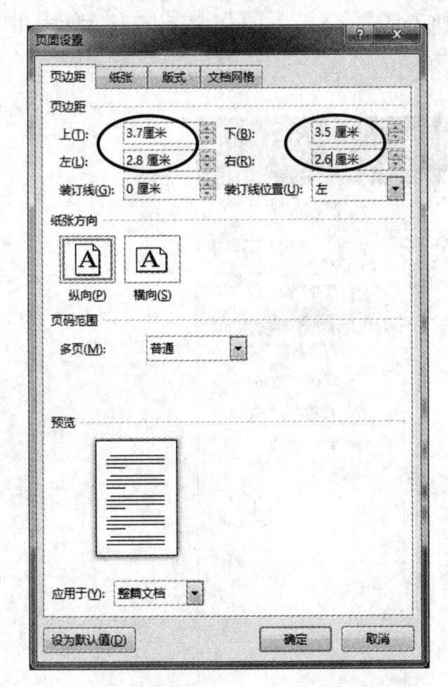

图 2-50 “页面设置”对话框“页边距”选项卡

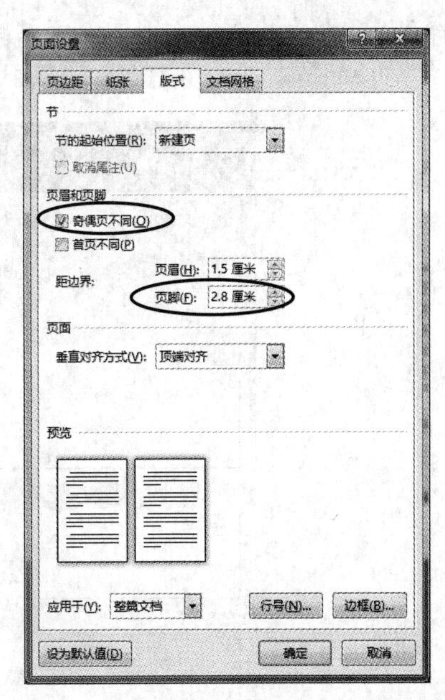

图 2-51 “页面设置”对话框“版式”选项卡

步骤 4：在“页面设置”对话框中，选择“文档网格”选项卡，选中“指定行和字符网格”单选按钮；将“每行”设置成“28”个字符；“每页”设置成“22”行，如图 2-52 所示。单击“字体设置”按钮，弹出“字体”对话框。在该对话框中将“中文字体”设置为“仿宋”；“字号”设置成“三号”，单击“确定”按钮，返回“页面设置”对话框。单击“确定”按钮，这样就将页面设置成了字体为三号、每页 22 行、每行 28 个汉字的国家标准。

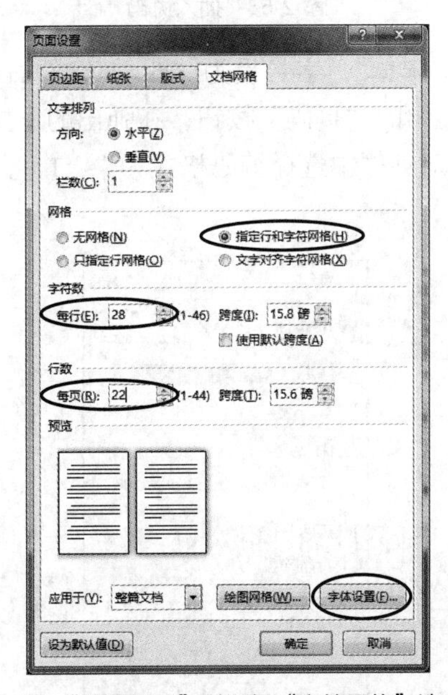

图 2-52 “页面设置”对话框“文档网格”选项卡

任务 2　插入页码

插入页码的操作步骤如下。

步骤 1：单击“插入”选项卡下“页眉和页脚”功能组中的“页码”按钮，在弹出的下拉菜单中选择“页面底端”→“简单/普通数字 2”菜单项，使页码居中，如图 2-53 所示。

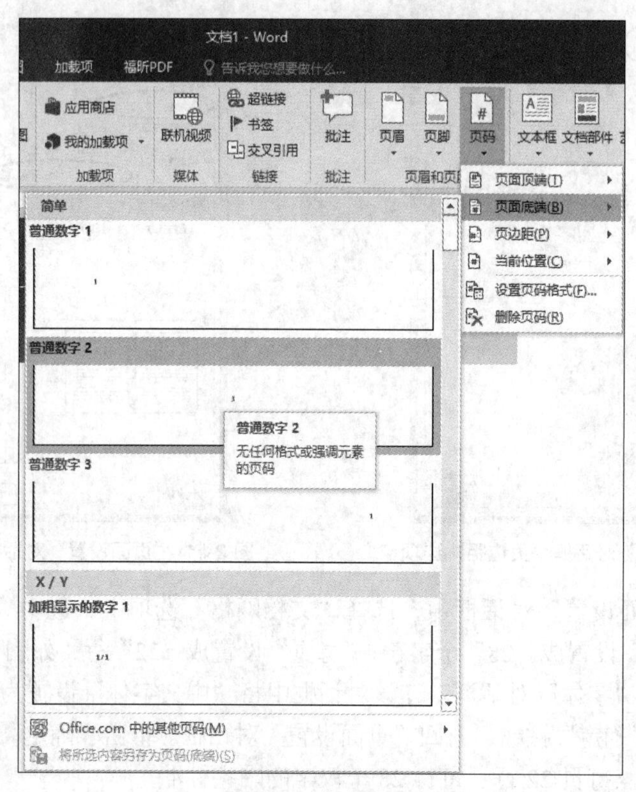

图 2-53　插入页码

步骤 2：将页码字体设为“宋体”，字号设为“四号”，然后单击“页眉和页脚工具/设计”选项卡下“页眉和页脚”功能组中的“页码”按钮，在弹出的下拉菜单中选择“设置页码格式”菜单项，在弹出的“页码格式”对话框中选择编码格式为“– 1 –, – 2 –, – 3 –, …”，如图 2-54 所示。

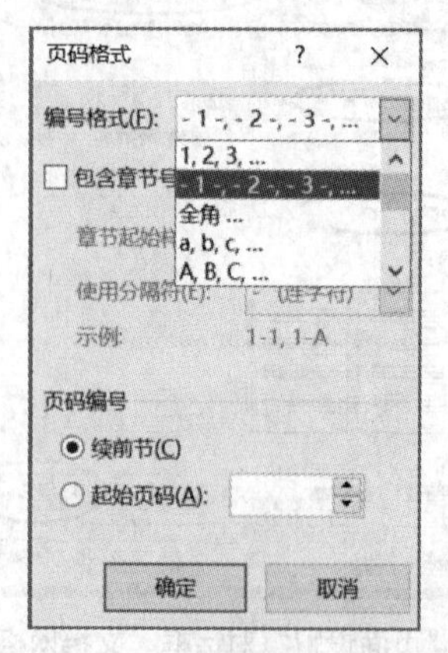

图 2-54　“页码格式”对话框

步骤 3：单击“页眉和页脚工具/设计”选项卡下“关闭”功能组中的“关闭页眉和页脚”按钮，或双击文档中的非页眉页脚处，可退出页眉和页脚的编辑状态。

任务 3 设置版头文字字体

设置版头文字字体的步骤如下。

步骤 1：将文件 FZXBSJW.TTF 复制到 C:\WINDOWS\Fonts 文件夹里，观察方正小标宋简体字自动安装的过程。

步骤 2：选中第 1 段文字“××××大学文件”，单击鼠标右键，在弹出的快捷菜单中选择“字体”菜单项，弹出“字体”对话框。在“字体”选项卡下设置发文机关标志的字体格式为“方正小标宋简体，初号，红色”，在“高级”选项卡下设置“字符间距”缩放“80%”，如图 2-55 和图 2-56 所示，单击“确定”按钮。然后单击“开始”选项卡下“段落”功能组中的“居中”按钮。

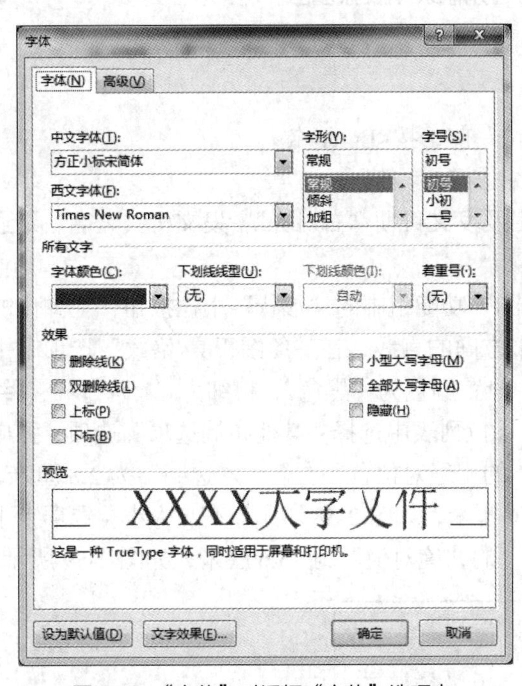

图 2-55 “字体”对话框“字体”选项卡

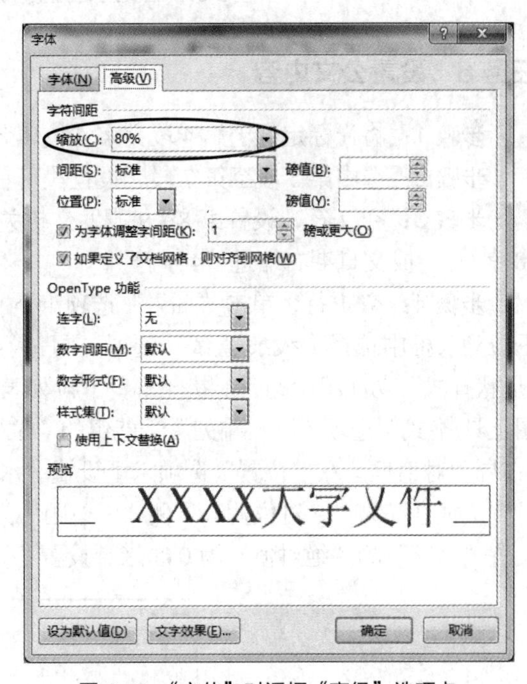

图 2-56 “字体”对话框“高级”选项卡

步骤 3：空 1 行，选中第 2 段，设置发文字号的字体格式为“中文仿宋，西文 Times New Roman，三号，居中”，样式如图 2-57 所示。

任务 4 设置红色分隔线

选中第 2 段，设置段后间距为 0.4 厘米，将光标定位在段尾，单击“开始”选项卡下“段落”功能组中的“边框”下拉按钮，在弹出的下拉菜单中选择“横线”菜单项，即可在文中添加一条横线。双击横线，弹出“设置横线格式”对话框，在该对话框中设置横线高度为“2 磅”，颜色为“红色”，单击“确定”按钮，样式如图 2-57 所示。

任务 5　设置公文标题

选中第 3 段，设置公文标题字体格式为“方正小标宋简体，小二号，加粗，居中”，并设置“字符间距”缩放“80%”，最终的效果如图 2-57 所示。

XXXX 大学文件

XX 办字〔XXXX〕296 号

关于 XXXX 年国庆节放假安排的通知

图 2-57　公文发文机关标识、红色分隔线、公文标题格式

任务 6　设置公文内容

步骤 1：将光标定位于第 4 段文字“校属各单位”前，按<Enter>键。

步骤 2：选中第 5 段至第 7 段，设置段落首行缩进“2 字符”。

步骤 3：空 2 行，设置第 8、9 段发文机关署名及发文日期“右对齐”，发文机关署名右缩进“8 字符”，成文日期右缩进“4 字符”。

步骤 4：空 1 行，单击“插入”选项卡下“插图”功能组中的“形状”下拉按钮，在弹出的下拉列表框中选择“线条/直线”选项，画一条水平方向的直线，在“绘图工具/格式”选项卡下“形状样式”功能组中的“形状轮廓”下拉列表框中设置颜色为“黑色”，粗细为“1 磅”，在“绘图工具/格式”选项卡下“排列”功能组的“位置”下拉列表中选择“其他布局选项”选项，弹出“布局”对话框。在“位置”选项卡下设置“水平”的“绝对位置”右侧“左边距”为 2.8 厘米，设置“垂直”的“绝对位置”下侧“下边距”为-1.6 厘米，如图 2-58 所示。在“大小”选项卡下设置“高度”的“绝对值”为 0 厘米，设置“宽度”的“绝对值”为 15.6 厘米，如图 2-59 所示。

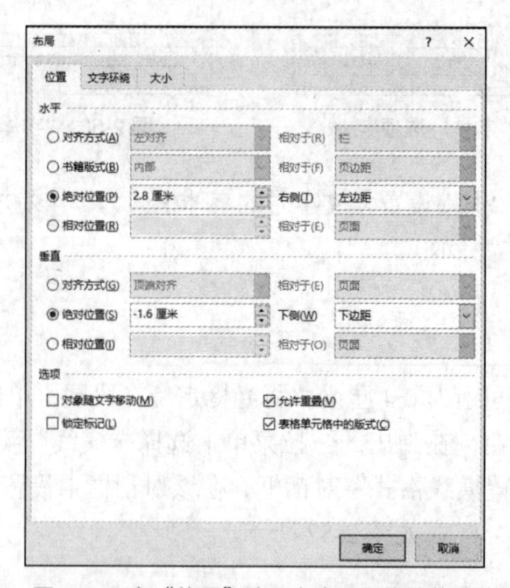

图 2-58　在“位置”选项卡中设置直线格式

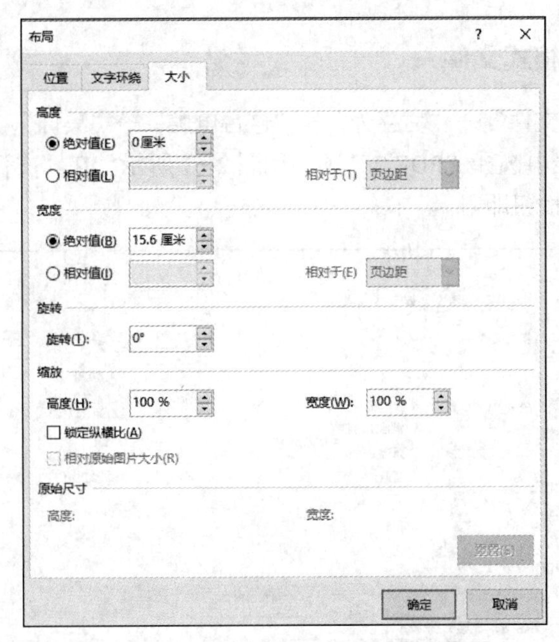

图 2-59　在“大小”选项卡中设置直线格式

步骤 5：空 3 行，将印发机关和印发日期设置为“四号，仿宋”，印发机关左缩进“1 字符”，印发日期右缩进“1 字符”。

步骤 6：单击“插入”选项卡下“插图”功能组中的“形状”下拉按钮，在弹出的下拉列表框中选择“线条/直线”选项，画一条水平方向的直线，在“绘图工具/格式”选项卡下“形状样式”功能组的“形状轮廓”下拉列表框中设置颜色为黑色，粗细为 1 磅，在“绘图工具/格式”选项卡下“排列”功能组的“位置”下拉列表中选择“其他布局选项”选项，弹出“布局”对话框。在“位置”选项卡下设置“水平”的“绝对位置”右侧“左边距”为 2.8 厘米，设置“垂直”的“绝对位置”下侧“下边距”为 0 厘米。在“大小”选项卡下设置“高度”的“绝对值”为 0 厘米，设置“宽度”的“绝对值”为 15.6 厘米。

任务 7　加盖印章

单击“插入”选项卡下“插图”功能组中的“图片”按钮，弹出“插入图片”对话框，找到素材库“实验四”文件夹中的“印章.png”，单击“插入”按钮。设置图片版式为“浮于文字上方”，图片放置在成文日期位置，如图 2-60 所示。

XXXX 大学

XX 大学

XXXX 年 XX 月 XX 日

XXXX 大学校长办公室　　XXXX 年 XX 月 XX 日印发

图 2-60　发文机关、发文日期、印章格式

任务 8　保存为 PDF 格式文件

步骤 1：依次单击“文件”→“另存为”→“这台电脑”→“桌面”，弹出“另存为”对话框。在“保存类型”下拉列表中选择“PDF”选项，如图 2-61 所示。在“文件名”文本框中输入“学号姓名”，单击“保存”按钮即可。

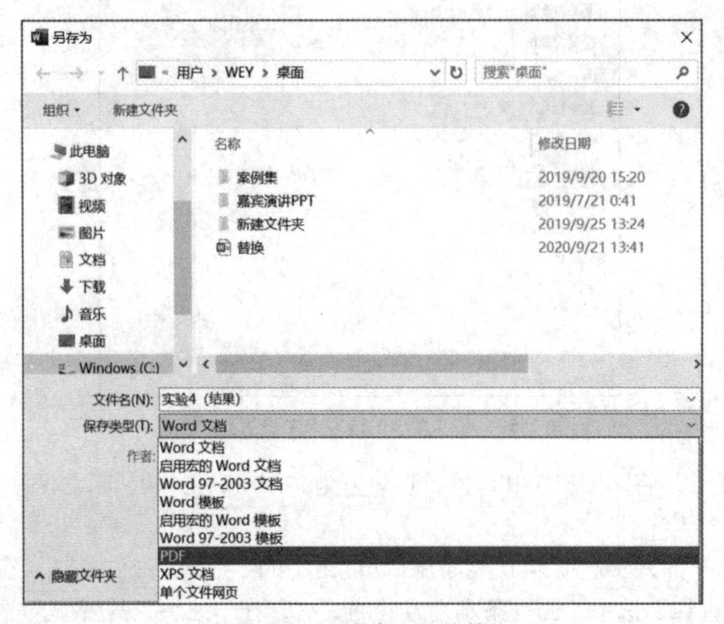

图 2-61　另存为 PDF 文档

步骤 2：在 D 盘建立一个以自己的学号、姓名命名的文件夹，存放自己所做的 Word 文档作业，文件夹压缩后提交给指导教师。

实验 5　长文档排版

【实验目的】

- 掌握大纲视图的使用方法。
- 掌握设置大纲级别的方法。
- 掌握长文档目录的创建方法。
- 掌握多级符号的设置方法。
- 掌握不同页眉和页脚的设置方法。
- 掌握题注及交叉引用功能。

【实验内容与步骤】

任务 1　文档分节

打开素材库中的文档“长文档排版.docx”，文档分节的操作步骤如下。

步骤 1：将光标定位于文档第 1 页的文字“摘要”前面，单击“布局”选项卡下“页面设置”功能组中的“分隔符”下拉按钮，在弹出的下拉菜单中选择“分节符”中的“奇数页”菜单项，插入分节符的效果如图 2-62 所示。

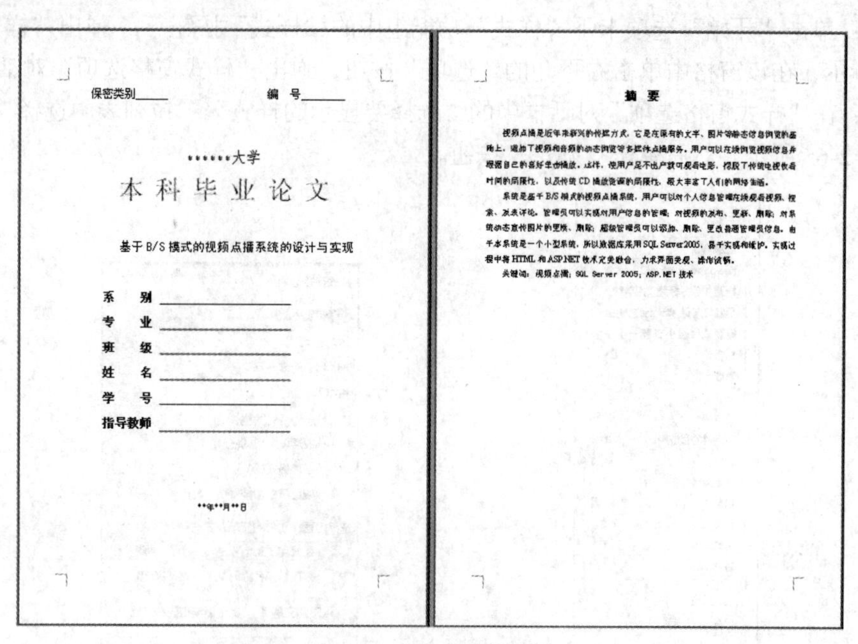

保密类别______　　　编　号______

******大学

本科毕业论文

基于B/S模式的视频点播系统的设计与实现

系　别 ______

专　业 ______

班　级 ______

姓　名 ______

学　号 ______

指导教师 ______

年月**日

摘　要

视频点播是近年来新兴的传媒方式，它是在原有的文字、图片等静态信息浏览的基础上，增加了视频和音频的动态浏览等多媒体点播服务。用户可以在线浏览视频信息并根据自己的喜好选择播放。这样，使用户足不出户就可观看电影，摆脱了传统电视收看时间的局限性，以及传统 CD 播放资源的局限性，极大丰富了人们的网络生活。

系统是基于 B/S 模式的视频点播系统，用户可以对个人信息管理在线观看视频、搜索、发表评论。管理员可以实现对用户信息的管理；对视频的发布、更新、删除；对系统动态宣传图片的更换、删除；超级管理员可以添加、删除、更改普通管理员信息。由于本系统是一个小型系统，所以数据库采用 SQL Server2005，易于实现和维护。实现过程中将 HTML 和 ASP.NET 技术完美融合，力求界面美观、操作简便。

关键词：视频点播；SQL Server 2005；ASP.NET 技术

图 2-62　插入分节符样例

步骤 2：按照上述方法在文字“绪论”前面插入分节符，分节符类型设为“下一页”，效果如图 2-63 所示。

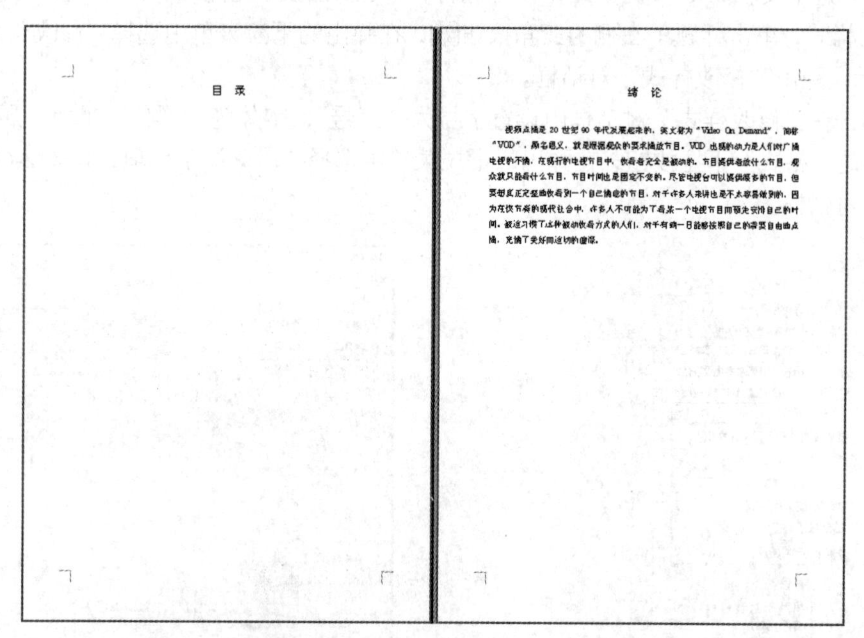

目　录

绪　论

视频点播是 20 世纪 90 年代发展起来的，英文称为“Video On Demand”，简称“VOD”，顾名思义，就是根据观众的要求播放节目。VOD 出现的动力是人们对广播电视的不满，在现行的电视节目中，收看者完全是被动的，节目提供者放什么节目，观众就只能看什么节目，节目时间也是固定不变的。尽管电视台可以提供很多的节目，但要想真正完整地收看到一个自己满意的节目，对于许多人来讲也是不太容易做到的，因为在快节奏的现代社会中，许多人不可能为了看某一个电视节目而预先安排自己的时间，被迫习惯了这种被动收看方式的人们，对于有朝一日能够按照自己的需要自由地点播，充满了美好而迫切的憧憬。

图 2-63　在“绪论”前插入分节符

步骤 3：目前该文档被分成了 3 节，文档第 1 页的“封面”为第 1 节，“摘要”和“目录”所在页为第 2 节，“绪论”及正文为第 3 节。

任务 2　设置标题样式

设置标题样式的操作步骤如下。

步骤 1：单击“开始”选项卡下“样式”功能组中的“样式”按钮，弹出“样式”窗格，如图 2-64 所示，在该窗格中单击右下角的“选项”按钮，弹出“样式窗格选项”对话框。

步骤 2：在“样式窗格选项”对话框中的“选择要显示的样式”下拉列表中选择“所有样式”选项，如图 2-65 所示，然后单击“确定”按钮。

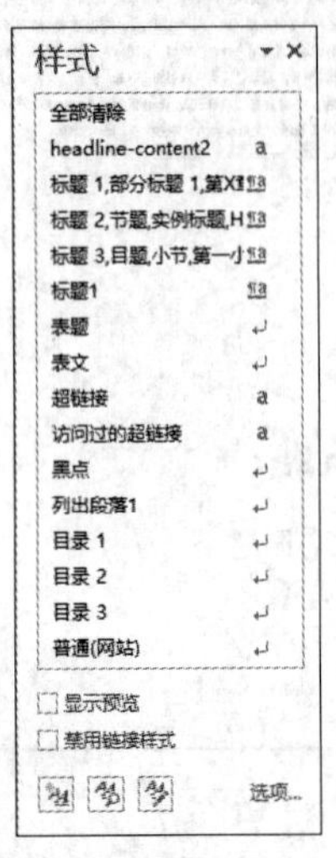

图 2-64 “样式”窗格

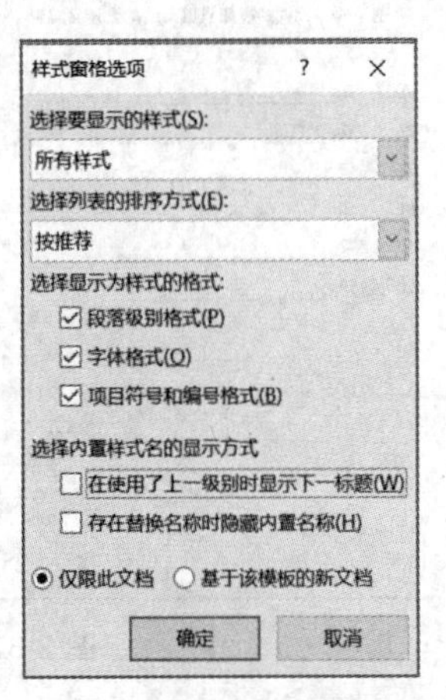

图 2-65 “样式窗格选项”对话框

步骤 3：选中文档第 5 页的“绪论”标题行，单击“样式”窗格中的“标题 1”选项，选择“标题 1”的样式，单击标题 1 右侧的三角按钮，在弹出的下拉菜单中选择“修改”菜单项，如图 2-66 所示，弹出“修改样式”对话框。

步骤 4：在“修改样式”对话框中设置字号为“三号”，字体为“黑体、加粗、居中对齐”，单击左下角的“格式”下拉按钮，在弹出的下拉菜单中选择“段落”菜单项，如图 2-67 所示，弹出“段落”对话框。

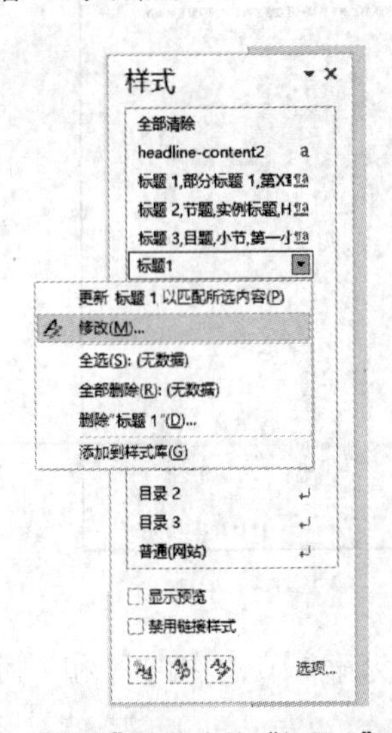

图 2-66 “样式”窗格中的“标题 1”菜单按钮

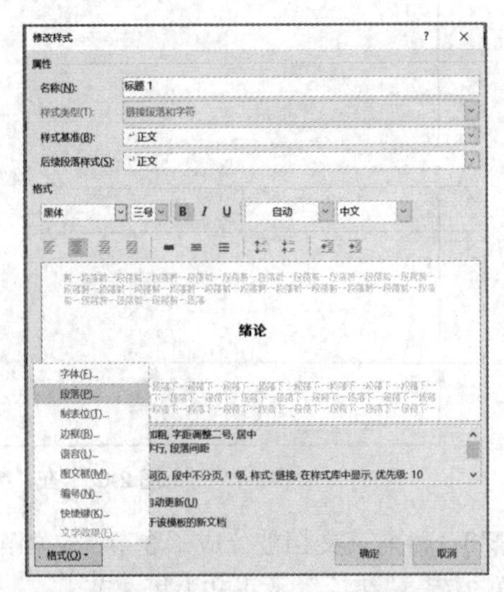

图 2-67 “修改样式”对话框

步骤 5：在“段落”对话框中设置段落“居中”对齐，段前为“0.5 行”，段后为“0.5 行”，行距为“1.5 倍行距”。

说明

“段前”“段后”间距由于 Word 软件的版本差异，有的可能是用“磅”作为单位。此时，可以直接删除“磅”，输入以“行”为单位的段落设置，如输入“0.5 行”，如图 2-68 所示，单击“确定”按钮，返回“修改样式”对话框，单击“确定”按钮。

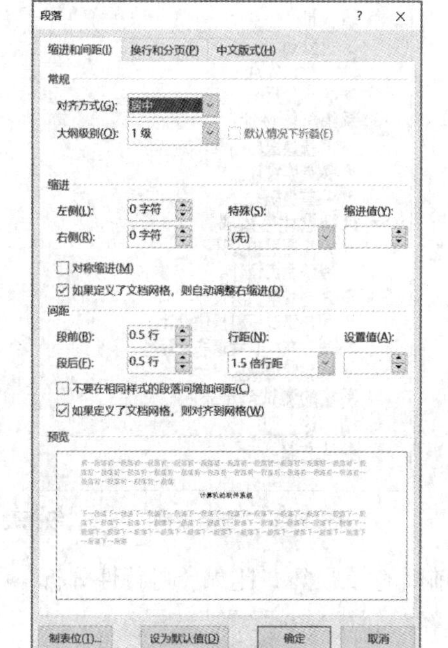

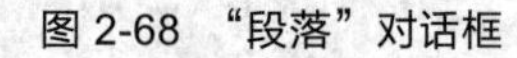
图 2-68　“段落”对话框

步骤 6：将光标定位于“绪论”处，双击“开始”选项卡下“剪贴板”功能组中的“格式刷”按钮，然后选中其他标题也设置成同样的样式，如“系统分析”“系统总体设计”“详细设计与实现”“系统的测试与维护”“结论”“参考文献”。设置完毕后单击“格式刷”按钮。

步骤 7：选中位于文档第 5 页的二级标题“可行性分析”，单击“样式”窗格中的“标题 2”选项，选择“标题 2”的样式，单击标题 2 右侧的三角按钮，在弹出的下拉菜单中选择“修改”菜单项，弹出“修改样式”对话框。

步骤 8：在弹出的“修改样式”对话框中设置“可行性分析”字号为“四号”，字体为“黑体”，段落行距为“1.5 倍行距”，段前为“0 行”，段后为“0 行”，不加粗，颜色为“黑色”。

步骤 9：用“格式刷”工具将文档中用蓝色标注的其他二级标题也设置成同样的格式，如“需求分析”“系统模块总体设计”“数据库设计”“本章小结”“系统通用类设计”“系统主页设计”“用户登录模块设计”“用户修改资料模块设计”“用户在线收看模块设计”“视频管理模块设计”。或者将光标定位在用蓝色标注的其他二级标题处，选择“样式窗格”中的“标题 2”选项。

任务 3　大纲视图

使用大纲视图的操作步骤如下。

步骤 1：单击“视图”选项卡下“视图”功能组中的“大纲视图”按钮，进入大纲视图模式。

步骤 2：单击“大纲”选项卡下“大纲工具”功能组中的“显示级别”下拉按钮，在弹出的下拉列表中选择“2 级”选项，则窗口中只会显示级别为二级标题以上的文字，如图 2-69 所示。

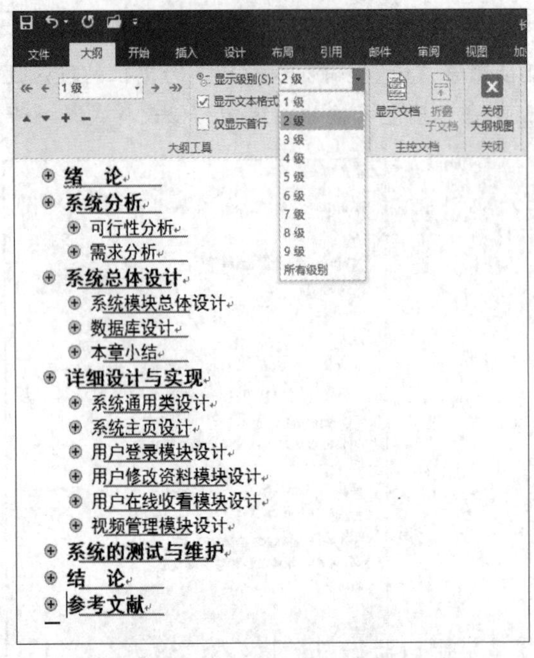

图 2-69　“显示级别”及一二级标题纲要

步骤 3：双击文字前面的加号 ⊕，比如“可行性分析”和“系统总体设计”前面的加号，则可展开或折叠其下属段落，如图 2-70 所示。

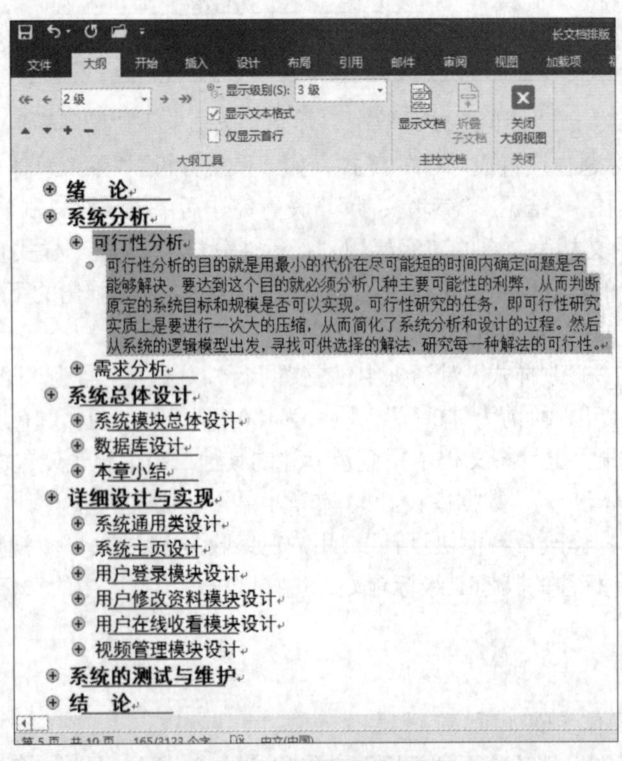

图 2-70　展开或折叠文字段落

使用“大纲”工具栏上的“升级”按钮←或“降级”按钮→，可以实现标题级别的提升或降低操作。

步骤 4：单击“大纲”选项卡下“关闭”功能组中的“关闭大纲视图”按钮切换到页面视图模式。

任务 4　设置多级标题编号

设置多级标题编号的操作步骤如下。

步骤 1：将光标定位于一级标题“绪论”处，单击“开始”选项卡下“段落”功能组中的“多级列表”下拉按钮，弹出下拉菜单中选择“定义新的多级列表”菜单项，弹出图 2-71 所示的“定义新多级列表”对话框。

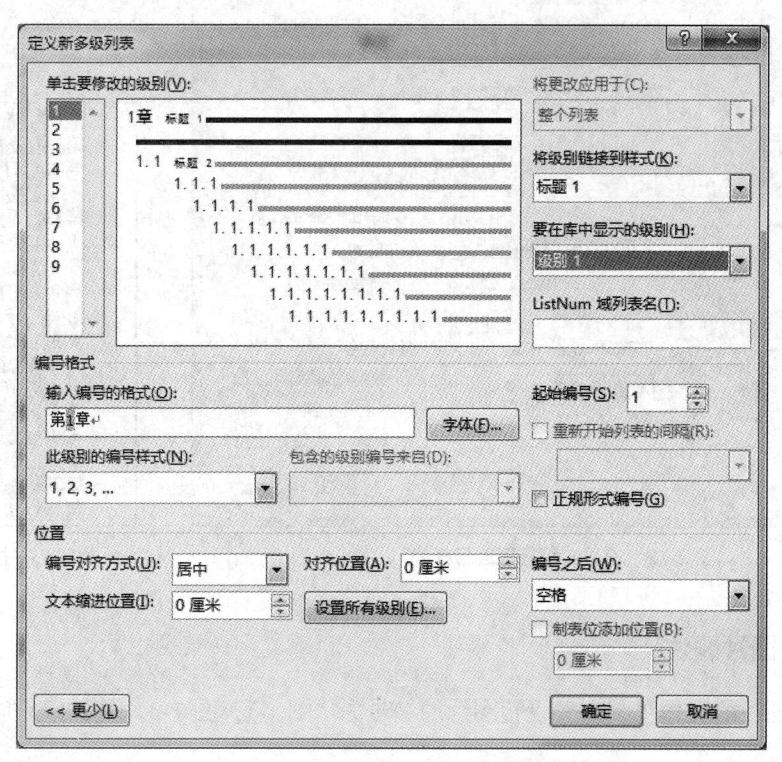

图 2-71　设置一级标题编号样式

步骤 2：在“定义新多级列表”对话框中“单击要修改的级别”列表中选择“1”选项，在“输入编号的格式”文本框中，在“1”前输入“第”，在“1”后输入“章”。位置“编号对齐方式”设置为“居中”，“对齐位置”设置为“0 厘米”，“文本缩进位置”设置为“0 厘米”，单击“更多>>”按钮，将“将级别链接到样式”设置为“标题 1”，“要在库中显示的级别”设置为“级别 1”，在“编号之后”下拉列表中选择“空格”，如图 2-71 所示。

步骤 3：在“单击要修改的级别”列表中选择“2”选项，首先，将鼠标定位在“输入编号的格式”文本框中，在“包含的级别编号来自”下拉列表中，选择“级别 1”选项，在“输入编号的格式”文本框中的“1”后输入“.”，然后，在“此级别的编号样式”下拉列表中选择“1,2,3,…”

样式，在“编号对齐方式”下拉列表中选择“左对齐”选项，“对齐位置”设置为“0 厘米”，“文本缩进位置”设置为“0 厘米”，“级别链接到样式”设置为“标题 2”，“要在库中显示的级别”设置为“级别 2”，在“编号之后”下拉列表中选择“空格”选项，如图 2-72 所示。再次在“单击要修改的级别”列表中选择“1”选项，在“要在库中显示的级别”下拉列表选择“级别 1”选项，然后对照图 2-71，没有错误后，单击“确定”按钮。

步骤 4：在大纲视图状态下，观察设置多级标题编号后的结果，如图 2-73 所示。关闭大纲视图。

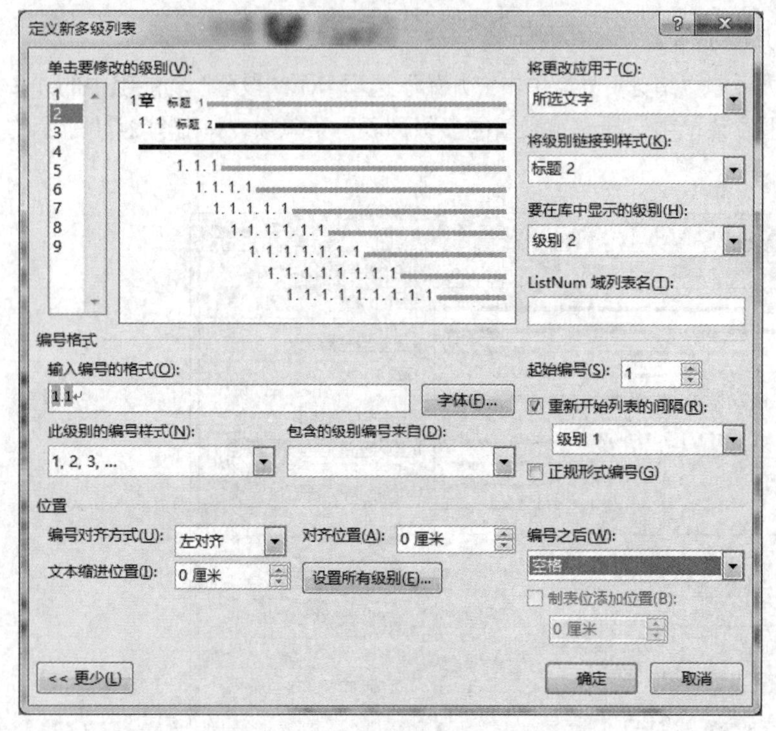

图 2-72　设置二级标题编号样式

第1章 绪 论
第2章 系统分析
2.1 可行性分析
2.2 需求分析
第3章 系统总体设计
3.1 系统模块总体设计
3.2 数据库设计
3.3 本章小结
第4章 详细设计与实现
4.1 系统通用类设计
系统主页设计
4.2 用户登录模块设计
4.3 用户修改资料模块设计
4.4 用户在线收看模块设计
4.5 视频管理模块设计
第5章 系统的测试与维护
第6章 结 论

图 2-73　标题编号样式

任务 5　设置图片题注

设置图片题注的操作步骤需要设置图片的编号为“图 1-1，图 1-2，图 2-1”，并在正文中引用相应的图片编号。

步骤 1：将光标定位于“4.2 系统主页设计”部分的第 2 段末尾处，按<Enter>键另起一段。单击“插入”选项卡下“插图”功能组中的“图片”按钮，在“插入图片”对话框中，找到素材库“实验五”文件夹中的“图片 A.jpg”，单击“插入”按钮即可。

步骤 2：右键单击插入的图片，在弹出的快捷菜单中选择“插入题注”菜单项，弹出“题注”对话框。单击“标签”下拉列表中观察是否有“图”选项，如图 2-74 所示，如果没有则需要新建“图”标签。

步骤 3：单击“新建标签”按钮，在弹出的“新建标签”对话框中的“标签”文本框中输入文字“图”，如图 2-75 所示，单击“确定”按钮，返回“题注”对话框。

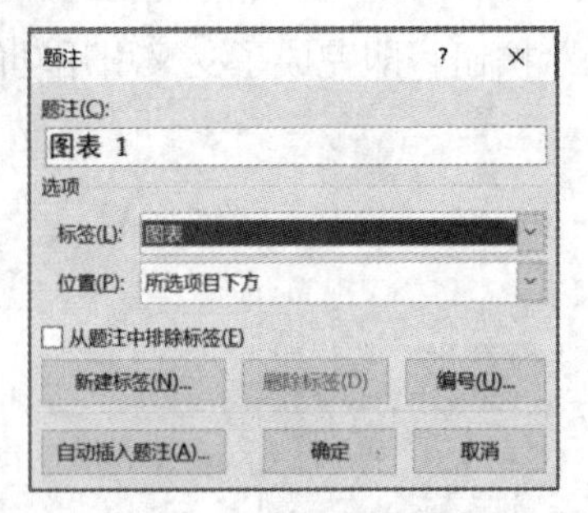

图 2-74　“题注”对话框

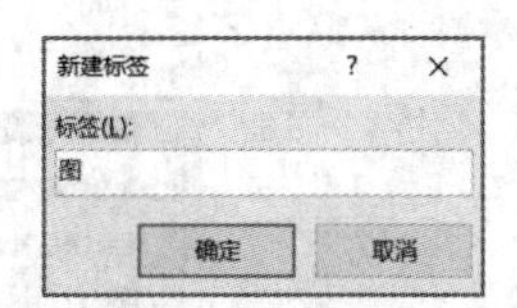

图 2-75　新建“图”标签

步骤 4：下面将设置图片编号，单击“题注”对话框中的“编号”按钮，弹出“题注编号”对话框。选中“包含章节号”复选框，章节起始样式设置为“标题 1”，使用分隔符设置为“-”，如图 2-76 所示，设置好后单击“确定”按钮返回“题注”对话框。单击“题注”对话框中的“确定”按钮，即为该图片加上题注编号，如图 2-77 所示。

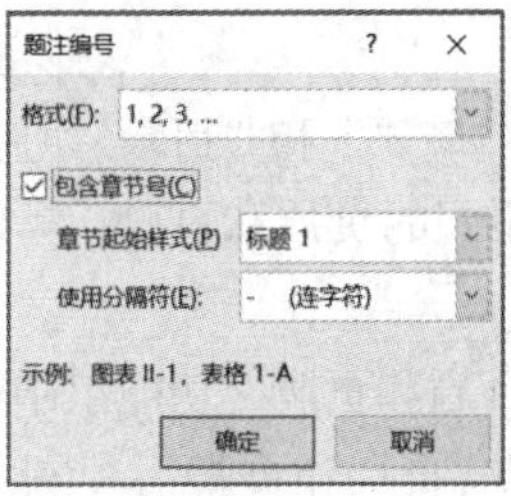

图 2-76　“题注编号”对话框

4.2 系统主页设计

用户进入系统主页，未注册的用户只可以浏览系统的基本信息，查询一些视频信息；注册用户可以使用本系统的全部功能。系统标题下面是系统的导航菜单，导航菜单下面分别是视频信息的搜索条、视频动态图片、视频封面排行榜。左则是管理员上传视频的点击率排行榜及最新更新排行榜。用户登录后，系统标题下面还会出现用户中心入口的超链接，主页如所示：

图 4-1

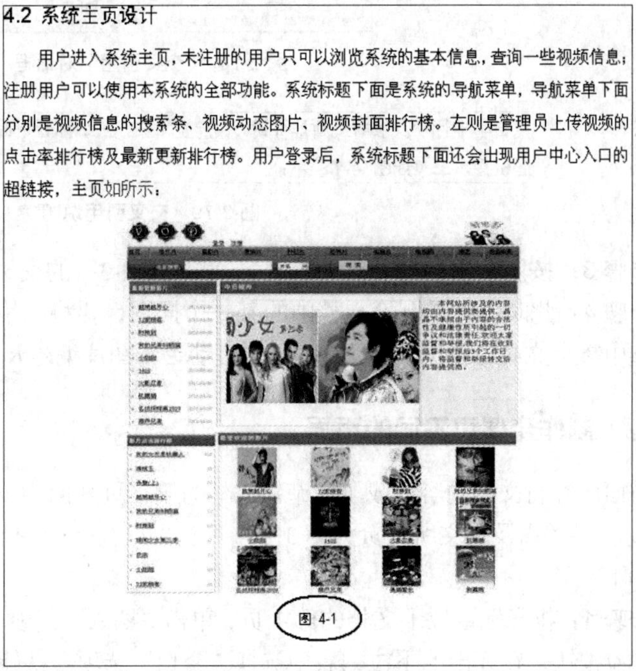

图 2-77　插入图片题注

步骤 5：按照上述步骤 1～4，将“图片 B.jpg”“图片 C.jpg”插入文档中红色标注的地方，并分别插入题注。

任务 6　使用交叉引用功能

使用交叉引用功能的操作步骤如下。

步骤 1：将光标定位于文档中“4.2 系统主页设计”部分第 1 段的最后一句话“如所示”的“如”后面。

步骤 2：单击“引用”选项“题注”功能组中的“交叉引用”按钮，弹出“交叉引用”对话框，引用类型设置为“图”，引用内容设置为“只有标签和编号”，在“引用哪一个题注”列表中选择“图 4-1”选项，如图 2-78 所示。单击“插入”按钮，即完成了交叉引用功能的使用，交叉引用说明如图 2-79 所示。

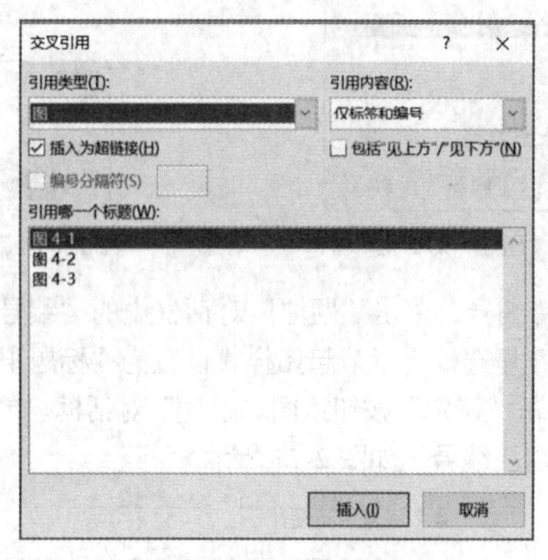

图 2-78 “交叉引用”对话框

点击率排行榜及最新更新排行榜。用户登录后，系统标题下面还会出现用户中心入口的超链接，主页如图 4-1 所示：

图 2-79 交叉引用说明

步骤 3：按照上述步骤设置“图 4-2”和“图 4-3”的交叉引用。

步骤 4：此时，如果删除文档中的某一个插图，要将图片的题注编号及交叉引用说明一起删除。选中整个文档，按<F9>键，Word 会自动更新图片编号及交叉引用说明中的编号。

任务 7 制作奇偶页不同的页眉

前面已经将文档内容分成了 3 节。文档的第 1 页封面为第 1 节，“摘要”和“目录”所在页为第 2 节，“绪论”及正文所在页为第 3 节。现在可以为不同的节设置不同的页眉和页脚，具体操作步骤如下。

步骤 1：将光标定位于文档的第 1 页，单击“插入”选项卡下“页眉和页脚”功能组中的“页眉”下拉按钮，在弹出的下拉列表中选择“空白”选项。功能区出现“页眉和页脚工具/设计”选项卡，并进入页眉编辑状态。

步骤 2：选中“页眉和页脚工具/设计”选项卡下“选项”功能组中的“首页不同”“奇偶页不同”和“显示文档文字”复选框，如图 2-80 所示。

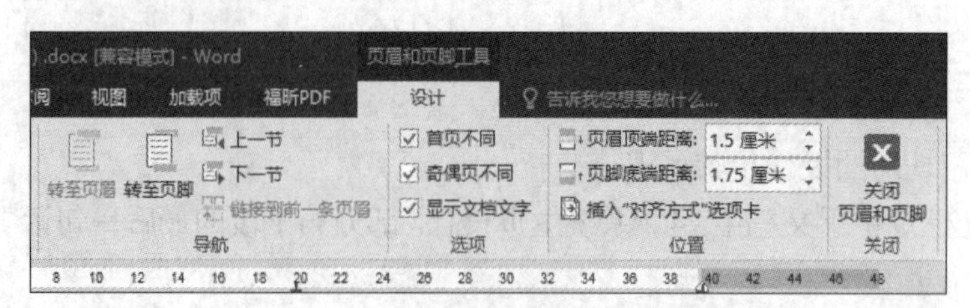

图 2-80 “页眉和页脚工具/设计”选项卡

步骤 3：在首页页眉处输入文字，奇数页页眉输入“本科毕业论文”，对齐方式设置为右对齐，如图 2-81 所示。偶数页页眉输入“本科毕业论文”，对齐方式设置为左对齐，如图 2-82 所示。观察此时整篇文档的奇数页和偶数页的页眉的不同之处。双击文档中非页眉页脚的任意处，退出页眉编辑状态。

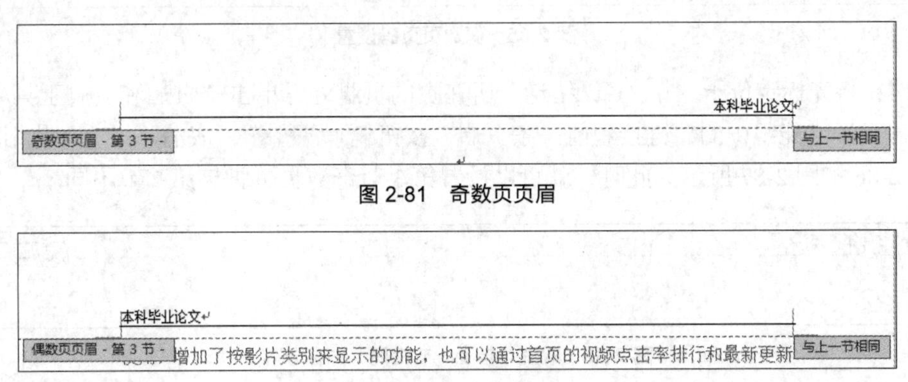

图 2-81　奇数页页眉

图 2-82　偶数页页眉

任务 8　制作不同节的页码

制作不同节的页码的操作步骤如下。

步骤 1：单击“插入”选项卡下“页眉和页脚”功能组中的“页码”下拉按钮，在弹出的下拉菜单中选择“页面底端”→“简单/普通数字 2”选项，功能区出现“页眉和页脚工具/设计”选项卡，并进入页码编辑状态。

步骤 2：单击“页眉和页脚工具/设计”选项卡下“页眉和页脚”功能组中的“页码”按钮，在弹出的下拉菜单中选“设置页面格式”菜单项，弹出“页码格式”对话框。

在“编码格式”下拉列表中选择“Ⅰ，Ⅱ，Ⅲ，…”选项，在“页码编号”区域单击“起始页码”单选按钮，并将“起始页码”设置为“Ⅰ”，如图 2-83 所示，然后单击“确定”按钮。

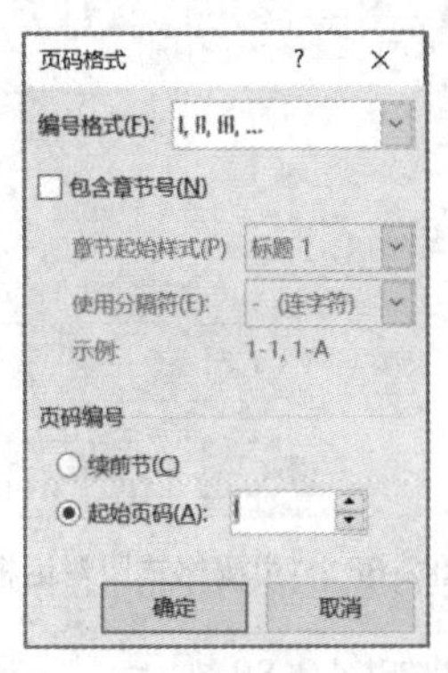

图 2-83 “页码格式”对话框

步骤 3：定位在偶数页页码处，单击“页眉和页脚工具/设计”选项卡下“页眉和页脚”功能组中的“页码”按钮，在弹出的下拉菜单中选择“页面底端”→“普通数字 2”选项。设置好后的奇数页、偶数页页码如图 2-84 和图 2-85 所示。

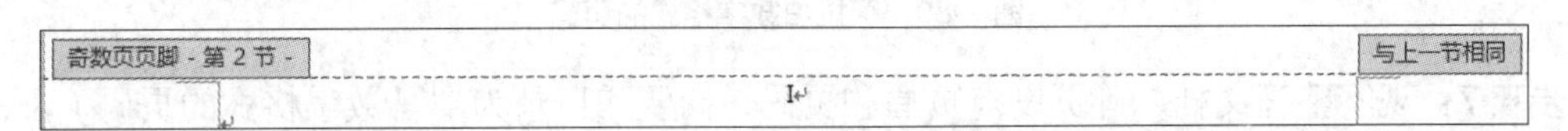

图 2-84　奇数页页码设置

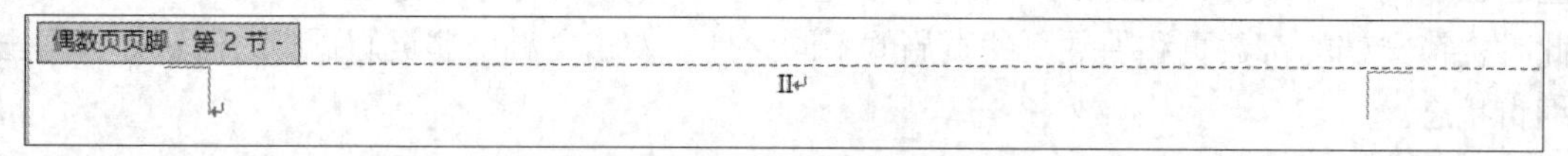

图 2-85　偶数页页码设置

步骤 4：将光标定位于“第 1 章　绪论”所在页的页脚处，单击“页眉和页脚工具/设计”选项卡下“导航”功能组中的“链接到前一条页眉”按钮，取消“与上一节相同”的标志，如图 2-86 和图 2-87 所示。此时，就可以设置第 3 节奇数页页脚与第 2 节不同。

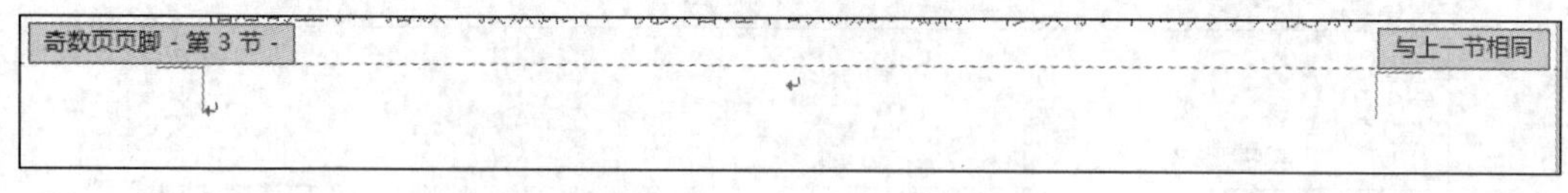

图 2-86　取消“与上一节相同”的标志前

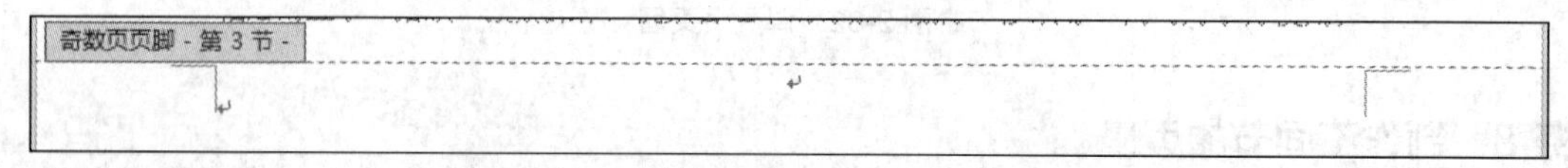

图 2-87　取消“与上一节相同”的标志后

步骤 5：单击“页眉和页脚工具/设计”选项卡下“页眉和页脚”功能组中的“页码”下拉按钮，在弹出的下拉菜单中选择“设置页码格式”菜单项，弹出“页码格式”对话框，在“编号格式”下拉列表中选择“1，2，3，…”选项，在“页码编号”区域单击“起始页码”单选按钮，并将“起始页码”设置为“1”，如图 2-88 所示。

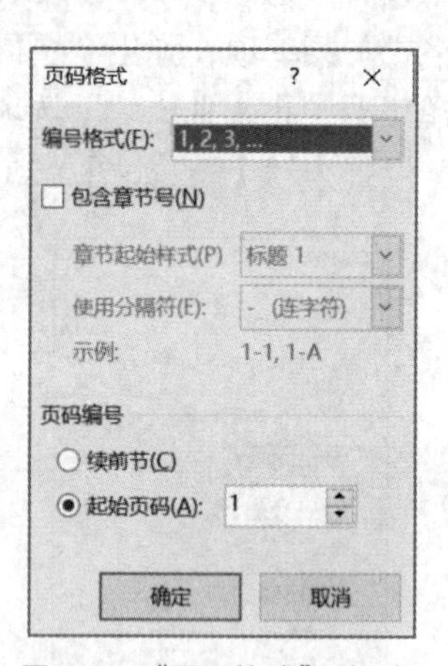

图 2-88　“页码格式”对话框

步骤 6：单击“确定”按钮，效果如图 2-89 所示。

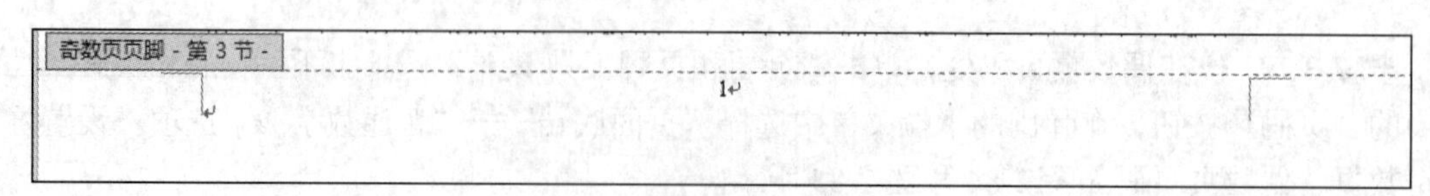

图 2-89　阿拉伯数字格式的页码

步骤 7：观察整篇文档，首页没有页眉和页码，摘要和目录为罗马数字格式的页码（Ⅰ，Ⅱ，Ⅲ，…），正文为阿拉伯数字格式的页码（1，2，3，…）。

任务 9　自动生成文档目录

自动生成文档目录的操作步骤如下。

步骤 1：将光标定位于文档第 3 页“目录”的行尾，按<Enter>键，生成一个新段落。单击“引用”选项卡下“目录”功能组中的“目录”下拉按钮，在弹出的下拉菜单中选择“自定义目录”菜单项。

步骤 2：在弹出的“目录”对话框中的“常规”区域中的“格式”下拉列表中选择“来自模板”选项，在“显示级别”下拉列表中选择“2”选项，如图 2-90 所示。单击“确定”按钮，即可自动生成文档目录，如图 2-91 所示。

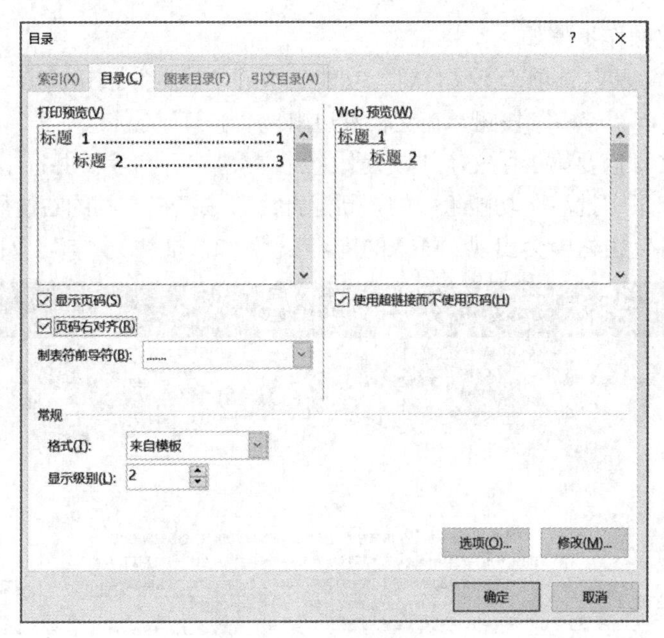

图 2-90　“目录”对话框

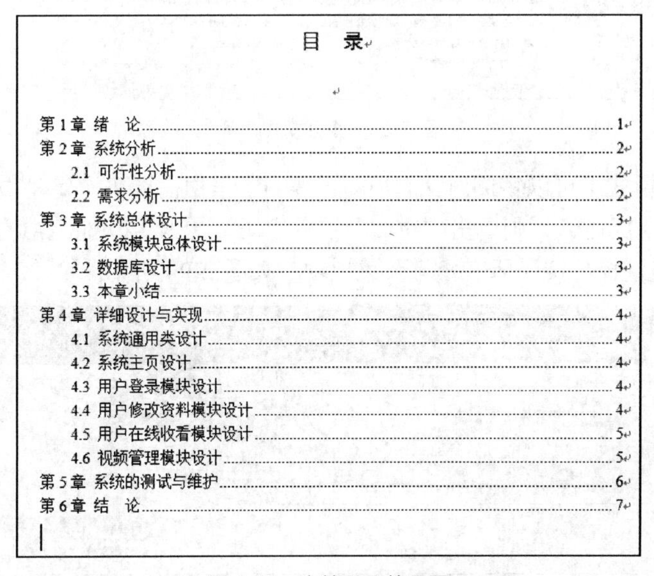

目　录

图 2-91　文档目录效果图

如果需要更改已经生成好的目录，可以右键单击生成好的目录，在弹出的快捷菜单中选择“更新域”菜单项，弹出“更新目录”对话框，单击“更新整个目录”单选按钮，或者单击目录处，按<F9>键，同样可以弹出“更新目录”对话框，如图 2-92 所示，即可对文档的目录进行更新。

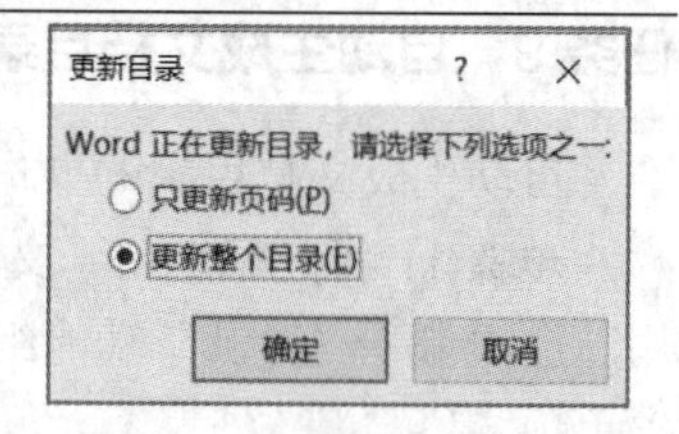

图 2-92 “更新目录”对话框

任务 10 使用修订功能

使用修订功能的操作步骤如下。

步骤 1：单击“审阅”选项卡下“修订”功能组中的“修订”按钮，启动修订模式。

步骤 2：单击“审阅窗格”按钮，在文档左边出现“修订”窗格。

将光标定位于文章摘要第 1 段文字“极大”之后，添加“地”字，并选中新添加的“地”字，单击“审阅”选项卡下“批注”功能组中的“新建批注”按钮在文档的右边添加批注，在批注中输入“少字”，“修订”窗格中会出现“插入的内容 地”和“批注 少字”，如图 2-93 所示。

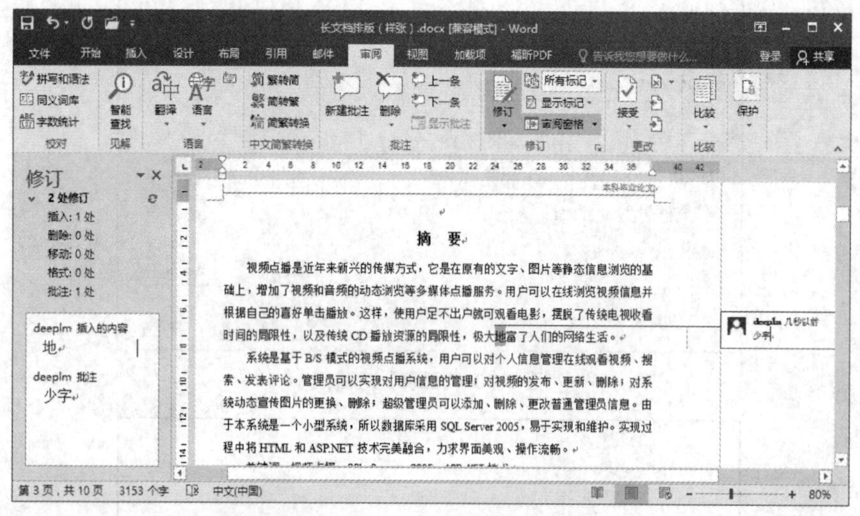

图 2-93 修订模式样例

步骤 3：在修订模式下可以审阅对文档所做的修订，根据需要来决定是“接受修订”还是“拒绝修订”。如果接受全部修订，则单击“审阅”选项卡下“更改”功能组中的“接受”下拉按钮，在弹出的下拉菜单中选择“接受所有修订”菜单项，如图 2-94 所示。

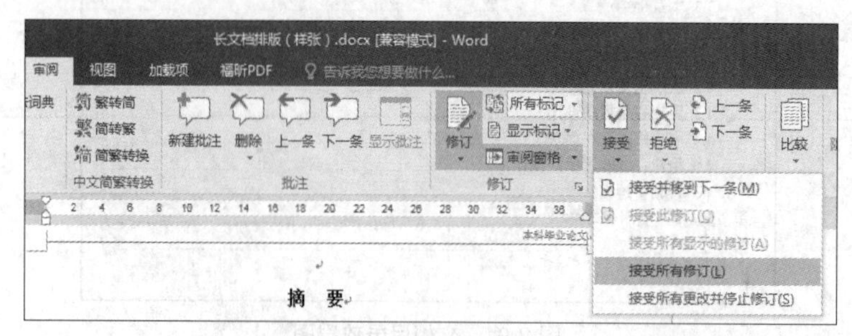

图 2-94 接受所有修订

步骤 4：单击“审阅”选项卡下“修订”功能组中的“修订”按钮，退出修订模式。

实验 6　提高实验

任务 1　根据情景案例完成实验要求 1

打开素材库中的文档“提高实验 1.docx”，进行下列操作。完成操作后，保存文档。

（1）将标题设置为艺术字，艺术字样式为 3 行 2 列艺术字，字体为华文细黑，字号为 20 号，环绕方式为“上下型”。

（2）将正文第一句设置为黑体、小四号、标准色蓝色，加双实线的下画线，下画线颜色为标准色红色。将正文行距设置为固定值 20 磅，各段首行缩进 2 个字符。

（3）给第二段分栏，要求分三栏，各栏的栏宽为 13 字符、12 字符、11 字符，且加分隔线。

（4）在文档末尾建立图 2-95 所示的表格。

（5）利用公式计算总评成绩（总评成绩=平时成绩*30%+期末成绩*70%）。（提示：将光标定位在表格第 3 行第 5 列，单击“表格工具/布局”选项卡下“数据”功能组中的“公式”按钮 *fx* 公式，在弹出的“公式”对话框中输入公式“=C3*0.3+D3*0.7”，如图 2-96 所示，单击“确定”按钮。同样操作方法，第 4 行第 5 列公式为“=C4*0.3+D4*0.7”，第 5 行第 5 列公式为“=C5*0.3+D5*0.7”，第 6 行第 5 列公式为“=C6*0.3+D6*0.7”）。设置表格标题文字为黑体、小三号、居中对齐，表格其他文字设置为幼圆、四号、居中对齐。设置表格的外框线为 3 磅花线、内框线为 1.5 磅单实线，如图 2-97 所示。

生物工程学院 2008 级　“计算机应用基础”成绩单				
学号	姓名	平时成绩	期末成绩	总评成绩
20081001	周小天	75	80	
20081007	李平	80	72	
20081020	张华	87	67	
20081025	刘一丽	78	84	

图 2-95　样张 1

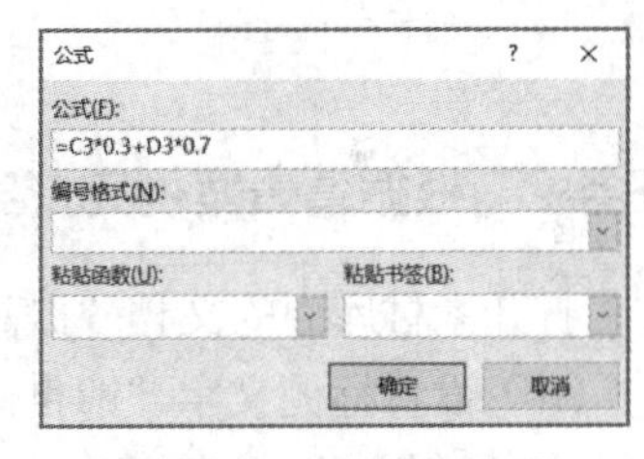

图 2-96　“公式”对话框

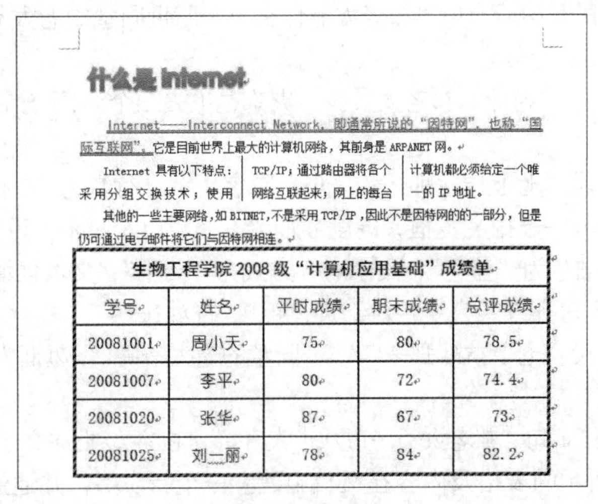

什么是 Internet

Internet——Interconnect Network，即通常所说的“因特网”，也称“国际互联网”。它是目前世界上最大的计算机网络，其前身是 ARPANET 网。

Internet 具有以下特点：采用分组交换技术；使用 TCP/IP；通过路由器将各个网络互联起来；网上的每台计算机都必须给定一个唯一的 IP 地址。

其他的一些主要网络，如 BITNET，不是采用 TCP/IP，因此不是因特网的的一部分，但是仍可通过电子邮件将它们与因特网相连。

生物工程学院 2008 级“计算机应用基础”成绩单				
学号	姓名	平时成绩	期末成绩	总评成绩
20081001	周小天	75	80	78.5
20081007	李平	80	72	74.4
20081020	张华	87	67	73
20081025	刘一丽	78	84	82.2

图 2-97　样张 2

（6）在表格下插入 SmartArt 图形，显示文本为“30%平时+70%期末=总评”。设置颜色为“简便范围-个性色 5”，样式为“白色轮廓”，如图 2-98 所示。

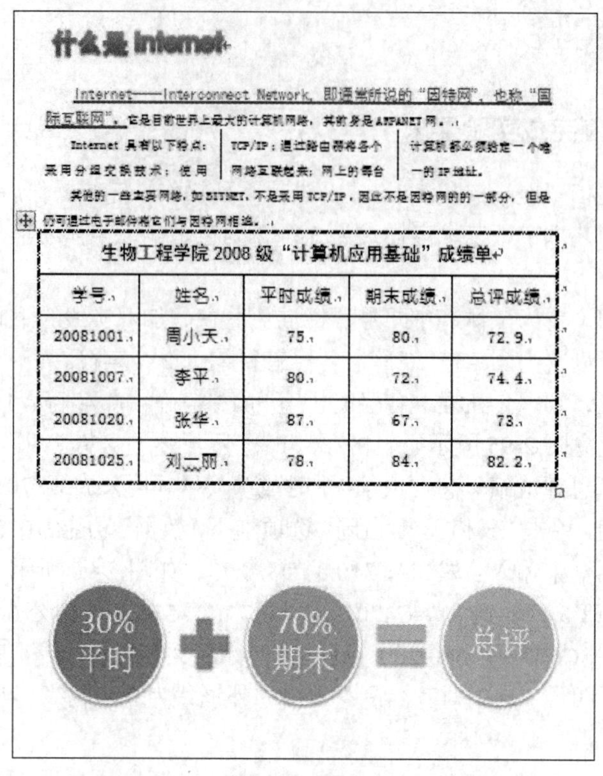

什么是 Internet

Internet——Interconnect Network，即通常所说的“因特网”，也称“国际互联网”，它是目前世界上最大的计算机网络，其前身是 ARPANET 网。

Internet 具有以下特点：采用分组交换技术；使用 TCP/IP：通过路由器将各个网络互联起来；网上的每台计算机都必须给定一个唯一的 IP 地址。

其他的一些主要网络，如 BITNET，不是采用 TCP/IP，因此不是因特网的一部分，但是仍可通过电子邮件将它们与因特网相连。

生物工程学院 2008 级“计算机应用基础”成绩单

学号	姓名	平时成绩	期末成绩	总评成绩
20081001	周小天	75	80	72.9
20081007	李平	80	72	74.4
20081020	张华	87	67	73
20081025	刘一丽	78	84	82.2

图 2-98　样张 3

任务 2　根据情景案例完成实验要求 2

打开素材库中的文档“提高实验 2.docx”，进行下列操作。完成操作后，请保存文档。

（1）设置标题文字“四世同堂”的字体为黑体、三号、居中，文本效果为“填充-无，轮廓-强调文字颜色 2”，字符间距为“加宽、2 磅”。

（2）设置正文第 1 段开始所有段“祁老太爷什么……四世同堂的老太爷呢。”首行缩进为“20 磅”，段后间距均为“15.6 磅”。

（3）设置正文第 2 段“为什么祁老太爷……灾难过不去三个月!”分栏，栏数为“2 栏”，栏宽相等，加分隔线。

（4）设置正文第 3 段“七七抗战那一年……”首字下沉，行数为“2 行”。

（5）在适当位置插入一竖排文本框，高度 4 厘米，宽度 2.5 厘米。设置正文内容为“四世同堂”，字号为“三号”，颜色为“蓝色”，文本对齐方式为“居中”，文本框填充色为“橙色”，环绕方式为“紧密型”，水平对齐方式为“相对于页边距”“右对齐”。

（6）设置正文第 3 段“七七抗战那一年……同堂的老太爷呢。”边框为“方框”，颜色为“蓝色”，宽度为“1.5 磅”。

（7）给正文第 1 段第 1 句“祁老太爷……八十大寿。”加批注，批注文字为“节选自四世同堂”。

（8）按照图 2-99 所示的表格及内容在文档中建立一个新表格，并通过查找功能统计出文字出现的次数（表格中的文字除外），并将“祁老太爷”字体替换为幼圆、加粗、加着重号。

（9）将表格各行的高度设置为 1 厘米；将表格第一、二列的列宽设置为 5 厘米。

（10）设置表格框线。为表格添加填充“茶色，背景 2，深色 10%”的底纹。

文字	出现次数
祁老太爷	4
马	3
一	5

图 2-99　样张 4

（11）将表格中第一行的文字格式设置为隶书、三号、加粗。

（12）将表格中所有文字的对齐方式设置为居中对齐，将表格设置为水平居中对齐。

（13）将素材库文档文件夹下的“abc.xlsx”以对象方式插入到文档中，并设置为居中显示，如图 2-100 所示。

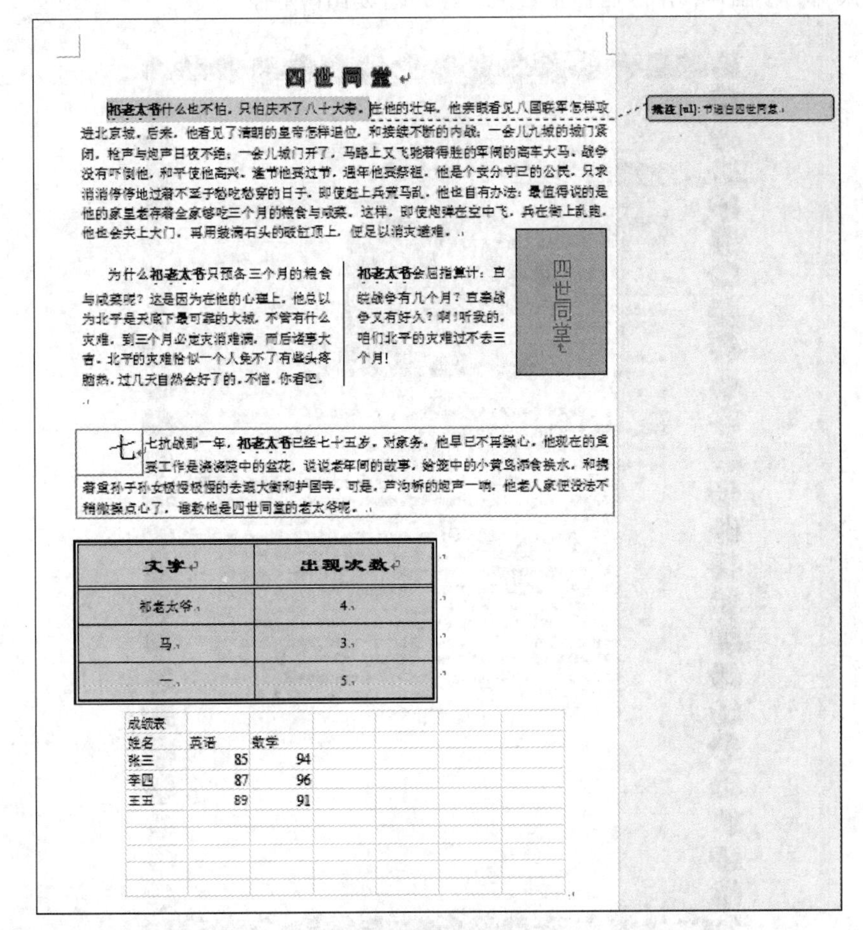

四世同堂

祁老太爷什么也不怕，只怕庆不了八十大寿。在他的壮年，他亲眼看见八国联军怎样攻进北京城。后来，他看见了清朝的皇帝怎样退位，和接续不断的内战；一会儿九城的城门紧闭，枪声与炮声日夜不绝；一会儿城门开了，马路上又飞驰着得胜的军阀的高车大马。战争没有吓倒他，和平使他高兴。逢节他要过节，遇年他要祭祖，他是个安分守己的公民，只求消消停停地过着不至于愁吃愁穿的日子。即使赶上兵荒马乱，他也自有办法：最值得说的是他的家里老存着全家够吃三个月的粮食与咸菜。这样，即使炮弹在空中飞，兵在街上乱跑，他也会关上大门，再用装满石头的破缸顶上，便足以消灾避难。

为什么祁老太爷只预备三个月的粮食与咸菜呢？这是因为在他的心理上，他总以为北平是天底下最可靠的大城，不管有什么灾难，到三个月必定灾消难满，而后诸事大吉。北平的灾难恰似一个人免不了有些头疼脑热，过几天自然会好了的。不信，你看吧，

祁老太爷会屈指算计：直皖战争有几个月？直奉战争又有好久？啊！听我的，咱们北平的灾难过不去三个月！

四世同堂

批注 [u1]: 节选自四世同堂。

七七抗战那一年，祁老太爷已经七十五岁。对家务，他早已不再操心。他现在的重要工作是浇浇院中的盆花，说说老年间的故事，给笼中的小黄鸟添食换水，和携着重孙子孙女极慢极慢的去逛大街和护国寺。可是，芦沟桥的炮声一响，他老人家便没法不稍微操点心了，谁教他是四世同堂的老太爷呢。

文字	出现次数
祁老太爷	4
马	3
一	5

成绩表

姓名	英语	数学
张三	85	94
李四	87	96
王五	89	91

图 2-100　样张 5

任务 3　根据情景案例完成实验要求 3

打开素材库中的文档“提高实验 3.docx”，进行下列操作。完成操作后，保存文档。

（1）插入素材库文件夹下的“剪贴画图片.png”图片，设置环绕方式为“四周型”，图片效果为“柔化边缘 10 磅”。

（2）设置全文各段首行缩进为“21 磅”。

（3）设置标题文字“第四章 应征”字体为“宋体”，字号为“小三”，字形为“加粗”，颜色为“橙色，强调文字颜色 6，深色 25%”，对齐方式为“居中”。

（4）设置正文第 1 段“随着强光的消退……一座传送魔法阵。”字体为“楷体”，字体效果为“删除线”。

（5）设置正文第 2 段“不过，眼前的广场……那是教会的中心。”字体为“楷体”，颜色为“红色”，添加下画线，下画线线型为“波浪线”；正文第 3 段字体为“华文行楷”，颜色为“蓝色”。

（6）第 4 段和第 5 段“礼毕，众骑士……那位骑士点点头。”设置第 1 行第 3 列的项目符号为“■”。

（7）设置全文页面边框为艺术型为“第 1 行”的“苹果”，应用范围为“整篇文档”。

（8）设置页面背景为文字水印“魔法骑士”，字体为“楷体”，颜色为“蓝色”，版式为“斜式”。

（9）设置页脚为空白（三栏），分别输入“魔法骑士”“第四章”、页码，页码为罗马数字格式，页脚字体为宋体、小四号，排版后样张效果示意如图 2-101 所示。

图 2-101 样张 6

在 D 盘建立一个以自己学号姓名命名的文件夹，存放自己所做的 Word 文档作业，文件夹压缩后提交给指导教师。

任务 4　根据情景案例完成实验要求 4

某高校为了使学生更好地进行职场定位和职业准备，提高就业能力，该校学工处将于 2020 年 4 月 24 日（星期五）18：30～21：30 在学校国际会议中心举办“领慧讲堂”就业讲座，特别邀请资深媒体人赵蕈先生担任演讲嘉宾。

根据上述活动的描述，利用 Word 2016 制作一份宣传海报（宣传海报的样式请参考素材库中的文档“Word—海报参考样式.docx”），要求如下。

（1）打开素材库中的文档“提高实验 4.docx”，进行下列操作，设计效果参照图 2-102 和图 2-103 所示的样张，或者参照素材库中的文档“Word—海报参考样式.docx”。完成操作后，保存文档。

图 2-102　样张 7

图 2-103　样张 8

（2）调整文档版面，要求页面高度为 35 厘米，页面宽度为 27 厘米，页边距（上、下）为 5 厘米，页边距（左、右）为 3 厘米，并将考生文件夹下的图片“Word—海报背景图片.jpg”设置为海报背景。

（3）根据“Word—海报参考样式.docx”文件，调整海报内容文字的字号、字体和颜色。

（4）根据页面布局需要，调整海报内容中“报告题目”“报告人”“报告日期”“报告时间”“报告地点”信息的段落间距。

（5）在“报告人:”位置后面输入报告人姓名（赵蕈）。

（6）在“主办：校学工处”位置后另起一页，并设置第 2 页的页面纸张大小为 A4 篇幅，纸张方向为“横向”，页边距为“普通”页边距定义。

（7）在新页面的“日程安排”段落下面，复制本次活动的日程安排（参考素材库中的文档“Word—活动日程安排.xlsx”），要求表格内容引用 Excel 文件中的内容，如若 Excel 文件中的内容发生变化，Word 文档中的日程安排信息随之发生变化。

（8）在新页面的“报名流程”段落下面，利用 SmartArt 工具，制作本次活动的报名流程（学工处报名、确认座席、领取资料、领取门票）。

（9）设置“报告人介绍”段落下面的文字排版布局为参考示例文件中所示的样式。

（10）更换报告人照片为素材库考生文件夹下的“Pic2.jpg”照片，将该照片调整到适当位置，不要遮挡文档中的内容。

（11）保存本次活动的宣传海报设计文档。在 D 盘建立一个以自己学号姓名命名的文件夹，存放自己所做的 Word 文档作业，文件夹压缩后提交给指导教师。

03 第3章 电子表格处理软件Excel

实验1 工作表的创建与基本操作

【实验目的】

- 掌握工作簿的创建，工作表的插入、重命名、删除、保存等操作方法。
- 掌握数据输入及获取外部数据的方法。
- 掌握快速填充的方法。
- 掌握工作表的编辑方法。
- 掌握单元格格式设置的操作方法。

【实验内容与步骤】

任务1 新建工作簿，输入和导入数据

步骤1：启动Excel 2016，进入Excel的工作界面。

步骤2：单击单元格A1，即选定A1为当前活动单元格，如图3-1所示。

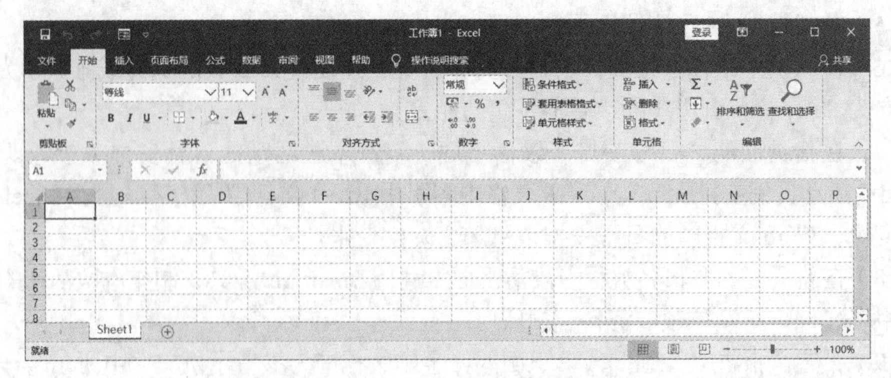

图3-1 Excel 2016的工作界面

步骤3：按<Ctrl+Shift>组合键，切换到一种中文输入法，输入文字“学生生源统计表”，如图3-2所示。

输入数据时，数据编辑栏的工具按钮会全部显示出来，各按钮功能如下。

“×”：“取消”按钮。单击该按钮可以取消刚输入但尚未确认的新数据。

“√”：“确认”按钮。单击该按钮可以确认刚输入的新数据。

“*fx*”：“插入函数”按钮。单击该按钮可以打开“插入函数”对话框。

步骤 4：按<Enter>键（或单击编辑栏中的工具“确认”按钮 ✔ ）确认输入，即可将中文“学生生源统计表”确认输入到单元格 A1 中。

步骤 5：在单元格 A2 中输入“学号”，在单元格 A3 中输入“20190801”，选定单元格 A3 右下角的填充柄，光标变为细“＋”形状，向下拖曳填充至单元格 A10，单击“自动填充选项”下拉按钮，在弹出的下拉菜单中选择“填充序列”，如图 3-3 所示。

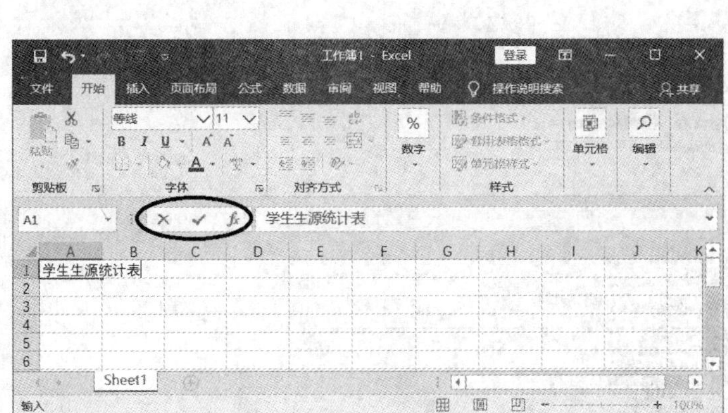

图 3-2　输入表格名称

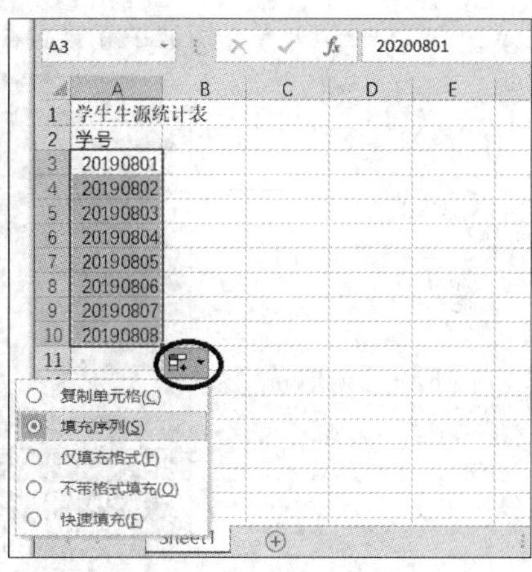

图 3-3　自动填充序列

步骤 6：选定单元格 B2，单击“数据”选项卡下“获取外部数据”功能组中的“自文本”按钮，如图 3-4 所示，选择素材库“实验一”文件夹中的“学生信息.txt”，单击“导入”按钮，如图 3-5 所示。

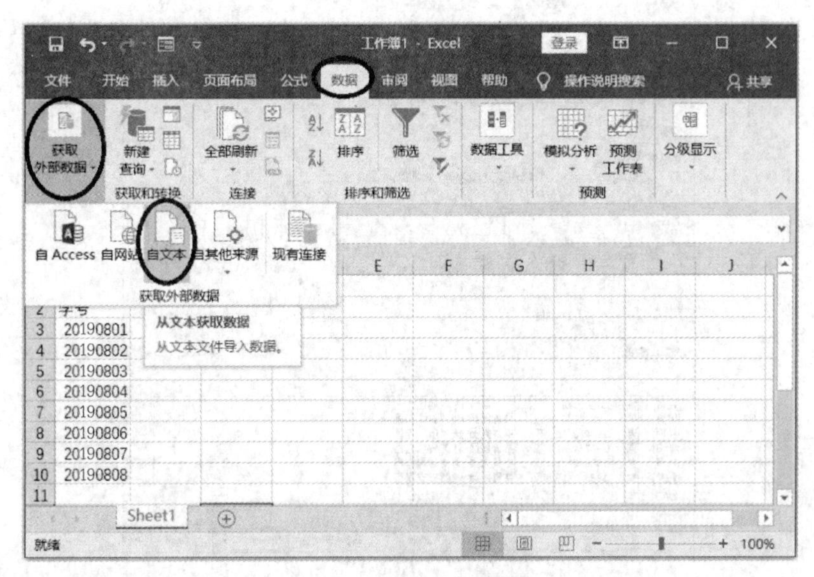

图 3-4　获取外部数据

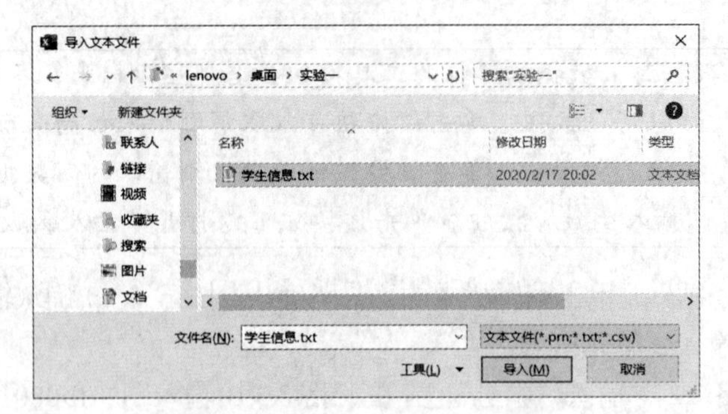

图 3-5 “导入文本文件”对话框

步骤 7：在弹出的“文本导入向导-第 1 步，共 3 步”对话框中单击“下一步”按钮，如图 3-6 所示。

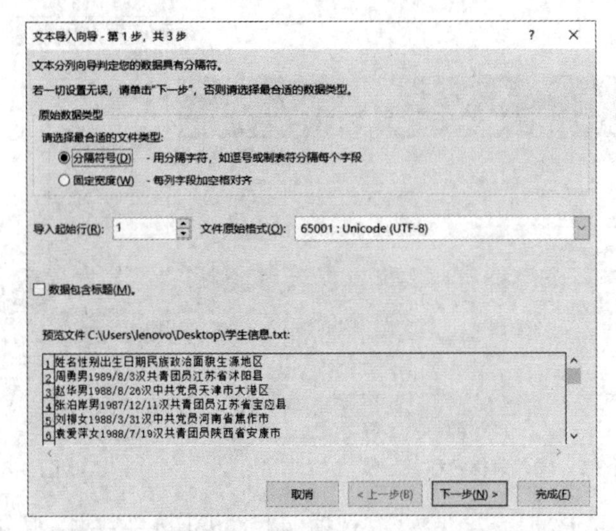

图 3-6 “文本导入向导-第 1 步，共 3 步”对话框

步骤 8：在弹出的“文本导入向导-第 2 步，共 3 步”对话框中单击“下一步”按钮，如图 3-7 所示。

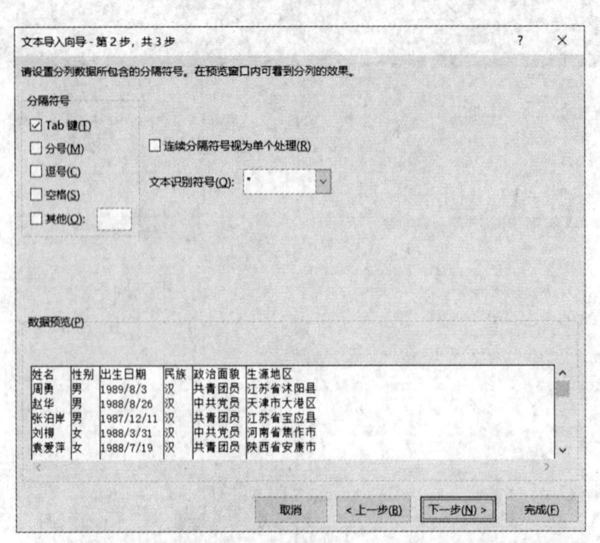

图 3-7 “文本导入向导-第 2 步，共 3 步”对话框

步骤 9：在弹出的“文本导入向导-第 3 步，共 3 步”对话框中单击“完成”按钮，如图 3-8 所示。

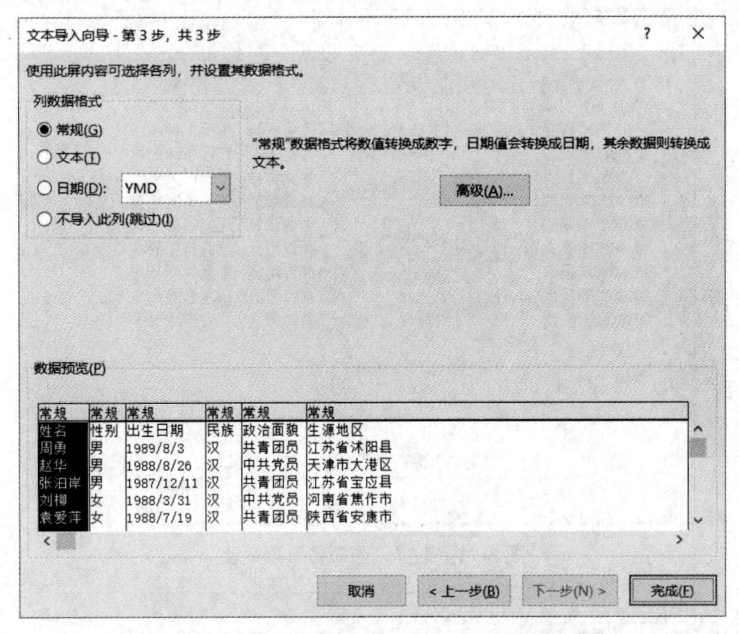

图 3-8　“文本导入向导-第 3 步，共 3 步”对话框

步骤 10：在弹出的“导入数据”对话框中单击“确定”按钮，如图 3-9 所示，导入的表格内容如图 3-10 所示。

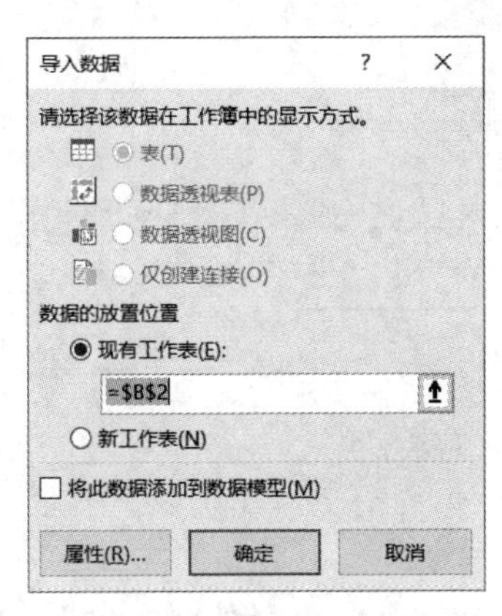

图 3-9　“导入数据”对话框

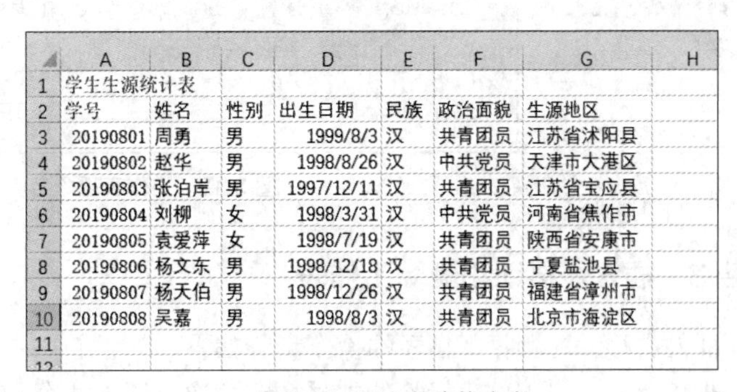

	A	B	C	D	E	F	G	H
1	学生生源统计表							
2	学号	姓名	性别	出生日期	民族	政治面貌	生源地区	
3	20190801	周勇	男	1999/8/3	汉	共青团员	江苏省沭阳县	
4	20190802	赵华	男	1998/8/26	汉	中共党员	天津市大港区	
5	20190803	张泊岸	男	1997/12/11	汉	共青团员	江苏省宝应县	
6	20190804	刘柳	女	1998/3/31	汉	中共党员	河南省焦作市	
7	20190805	袁爱萍	女	1998/7/19	汉	共青团员	陕西省安康市	
8	20190806	杨文东	男	1998/12/18	汉	共青团员	宁夏盐池县	
9	20190807	杨天伯	男	1998/12/26	汉	共青团员	福建省漳州市	
10	20190808	吴嘉	男	1998/8/3	汉	共青团员	北京市海淀区	
11								
12								

图 3-10　导入的表格内容

- 单元格中数据的默认对齐方式是：文本左对齐，数值、日期、时间右对齐。
- 自动填充“学号”的方式也可用于自动填充相同的文本内容。
- 自动填充后，单击填充柄旁出现的“自动填充选项”下拉按钮，在弹出的下拉菜单中可以选择填充选项，如选择“仅填充格式”菜单项。

任务 2　重命名工作表

将新建工作簿的“Sheet1”工作表改名为“学生生源统计表”。

右键单击“Sheet1”工作表标签，在弹出的快捷菜单中选择“重命名”菜单项，如图 3-11 所示，此时工作表标签“Sheet1”底纹显示其处于编辑状态；输入新工作表名“学生生源统计表”，按<Enter>键确认，完成重命名，效果如图 3-12 所示。

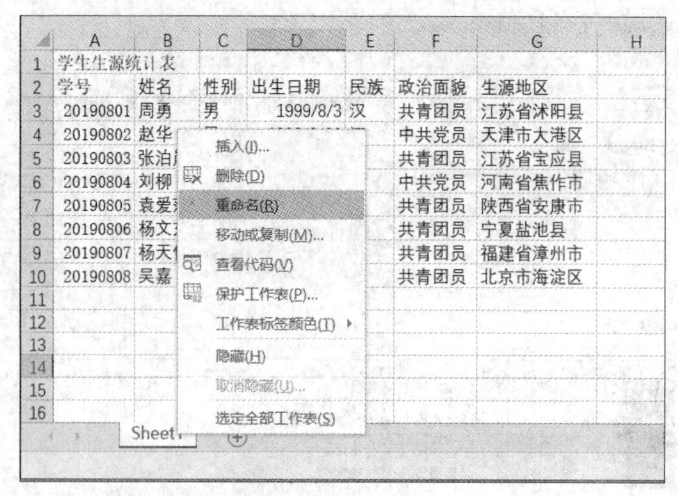

图 3-11 选择“重命名”菜单项

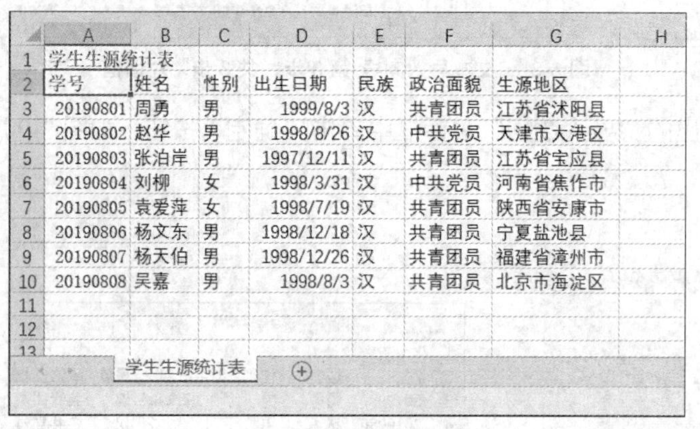

	A	B	C	D	E	F	G
1	学生生源统计表						
2	学号	姓名	性别	出生日期	民族	政治面貌	生源地区
3	20190801	周勇	男	1999/8/3	汉	共青团员	江苏省沭阳县
4	20190802	赵华	男	1998/8/26	汉	中共党员	天津市大港区
5	20190803	张泊岸	男	1997/12/11	汉	共青团员	江苏省宝应县
6	20190804	刘柳	女	1998/3/31	汉	中共党员	河南省焦作市
7	20190805	袁爱萍	女	1998/7/19	汉	共青团员	陕西省安康市
8	20190806	杨文东	男	1998/12/18	汉	共青团员	宁夏盐池县
9	20190807	杨天伯	男	1998/12/26	汉	共青团员	福建省漳州市
10	20190808	吴嘉	男	1998/8/3	汉	共青团员	北京市海淀区

图 3-12 工作表重命名

任务 3 插入、移动和删除工作表

插入、移动和删除工作表的操作步骤如下。

步骤 1：单击工作表标签的加号按钮两次，插入两个新工作表“Sheet2”和“Sheet3”，如图 3-13 所示。

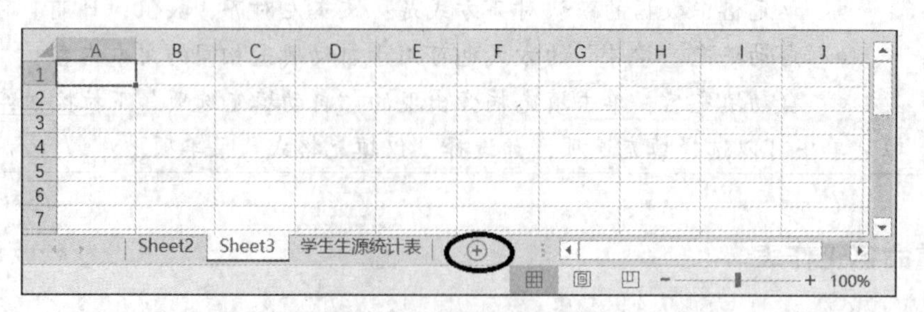

图 3-13 插入两个新工作表

步骤 2：单击工作表标签“Sheet2”并拖曳至最后，然后右键单击工作表标签“Sheet2”，在弹出的快捷菜单中选择“删除”菜单项，如图 3-14 所示，即可将工作表“Sheet2”删除。

图 3-14　选择“删除”菜单项

任务 4　保存工作簿

将新建的工作簿保存在 D 盘根目录下并命名为“学生信息表.xlsx”，其操作步骤如下。

步骤 1：单击“文件”→“保存”菜单项，若是初次保存文件将弹出“另存为”任务窗格，如图 3-15 所示。

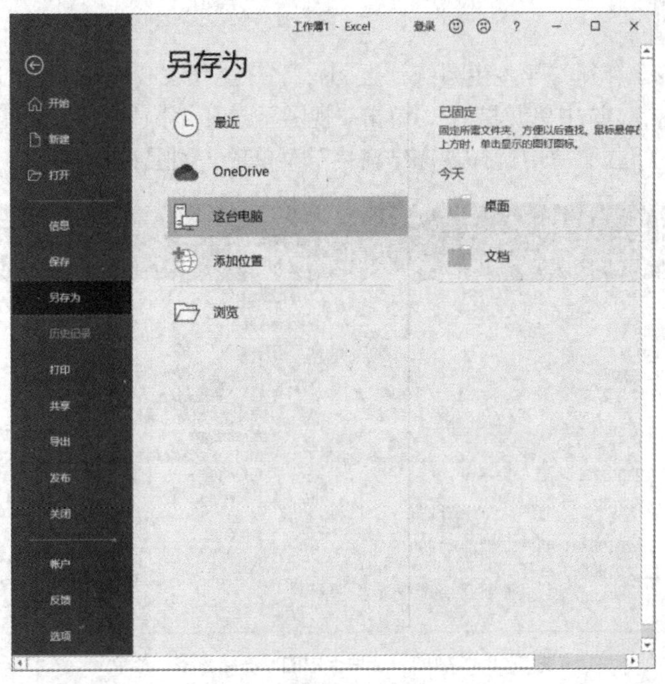

图 3-15　“另存为”对话框

步骤 2：在“另存为”对话框右侧的列表中双击“这台电脑”选项，弹出“另存为”对话框，在地址栏中选择 D 盘，在“文件名”文本框中输入“学生信息表”，如图 3-16 所示。单击“保存”按钮即完成工作簿的保存。

另外，要保存工作簿文件也可以单击快速访问工具栏中的“保存”按钮，如图 3-17 所示。

图 3-16 “另存为”对话框

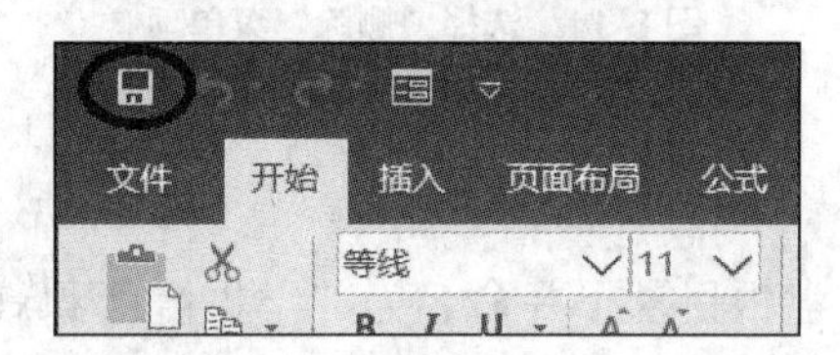

图 3-17 快速访问工具栏中的“保存”按钮

任务 5 冻结窗格

打开素材库中的工作簿“学生生源统计表.xlsx”，在工作表“Sheet1”中进行以下操作。

步骤 1：冻结窗格。选中单元格 C3，单击“视图”选项卡下“窗口”功能组中的“冻结窗格”下拉按钮，在弹出的下拉菜单中选择“冻结窗格”菜单项，如图 3-18 所示，即完成窗格冻结。

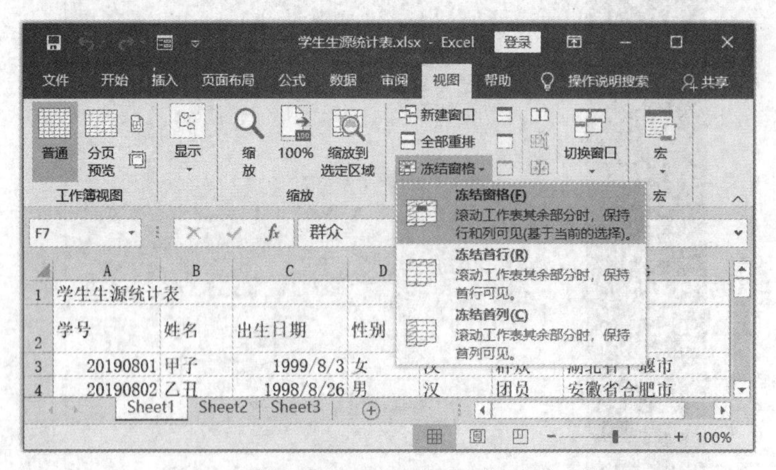

图 3-18 “视图”选项卡中的“冻结窗格”菜单

窗格冻结后，拖动垂直滚动条（或推动滚轮）观察工作表，此时表格的表头固定不动不再随表格一起翻滚，这使得用户查看数据更加方便、清晰。

步骤 2：撤销冻结窗格，其操作方法与“冻结窗格”相同。单击“视图”选项卡下“窗口”功能组中的“冻结窗格”下拉按钮，在弹出的下拉菜单中选择“取消冻结窗格”菜单项，即可完成操作。

一旦执行“冻结窗格”命令，“冻结窗格”下拉菜单中的“冻结窗格”菜单项即会变为“取消冻结窗格”菜单项。

任务 6　隐藏与取消隐藏行或列

打开素材库中的工作簿“学生生源统计表.xlsx”，在工作表“Sheet1”中进行以下操作。

步骤 1：隐藏工作表中的第 5～10 行。选定第 5～10 行（将鼠标光标置于第 5 行的行号“5”上，向下拖曳鼠标光标到行号“10”处），在选定区域任意处单击鼠标右键，在弹出的快捷菜单中选择“隐藏”菜单项，则选定的第 5～10 行被隐藏，如图 3-19 所示。

图 3-19　隐藏第 5～10 行

步骤 2：取消隐藏的行。选定被隐藏行两侧的行（第 4 行和第 11 行，将鼠标光标置于第 4 行的行号“4”上，向下拖曳鼠标光标到行号“11”处），在选定区域任意处单击鼠标右键，并在弹出的快捷菜单中选择“取消隐藏”菜单项。

任务 7　C 列与 D 列对调

打开素材库中的工作簿“学生生源统计表.xlsx”，在工作表“Sheet1”中进行以下操作。

步骤 1：选定 D 列（单击 D 列列标）。单击“开始”选项卡下“剪贴板”功能组中的“剪切”按钮，如图 3-20 所示。

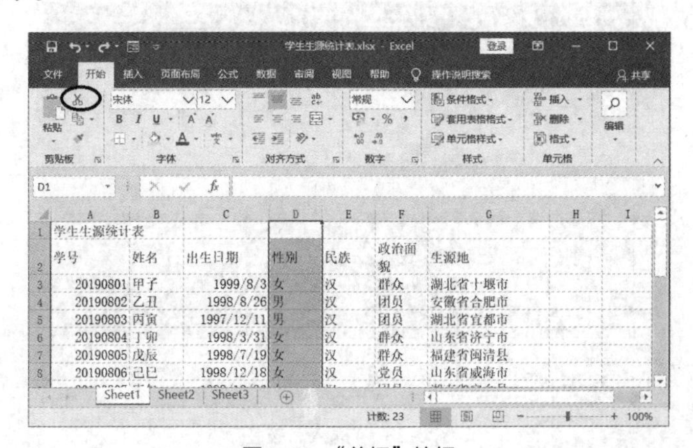

图 3-20　“剪切”按钮

步骤 2：选定 C 列（单击 C 列列标）。单击“开始”选项卡下“单元格”功能组中的“插入”下拉按钮，在弹出的下拉菜单中选择“插入剪切的单元格”菜单项，如图 3-21 所示。

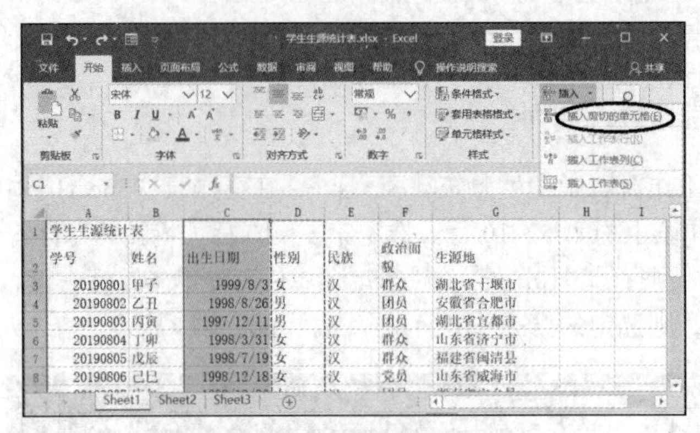

图 3-21 “插入剪切的单元格”按钮

操作完成后即可实现 C 列内容与 D 列内容的对调，结果如图 3-22 所示。

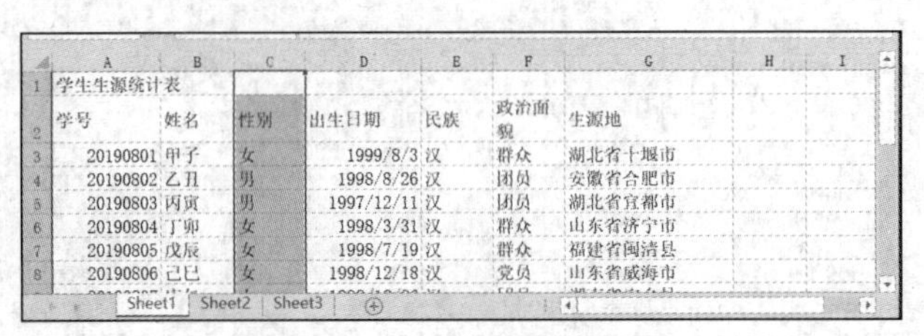

图 3-22 C 列与 D 列对调结果

说明 执行“插入”命令时，新插入的列会出现在当前选定列的左侧，新插入的行会出现在当前选定行的上方。

任务 8 插入多行空白行

在第 3 行的上方插入 8 行空白行，选定第 3～10 行（将鼠标光标置于第 3 行的行号“3”上，向下拖曳鼠标光标到行号“10”处后释放鼠标），然后单击“开始”选项卡下“单元格”功能组中的“插入”按钮，如图 3-23 所示。

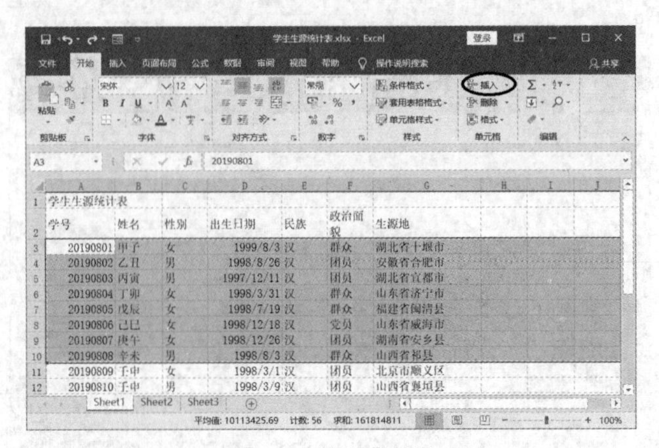

图 3-23 “插入”按钮

操作完成后即可在第 3 行的上方插入 8 行空白行，效果如图 3-24 所示。

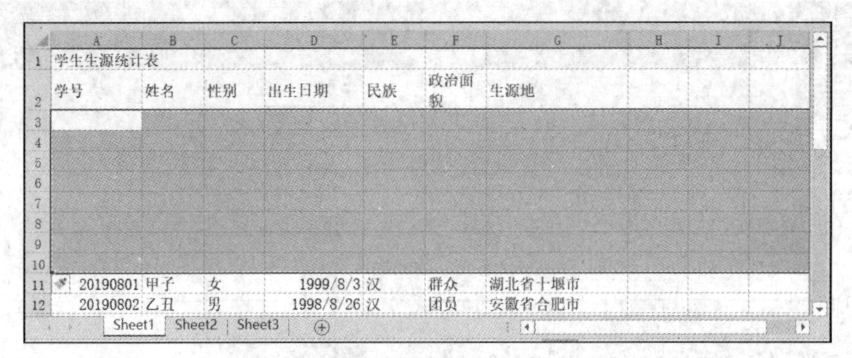

图 3-24 在所选行上方插入 8 行空白行

选定几行或几列，执行“插入”命令后，即插入几行或几列。

任务 9 复制粘贴数据

复制粘贴数据的操作步骤如下。

步骤 1：打开 D 盘根目录下的“学生信息表.xlsx”文件。

步骤 2：在工作表“学生生源统计表”中选定单元格区域 A3:G10（单击单元格 A3，然后向右下拖曳到单元格 G10 处）。

步骤 3：单击“开始”选项卡下“剪贴板”功能组中的“复制”按钮，或按<Ctrl+C>组合键复制选定的区域，如图 3-25 所示。

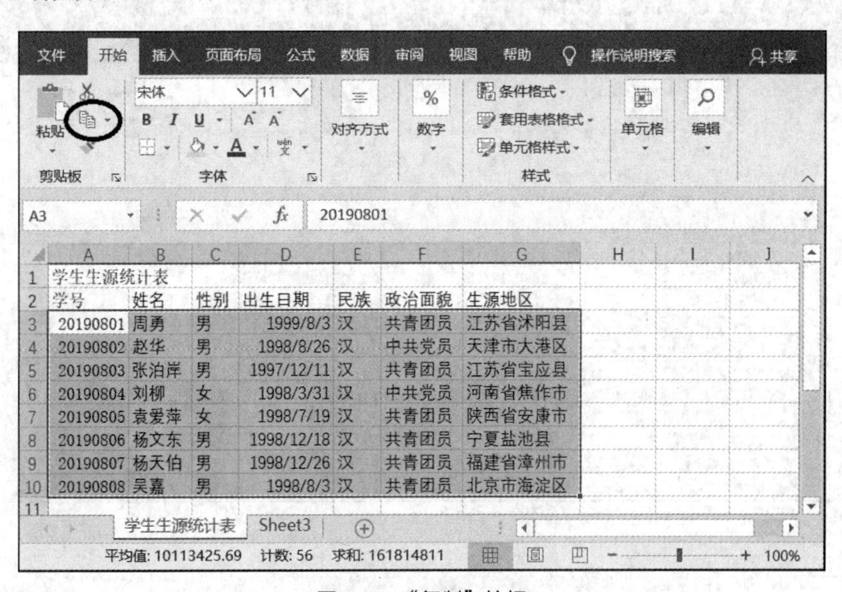

图 3-25 “复制”按钮

步骤 4：选定素材库中的工作簿“学生生源统计表.xlsx”的“Sheet1”为当前工作表，并选定其单元格 A3 为当前活动单元格，然后单击“开始”选项卡下“剪贴板”功能组中的“粘贴”按钮，或按<Ctrl+V>组合键，粘贴复制内容，如图 3-26 所示。

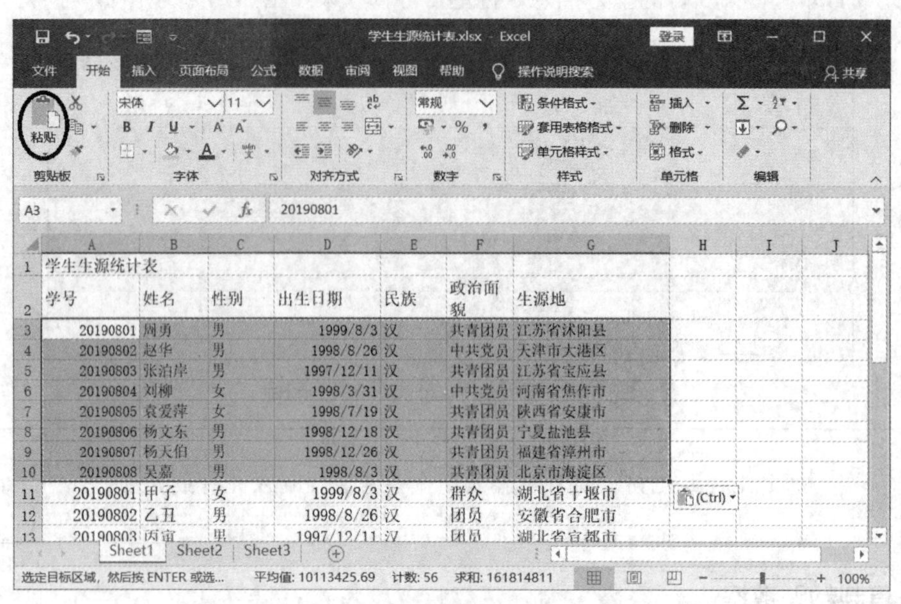

	A	B	C	D	E	F	G
1	学生生源统计表						
2	学号	姓名	性别	出生日期	民族	政治面貌	生源地
3	20190801	周勇	男	1999/8/3	汉	共青团员	江苏省沭阳县
4	20190802	赵华	男	1998/8/26	汉	中共党员	天津市大港区
5	20190803	张泊岸	男	1997/12/11	汉	共青团员	江苏省宝应县
6	20190804	刘柳	女	1998/3/31	汉	中共党员	河南省焦作市
7	20190805	袁爱萍	女	1998/7/19	汉	共青团员	陕西省安康市
8	20190806	杨文东	男	1998/12/18	汉	共青团员	宁夏盐池县
9	20190807	杨天伯	男	1998/12/26	汉	共青团员	福建省漳州市
10	20190808	吴嘉	男	1998/8/3	汉	共青团员	北京市海淀区
11	20190801	甲子	女	1999/8/3	汉	群众	湖北省十堰市
12	20190802	乙丑	男	1998/8/26	汉	团员	安徽省合肥市
13	20190803	丙寅	男	1997/12/11	汉	团员	湖北省宜都市

图 3-26 “粘贴”按钮

任务 10　删除第 11～18 行

选定第 11～18 行，单击“开始”选项卡下“单元格”功能组中的“删除”按钮，如图 3-27 所示。或右键单击选定区域内的任意处，并在弹出的快捷菜单中选择“删除”菜单项。

	A	B	C	D	E	F	G
8	20190806	杨文东	男	1998/12/18	汉	共青团员	宁夏盐池县
9	20190807	杨天伯	男	1998/12/26	汉	共青团员	福建省漳州市
10	20190808	吴嘉	男	1998/8/3	汉	共青团员	北京市海淀区
11	20190801	甲子	女	1999/8/3	汉	群众	湖北省十堰市
12	20190802	乙丑	男	1998/8/26	汉	团员	安徽省合肥市
13	20190803	丙寅	男	1997/12/11	汉	团员	湖北省宜都市
14	20190804	丁卯	女	1998/3/31	汉	群众	山东省济宁市
15	20190805	戊辰	女	1998/7/19	汉	群众	福建省闽清县
16	20190806	己巳	女	1998/12/18	汉	党员	山东省威海市
17	20190807	庚午	女	1998/12/26	汉	团员	湖南省安乡县
18	20190808	辛未	男	1998/8/3	汉	群众	山西省祁县
19	20190809	壬申	女	1998/3/1	汉	团员	北京市顺义区
20	20190810	壬申	男	1998/3/9	汉	团员	山西省襄垣县
21	20190811	甲戌	女	2000/11/3	汉	团员	陕西省榆林市

图 3-27 “删除”按钮

操作完成后，将选定的行删除，结果如图 3-28 所示。按<Ctrl+S>组合键保存工作簿。

	A	B	C	D	E	F	G	H	I
1	学生生源统计表								
2	学号	姓名	性别	出生日期	民族	政治面貌	生源地		
3	20190801	周勇	男	1999/8/3	汉	共青团员	江苏省沭阳县		
4	20190802	赵华	男	1998/8/26	汉	中共党员	天津市大港区		
5	20190803	张泊岸	男	1997/12/11	汉	共青团员	江苏省宝应县		
6	20190804	刘柳	女	1998/3/31	汉	中共党员	河南省焦作市		
7	20190805	袁爱萍	女	1998/7/19	汉	共青团员	陕西省安康市		
8	20190806	杨文东	男	1998/12/18	汉	共青团员	宁夏盐池县		
9	20190807	杨天伯	男	1998/12/26	汉	共青团员	福建省漳州市		
10	20190808	吴嘉	男	1998/8/3	汉	共青团员	北京市海淀区		
11	20190809	壬申	女	1998/3/1	汉	团员	北京市顺义区		
12	20190810	壬申	男	1998/3/9	汉	团员	山西省襄垣县		
13	20190811	甲戌	女	2000/11/3	汉	团员	陕西省榆林市		
14	20190812	乙亥	男	1998/1/27	汉	团员	江苏省无锡市		
15	20190813	丙子	女	1997/9/8	汉	团员	陕西省宝鸡市		
16	20190814	丁丑	男	1998/3/24	汉	团员	江苏张家港市		
17	20190815	戊寅	男	1998/2/9	汉	团员	上海市浦东新区		
18	20190816	戊寅	女	1999/2/3	汉	群众	广州市番禺区沙湾镇		
19	20190817	庚辰	男	1998/7/12	汉	团员	江苏省靖江市		

Sheet1 Sheet2 Sheet3

图 3-28 删除操作后的表格

任务 11 填充等差数列

在工作簿“学生生源统计表.xlsx”的工作表“Sheet1”中进行以下操作。

步骤 1：选定单元格 H2，并在其中输入“等差数列”。

步骤 2：选定单元格 H3，并在其中输入“1”。

步骤 3：选定单元格 H4，并在其中输入“3”。

步骤 4：选定单元格区域 H3:H4，将光标置于选定区域右下角的填充柄处，待鼠标光标变为细“+”形状时，向下拖曳鼠标光标至单元格 H24，完成差值为 2 的等差数列的快速自动填充，结果如图 3-29 所示。

	A	B	C	D	E	F	G	H	I	J
2	学号	姓名	性别	出生日期	民族	政治面貌	生源地	等差数列		
3	20190801	周勇	男	1999/8/3	汉	共青团员	江苏省沭阳县	1		
4	20190802	赵华	男	1998/8/26	汉	中共党员	天津市大港区	3		
5	20190803	张泊岸	男	1997/12/11	汉	共青团员	江苏省宝应县	5		
6	20190804	刘柳	女	1998/3/31	汉	中共党员	河南省焦作市	7		
7	20190805	袁爱萍	女	1998/7/19	汉	共青团员	陕西省安康市	9		
8	20190806	杨文东	男	1998/12/18	汉	共青团员	宁夏盐池县	11		
9	20190807	杨天伯	男	1998/12/26	汉	共青团员	福建省漳州市	13		
10	20190808	吴嘉	男	1998/8/3	汉	共青团员	北京市海淀区	15		
11	20190809	壬申	女	1998/3/1	汉	团员	北京市顺义区	17		
12	20190810	壬申	男	1998/3/9	汉	团员	山西省襄垣县	19		
13	20190811	甲戌	女	2000/11/3	汉	团员	陕西省榆林市	21		
14	20190812	乙亥	男	1998/1/27	汉	团员	江苏省无锡市	23		
15	20190813	丙子	女	1997/9/8	汉	团员	陕西省宝鸡市	25		
16	20190814	丁丑	男	1998/3/24	汉	团员	江苏张家港市	27		
17	20190815	戊寅	男	1998/2/9	汉	团员	上海市浦东新区	29		
18	20190816	戊寅	女	1999/2/3	汉	群众	广州市番禺区沙湾镇	31		
19	20190817	庚辰	男	1998/7/12	汉	团员	江苏省靖江市	33		
20	20190818	辛巳	男	1998/11/26	汉	团员	贵州省贵阳市	35		
21	20190819	壬午	女	1998/5/14	汉	群众	江苏省南京市浦口区	37		
22	20190820	癸未	女	2000/1/8	汉	群众	海南省三亚市	39		
23	20190821	甲申	女	1998/11/18	汉	群众	江苏省南通市	41		
24	20190822	乙酉	男	1999/11/10	汉	团员	辽宁省沈阳市	43		
25										

Sheet1 Sheet2 Sheet3

图 3-29 差值为 2 的等差数列的自动填充

任务 12　填充等比数列

自动填充等比数列（1，2，4，8，16，…）的操作步骤如下。

步骤 1：选定单元格 I2，并在其中输入“等比数列”。

步骤 2：选定单元格 I3，并在其中输入“1”。

步骤 3：选定单元格区域 I3:I24。

步骤 4：单击“开始”选项卡下“编辑”功能组中的“填充”下拉按钮，在弹出的下拉菜单中选择“序列”菜单项，如图 3-30 所示，弹出“序列”对话框。

	B	C	D	E	F	G	H	I
2	姓名	性别	出生日期	民族	政治面貌	生源地	等差数列	等比数列
3	周勇	男	1999/8/3	汉	共青团员	江苏省沭阳县	1	1
4	赵华	男	1998/8/26	汉	中共党员	天津市大港区	3	
5	张泊岸	男	1997/12/11	汉	共青团员	江苏省宝应县	5	
6	刘柳	女	1998/3/31	汉	中共党员	河南省焦作市	7	
7	袁爱萍	女	1998/7/19	汉	共青团员	陕西省安康市	9	
8	杨文东	男	1998/12/18	汉	共青团员	宁夏盐池县	11	
9	杨天伯	男	1998/12/26	汉	共青团员	福建省漳州市	13	
10	吴嘉	男	1998/8/3	汉	共青团员	北京市海淀区	15	
11	壬申	女	1998/3/1	汉	团员	北京市顺义区	17	
12	壬申	男	1998/3/9	汉	团员	山西省襄垣县	19	
13	甲戌	女	2000/11/3	汉	团员	陕西省榆林市	21	
14	乙亥	男	1998/1/27	汉	团员	江苏省无锡市	23	
15	丙子	女	1997/9/8	汉	团员	陕西省宝鸡市	25	
16	丁丑	男	1998/3/24	汉	团员	江苏张家港市	27	
17	戊寅	男	1998/2/9	汉	团员	上海市浦东新区	29	
18	戊寅	女	1999/2/3	汉	群众	广州市番禺区沙湾镇	31	
19	庚辰	男	1998/7/12	汉	团员	江苏省靖江市	33	
20	辛巳	男	1998/11/26	汉	团员	贵州省贵阳市	35	
21	壬午	女	1998/5/14	汉	群众	江苏省南京市浦口区	37	
22	癸未	女	2000/1/8	汉	群众	海南省三亚市	39	
23	甲申	女	1998/11/18	汉	群众	江苏省南通市	41	
24	乙酉	男	1999/11/10	汉	团员	辽宁省沈阳市	43	
25								

图 3-30　“开始”选项卡下“填充”菜单

步骤 5：在“序列”对话框中设置序列产生在“列”，类型为“等比序列”，步长值为“2”，如图 3-31 所示。

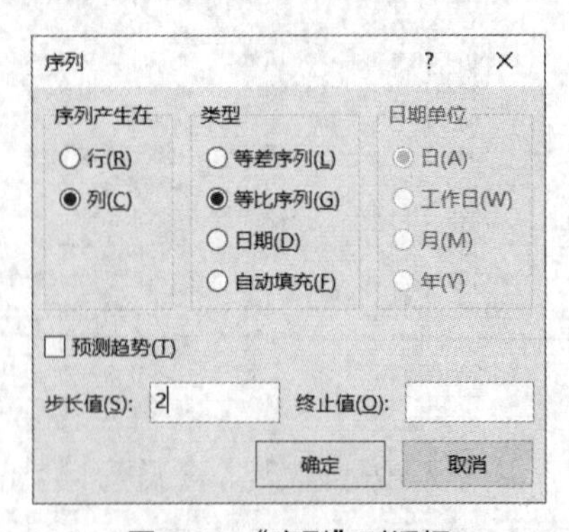

图 3-31　“序列”对话框

步骤 6：单击“确定”按钮，即可得到图 3-32 所示的等比数列。

	B	C	D	E	F	G	H	I	J	K
2	姓名	性别	出生日期	民族	政治面貌	生源地	等差数列	等比数列		
3	周勇	男	1999/8/3	汉	共青团员	江苏省沭阳县	1	1		
4	赵华	男	1998/8/26	汉	中共党员	天津市大港区	3	2		
5	张泊岸	男	1997/12/11	汉	共青团员	江苏省宝应县	5	4		
6	刘柳	女	1998/3/31	汉	中共党员	河南省焦作市	7	8		
7	袁爱萍	女	1998/7/19	汉	共青团员	陕西省安康市	9	16		
8	杨文东	男	1998/12/18	汉	共青团员	宁夏盐池县	11	32		
9	杨天伯	男	1998/12/26	汉	共青团员	福建省漳州市	13	64		
10	吴嘉	男	1998/8/3	汉	共青团员	北京市海淀区	15	128		
11	壬申	女	1998/3/1	汉	团员	北京市顺义区	17	256		
12	壬申	男	1998/3/9	汉	团员	山西省襄垣县	19	512		
13	甲戌	女	2000/11/3	汉	团员	陕西省榆林市	21	1024		
14	乙亥	男	1998/1/27	汉	团员	江苏省无锡市	23	2048		
15	丙子	女	1997/9/8	汉	团员	陕西省宝鸡市	25	4096		
16	丁丑	男	1998/3/24	汉	团员	江苏张家港市	27	8192		
17	戊寅	男	1998/2/9	汉	团员	上海市浦东新区	29	16384		
18	戊寅	女	1999/2/3	汉	群众	广州市番禺区沙湾镇	31	32768		
19	庚辰	男	1998/7/12	汉	团员	江苏省靖江市	33	65536		
20	辛巳	男	1998/11/26	汉	团员	贵州省贵阳市	35	131072		
21	壬午	女	1998/5/14	汉	群众	江苏省南京市浦口区	37	262144		
22	癸未	女	2000/1/8	汉	群众	海南省三亚市	39	524288		
23	甲申	女	1998/11/18	汉	群众	江苏省南通市	41	1048576		
24	乙酉	男	1999/11/10	汉	团员	辽宁省沈阳市	43	2097152		
25										

Sheet1 Sheet2 Sheet3

图 3-32 自动填充的等比数列

任务 13 填充文本序列

自动填充文本序列（第 1 组、第 2 组、第 3 组……）的操作步骤如下。

步骤 1：选定单元格 J2，并在其中输入“失败的分组”。

步骤 2：选定单元格 J3，并在其中输入“第 1 组”。

步骤 3：将鼠标光标置于单元格 J3 右下角的填充柄处，拖曳鼠标光标至单元格 J24，即可得到图 3-33 所示的结果。

	B	C	D	E	F	G	H	I	J	K
2	姓名	性别	出生日期	民族	政治面貌	生源地	等差数列	等比数列	失败的分组	
3	周勇	男	1999/8/3	汉	共青团员	江苏省沭阳县	1	1	第1组	
4	赵华	男	1998/8/26	汉	中共党员	天津市大港区	3	2	第2组	
5	张泊岸	男	1997/12/11	汉	共青团员	江苏省宝应县	5	4	第3组	
6	刘柳	女	1998/3/31	汉	中共党员	河南省焦作市	7	8	第4组	
7	袁爱萍	女	1998/7/19	汉	共青团员	陕西省安康市	9	16	第5组	
8	杨文东	男	1998/12/18	汉	共青团员	宁夏盐池县	11	32	第6组	
9	杨天伯	男	1998/12/26	汉	共青团员	福建省漳州市	13	64	第7组	
10	吴嘉	男	1998/8/3	汉	共青团员	北京市海淀区	15	128	第8组	
11	壬申	女	1998/3/1	汉	团员	北京市顺义区	17	256	第9组	
12	壬申	男	1998/3/9	汉	团员	山西省襄垣县	19	512	第10组	
13	甲戌	女	2000/11/3	汉	团员	陕西省榆林市	21	1024	第11组	
14	乙亥	男	1998/1/27	汉	团员	江苏省无锡市	23	2048	第12组	
15	丙子	女	1997/9/8	汉	团员	陕西省宝鸡市	25	4096	第13组	
16	丁丑	男	1998/3/24	汉	团员	江苏张家港市	27	8192	第14组	
17	戊寅	男	1998/2/9	汉	团员	上海市浦东新区	29	16384	第15组	
18	戊寅	女	1999/2/3	汉	群众	广州市番禺区沙湾镇	31	32768	第16组	
19	庚辰	男	1998/7/12	汉	团员	江苏省靖江市	33	65536	第17组	
20	辛巳	男	1998/11/26	汉	团员	贵州省贵阳市	35	131072	第18组	
21	壬午	女	1998/5/14	汉	群众	江苏省南京市浦口区	37	262144	第19组	
22	癸未	女	2000/1/8	汉	群众	海南省三亚市	39	524288	第20组	
23	甲申	女	1998/11/18	汉	群众	江苏省南通市	41	1048576	第21组	
24	乙酉	男	1999/11/10	汉	团员	辽宁省沈阳市	43	2097152	第22组	
25										

图 3-33 失败的分组结果

步骤 4：按<Ctrl+S>组合键保存以上操作。

任务14 填充自定义序列

在工作簿“学生生源统计表.xlsx”的工作表“Sheet1”中进行以下操作。

步骤1：单击快速访问工具栏右侧的“自定义快速访问工具栏”下拉按钮，在弹出的下拉菜单中选择“其他命令”菜单项，弹出“Excel选项”对话框。

步骤2：在“Excel选项”对话框里选择“高级”选项卡，在“常规”区域单击“编辑自定义列表”按钮，如图3-34所示，弹出“自定义序列”对话框。

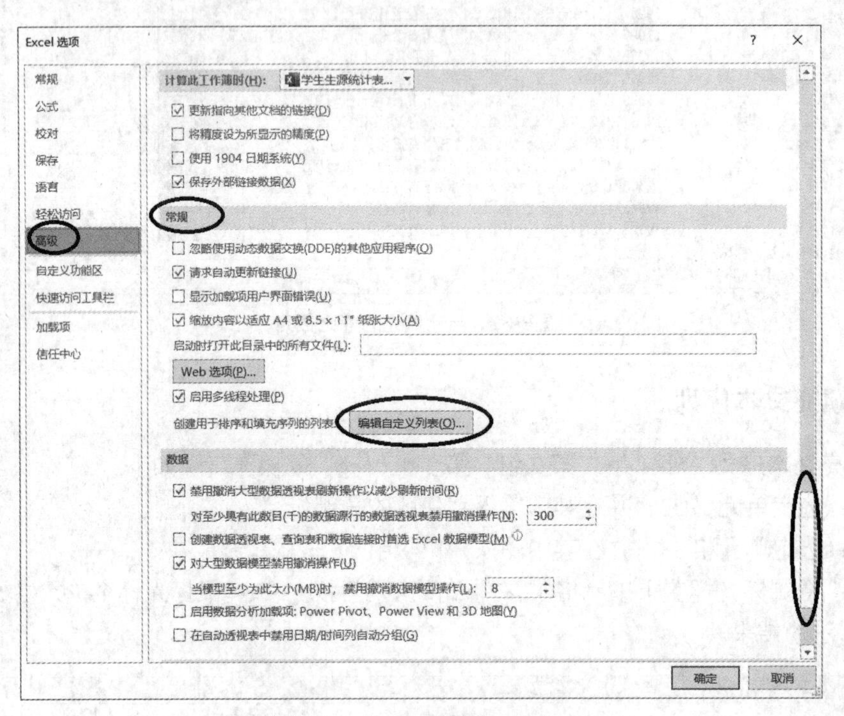

图3-34 “Excel选项”对话框

步骤3：在“自定义序列”对话框的“自定义序列”列表中选择“新序列”选项，并在对话框的“输入序列”区域输入自定义的序列“第一组、第二组、第三组、第四组”，如图3-35所示。

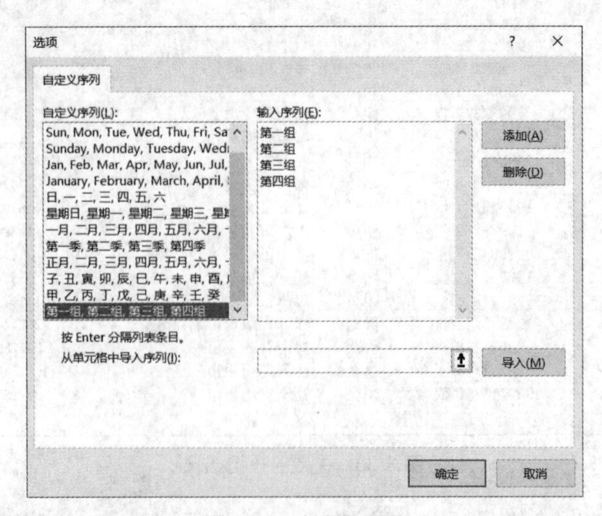

图3-35 自定义序列

每输入一个序列项要按一次<Enter>键，或各个序列项之间用英文逗号分隔（最后一项后不用逗号）。

步骤 4：单击“添加”按钮即可在“自定义序列”列表中生成新的自定义序列，如图 3-35 所示。

步骤 5：单击“确定”按钮，返回到“Excel 选项”对话框。

步骤 6：单击“Excel 选项”对话框中的“确定”按钮，即完成了用户自定义序列的添加。

步骤 7：选定单元格 K2，并在其中输入“分组情况”。

步骤 8：选定单元格 K3，并在其中输入“第一组”。

步骤 9：将光标置于单元格 K3 右下角的填充柄处，拖曳鼠标光标至单元格 K24，得到的分组结果如图 3-36 所示。

	B	C	D	E	F	G	H	I	J	K
2	姓名	性别	出生日期	民族	政治面貌	生源地	等差数列	等比数列	失败的分组	分组情况
3	周勇	男	1999/8/3	汉	共青团员	江苏省沭阳县	1	1	第1组	第一组
4	赵华	男	1998/8/26	汉	中共党员	天津市大港区	3	2	第2组	第二组
5	张洎岸	男	1997/12/11	汉	共青团员	江苏省宝应县	5	4	第3组	第三组
6	刘柳	女	1998/3/31	汉	中共党员	河南省焦作市	7	8	第4组	第四组
7	袁爱萍	女	1998/7/19	汉	共青团员	陕西省安康市	9	16	第5组	第一组
8	杨文东	男	1998/12/18	汉	共青团员	宁夏盐池县	11	32	第6组	第二组
9	杨天伯	男	1998/12/26	汉	共青团员	福建省漳州市	13	64	第7组	第三组
10	吴嘉	男	1998/8/3	汉	共青团员	北京市海淀区	15	128	第8组	第四组
11	壬申	女	1998/3/1	汉	团员	北京市顺义区	17	256	第9组	第一组
12	壬申	男	1998/3/9	汉	团员	山西省襄垣县	19	512	第10组	第二组
13	甲戌	女	2000/11/3	汉	团员	陕西省榆林市	21	1024	第11组	第三组
14	乙亥	男	1998/1/27	汉	团员	江苏省无锡市	23	2048	第12组	第四组
15	丙子	女	1997/9/8	汉	团员	陕西省宝鸡市	25	4096	第13组	第一组
16	丁丑	男	1998/3/24	汉	团员	江苏张家港市	27	8192	第14组	第二组
17	戊寅	男	1998/2/9	汉	团员	上海市浦东新区	29	16384	第15组	第三组
18	戊寅	女	1999/2/3	汉	群众	广州市番禺区沙湾镇	31	32768	第16组	第四组
19	庚辰	男	1998/7/12	汉	团员	江苏省靖江市	33	65536	第17组	第一组
20	辛巳	男	1998/11/26	汉	团员	贵州省贵阳市	35	131072	第18组	第二组
21	壬午	女	1998/5/14	汉	群众	江苏省南京市浦口区	37	262144	第19组	第三组
22	癸未	女	2000/1/8	汉	群众	海南省三亚市	39	524288	第20组	第四组
23	甲申	女	1998/11/18	汉	群众	江苏省南通市	41	1048576	第21组	第一组
24	乙酉	男	1999/11/10	汉	团员	辽宁省沈阳市	43	2097152	第22组	第二组
25										

Sheet1　Sheet2　Sheet3

图 3-36　用户自定义序列填充

说明如下：

① 自动填充方法还可完成诸如“一月”至“十二月”，“星期一”至“星期日”等“自定义序列”列表中已经定义的 11 种序列的填充；

② 自动填充也可以在行里完成。

步骤 10：按<Ctrl+S>组合键保存以上操作。

任务 15　调整行高、列宽

在工作簿“学生生源统计表.xlsx”的工作表“Sheet1”中进行以下操作。

步骤 1：调整一列的列宽。选定 E 列任意一个单元格，单击“开始”选项卡下“单元格”功能组中的“格式”下拉按钮，在弹出的下拉菜单中选择“列宽”菜单项，弹出“列宽”对话框。

步骤 2：在“列宽”对话框中的“列宽”文本框中输入“5”后，单击“确定”按钮，如图 3-37 所示，则 E 列的列宽调整至 5。

步骤 3：调整一行的行高。选定第 2 行的任意一个单元格，单击“开始”选项卡下“单元格”功能组中的“格式”下拉按钮，在弹出的下拉菜单中选择“行高”菜单项，弹出“行高”对话框。

步骤 4：在“行高”对话框中的“行高”文本框中输入“48”后，单击“确定”按钮，如图 3-38 所示，则第 2 行的行高调整至 48。

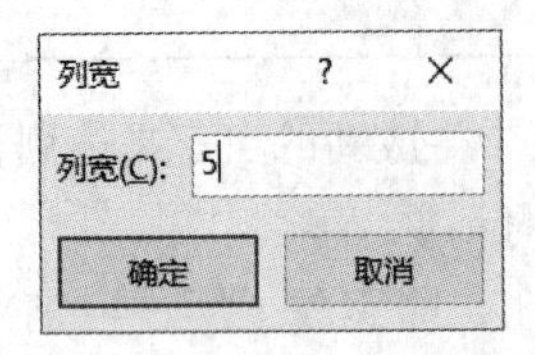

图 3-37 “列宽”对话框

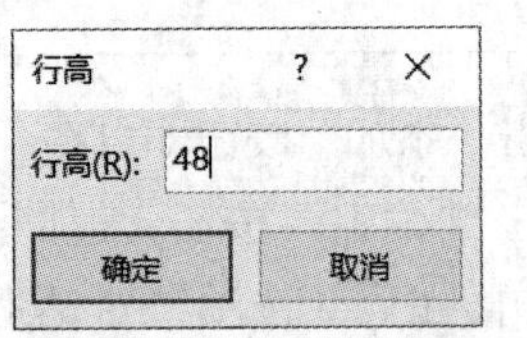

图 3-38 “行高”对话框

步骤 5：手动调整多行的行高。选定多行（在此选定第 3～24 行），将鼠标光标置于任意两行之间，例如，第 3 行与第 4 行两行号的交界线（第 3 行的行号下边线）上，当鼠标指针变为十字纵向双箭头“✛”时，按住左键（此时，在鼠标指针附近会显示行高数值）并上下拖曳即可手动调整多行的行高，将选定的第 3～24 行的行高调整为 18.00，如图 3-39 所示。

	A	B	C	D	E	F	G	H	I	J
2	学号	姓名	性别	出生日期	民族	政治面貌	生源地	等差数列	等比数列	失败的分组
3	20190801	[illegible]	男	1999/8/3	汉	共青团员	江苏省沭阳县	1	1	第1组
4	20190802	赵华	男	1998/8/26	汉	中共党员	天津市大港区	3	2	第2组
5	20190803	张泊岸	男	1997/12/11	汉	共青团员	江苏省宝应县	5	4	第3组
6	20190804	刘柳	女	1998/3/31	汉	中共党员	河南省焦作市	7	8	第4组
7	20190805	袁爱萍	女	1998/7/19	汉	共青团员	陕西省安康市	9	16	第5组
8	20190806	杨文东	男	1998/12/18	汉	共青团员	宁夏盐池县	11	32	第6组
9	20190807	杨天伯	男	1998/12/26	汉	共青团员	福建省漳州市	13	64	第7组
10	20190808	吴嘉	男	1998/8/3	汉	共青团员	北京市海淀区	15	128	第8组
11	20190809	壬申	女	1998/3/1	汉	团员	北京市顺义区	17	256	第9组
12	20190810	壬申	男	1998/3/9	汉	团员	山西省襄垣县	19	512	第10组
13	20190811	甲戌	女	2000/11/3	汉	团员	陕西省榆林市	21	1024	第11组
14	20190812	乙亥	男	1998/1/27	汉	团员	江苏省无锡市	23	2048	第12组
15	20190813	丙子	女	1997/9/8	汉	团员	陕西省宝鸡市	25	4096	第13组
16	20190814	丁丑	男	1998/3/24	汉	团员	江苏张家港市	27	8192	第14组
17	20190815	戊寅	男	1998/2/9	汉	团员	上海市浦东新区	29	16384	第15组
18	20190816	戊寅	女	1999/2/3	汉	群众	广州市番禺区沙湾镇	31	32768	第16组
19	20190817	庚辰	男	1998/7/12	汉	团员	江苏省靖江市	33	65536	第17组
20	20190818	辛巳	男	1998/11/26	汉	团员	贵州省贵阳市	35	131072	第18组

高度: 18.00 (30 像素)

Sheet1 Sheet2 Sheet3

图 3-39 手动调整多行的行高

步骤 6：按<Ctrl+S>组合键保存文档。

说明

手动调整多行行高的方法还可应用于调整多列的列宽。选定多列，将光标置于任意两列之间，当鼠标指针变为十字横向双箭头“✛”时，按住左键（此时，在鼠标指针附近会显示列宽数值）并左右拖曳即可手动调整多列的列宽。

任务 16 设置数据格式

在工作簿“学生生源统计表.xlsx”的工作表“Sheet1”中，设置 H 和 I 两列数据格式为：用千位分隔符显示并显示一位小数。具体的操作步骤如下。

步骤 1：选定单元格区域 H3:I24，在选定区域内单击鼠标右键，在弹出的快捷菜单中选择“设置单元格格式”菜单项，打开“设置单元格格式”对话框。

步骤 2：在“设置单元格格式”对话框中选择“数字”选项卡，并在其“分类”列表框中选择“数值”选项，在“小数位数”文本框中输入“1”，选中“使用千位分隔符”复选框，如图 3-40 所示。

图 3-40　选择“设置单元格格式”对话框中的“数值”选项

步骤 3：单击“确定”按钮，完成格式设置，效果显示如图 3-41 所示。

	A	B	C	D	E	F	G	H	I	J	K
1	学生生源统计表										
2	学号	姓名	性别	出生日期	民族	政治面貌	生源地	等差数列	等比数列	失败的分组	分组情况
3	20190801	周勇	男	1999/8/3	汉	共青团员	江苏省沭阳县	1.0	1.0	第1组	第一组
4	20190802	赵华	男	1998/8/26	汉	中共党员	天津市大港区	3.0	2.0	第2组	第二组
5	20190803	张泊岸	男	1997/12/11	汉	共青团员	江苏省宝应县	5.0	4.0	第3组	第三组
6	20190804	刘柳	女	1998/3/31	汉	中共党员	河南省焦作市	7.0	8.0	第4组	第四组
7	20190805	袁爱萍	女	1998/7/19	汉	共青团员	陕西省安康市	9.0	16.0	第5组	第一组
8	20190806	杨文东	男	1998/12/18	汉	共青团员	宁夏盐池县	11.0	32.0	第6组	第二组
9	20190807	杨天伯	男	1998/12/26	汉	共青团员	福建省漳州市	13.0	64.0	第7组	第三组
10	20190808	吴嘉	男	1998/8/3	汉	共青团员	北京市海淀区	15.0	128.0	第8组	第四组
11	20190809	壬申	女	1998/3/1	汉	团员	北京市顺义区	17.0	256.0	第9组	第一组
12	20190810	壬申	男	1998/3/9	汉	团员	山西省襄垣县	19.0	512.0	第10组	第二组
13	20190811	甲戌	女	2000/11/3	汉	团员	陕西省榆林市	21.0	1,024.0	第11组	第三组
14	20190812	乙亥	男	1998/1/27	汉	团员	江苏省无锡市	23.0	2,048.0	第12组	第四组
15	20190813	丙子	女	1997/9/8	汉	团员	陕西省宝鸡市	25.0	4,096.0	第13组	第一组
16	20190814	丁丑	男	1998/3/24	汉	团员	江苏张家港市	27.0	8,192.0	第14组	第二组
17	20190815	戊寅	男	1998/2/9	汉	团员	上海市浦东新区	29.0	16,384.0	第15组	第三组
18	20190816	戊寅	女	1999/2/3	汉	群众	广州市番禺区沙湾镇	31.0	32,768.0	第16组	第四组
19	20190817	庚辰	男	1998/7/12	汉	团员	江苏省靖江市	33.0	65,536.0	第17组	第一组
20	20190818	辛巳	男	1998/11/26	汉	团员	贵州省贵阳市	35.0	#########	第18组	第二组
21	20190819	壬午	女	1998/5/14	汉	群众	江苏省南京市浦口区	37.0	#########	第19组	第三组
22	20190820	癸未	女	2000/1/8	汉	群众	海南省三亚市	39.0	#########	第20组	第四组
23	20190821	甲申	女	1998/11/18	汉	群众	江苏省南通市	41.0	#########	第21组	第一组
24	20190822	乙酉	男	1999/11/10	汉	团员	辽宁省沈阳市	43.0	#########	第22组	第二组
25											

Sheet1　Sheet2　Sheet3

图 3-41　格式设置效果显示

图 3-41 的单元格区域 I20:I24 显示为“######”，这是因为列宽不够的缘故，这时用户可以单击“开始”选项卡下“单元格”功能组中的“格式”下拉按钮，并在弹出的下拉菜单中选择“自动调整列宽”菜单项。

任务 17 设置日期格式

设置 D 列的日期格式为××××年×月×日（如 2012 年 3 月 14 日），其操作步骤如下。

步骤 1：选定单元格区域 D3:D24。

步骤 2：按上述方法打开“设置单元格格式”对话框。

步骤 3：在“设置单元格格式”对话框中选择“数字”选项卡，并在其“分类”列表框中选择“日期”选项，在“类型”列表框中选择“*2012 年 3 月 14 日”选项，如图 3-42 所示。

步骤 4：单击“确定”按钮，自动调整列宽后完成格式设置，效果显示如图 3-43 所示。

步骤 5：按<Ctrl+S>组合键保存文档。

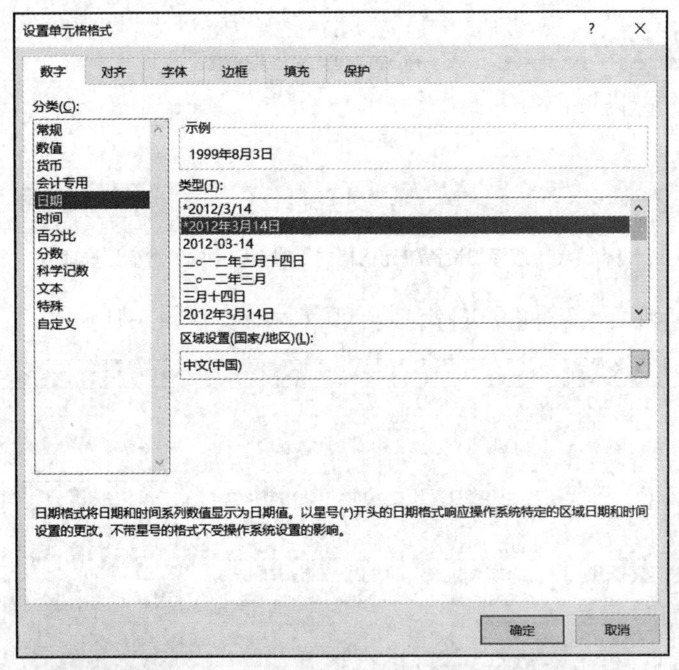

图 3-42 选择“设置单元格格式”对话框中的“日期”选项

	A	B	C	D	E	F	G
1	学生生源统计表						
2	学号	姓名	性别	出生日期	民族	政治面貌	生源地
3	20190801	周勇	男	1999年8月3日	汉	共青团员	江苏省沭阳县
4	20190802	赵华	男	1998年8月26日	汉	中共党员	天津市大港区
5	20190803	张泊岸	男	1997年12月11日	汉	共青团员	江苏省宝应县
6	20190804	刘柳	女	1998年3月31日	汉	中共党员	河南省焦作市
7	20190805	袁爱萍	女	1998年7月19日	汉	共青团员	陕西省安康市
8	20190806	杨文东	男	1998年12月18日	汉	共青团员	宁夏盐池县
9	20190807	杨天伯	男	1998年12月26日	汉	共青团员	福建省漳州市

图 3-43 日期格式设置效果

任务 18　设置表格标题格式

在工作簿“学生生源统计表.xlsx”的工作表“Sheet1”中，设置表格标题对齐方式为合并后居中，文本数据单元格水平居中并缩小字体填充，具体的操作步骤如下。

步骤 1：选定单元格区域 A1:K1，单击“开始”选项卡下“对齐方式”功能组中的“合并后居中”命令按钮，即可完成表格标题合并单元格并居中显示，结果如图 3-44 所示。

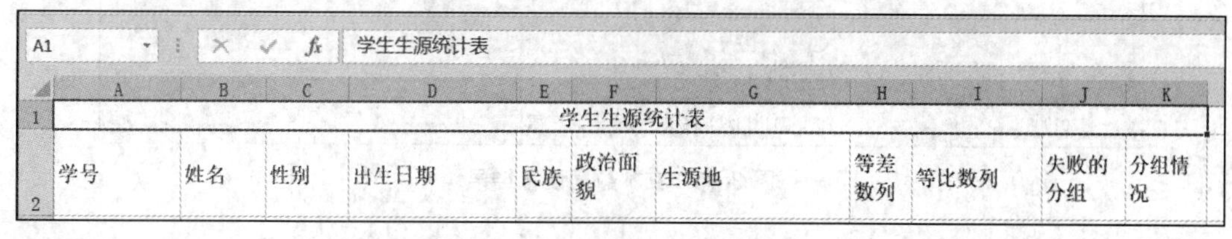

图 3-44　将表格标题“合并后居中”

步骤 2：选定单元格区域 A2:K2、B3:C24、E3:G24、J3:K4（方法是先选定区域 A2:K2，之后按住<Ctrl>键，再分别选定 B3:C24、E3:G24 和 J3:K24，然后释放<Ctrl>键）。

步骤 3：在选定的单元格区域单击鼠标右键，在弹出的快捷菜单选择“设置单元格格式”菜单项，弹出“设置单元格格式”对话框。

步骤 4：在“设置单元格格式”对话框中选择“对齐”选项卡，并在其“水平对齐”列表中选择“居中”选项，在“文本控制”区域选中“缩小字体填充”复选框，如图 3-45 所示。单击“确定”按钮完成格式设置，效果显示如图 3-46 所示。

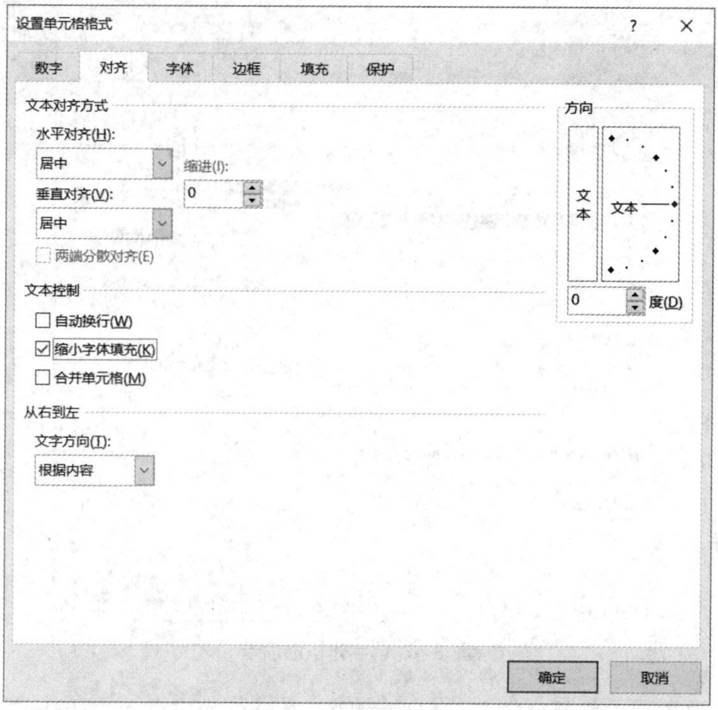

图 3-45　“对齐”选项卡

步骤 5：按<Ctrl+S>组合键保存文档。

	A	B	C	D	E	F	G	H	I	J	K
1	学生生源统计表										
2	学号	姓名	性别	出生日期	民族	政治面貌	生源地	等差数列	等比数列	失败的分组	分组情况
3	20190801	周勇	男	1999年8月3日	汉	共青团员	江苏省沭阳县	1.0	1.0	第1组	第一组
4	20190802	赵华	男	1998年8月26日	汉	中共党员	天津市大港区	3.0	2.0	第2组	第二组
5	20190803	张泊岸	男	1997年12月11日	汉	共青团员	江苏省宝应县	5.0	4.0	第3组	第三组
6	20190804	刘柳	女	1998年3月31日	汉	中共党员	河南省焦作市	7.0	8.0	第4组	第四组
7	20190805	袁爱萍	女	1998年7月19日	汉	共青团员	陕西省安康市	9.0	16.0	第5组	第一组
8	20190806	杨文东	男	1998年12月18日	汉	共青团员	宁夏盐池县	11.0	32.0	第6组	第二组
9	20190807	杨天伯	男	1998年12月26日	汉	共青团员	福建省漳州市	13.0	64.0	第7组	第三组
10	20190808	吴嘉	男	1998年8月3日	汉	共青团员	北京市海淀区	15.0	128.0	第8组	第四组
11	20190809	壬申	女	1998年3月1日	汉	团员	北京市顺义区	17.0	256.0	第9组	第一组
12	20190810	壬申	男	1998年3月9日	汉	团员	山西省襄垣县	19.0	512.0	第10组	第二组
13	20190811	甲戌	女	2000年11月3日	汉	团员	陕西省榆林市	21.0	1,024.0	第11组	第三组

图 3-46 文本数据设置结果

任务 19 修饰表格标题

在工作簿“学生生源统计表.xlsx”的工作表“Sheet1”中，修饰表格标题，设置字体为“隶书”、字形为“加粗”、字号为“24”、字体颜色为“黑色”，并为单元格添加背景颜色为“浅蓝”、底纹图案样式为“6.25%灰色”，具体的操作步骤如下。

步骤 1：选定表格标题单元格 A1，在选定的单元格内单击鼠标右键，在弹出的快捷菜单中选择“设置单元格格式”菜单项，打开“设置单元格格式”对话框。

步骤 2：在“设置单元格格式”对话框中选择“字体”选项卡，设置字体为“隶书”、字形为“加粗”、字号为“24”、字体颜色为“自动”，如图 3-47 所示。

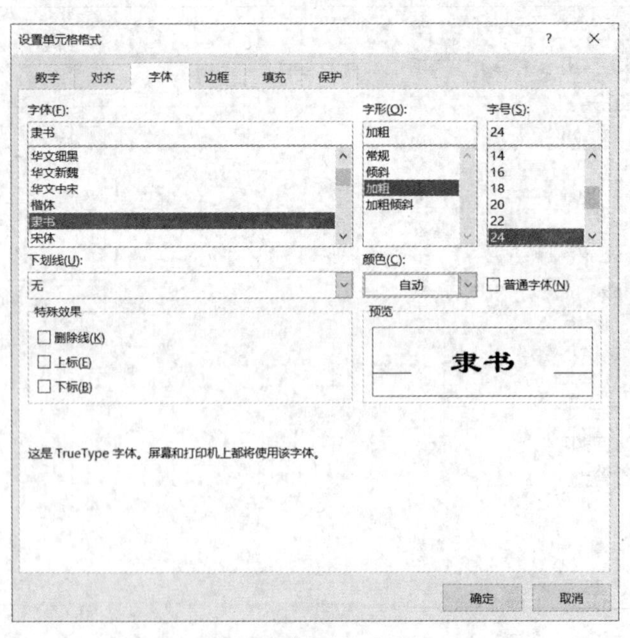

图 3-47 “字体”选项卡

步骤 3：在“设置单元格格式”对话框中选择“填充”选项卡，并在其“背景色”色块中选择“浅蓝”（在标准色块组的右边第 4 色），在“图案样式”列表中选择“6.25%灰色”选项，如图 3-48 所示。单击“确定”按钮完成设置。

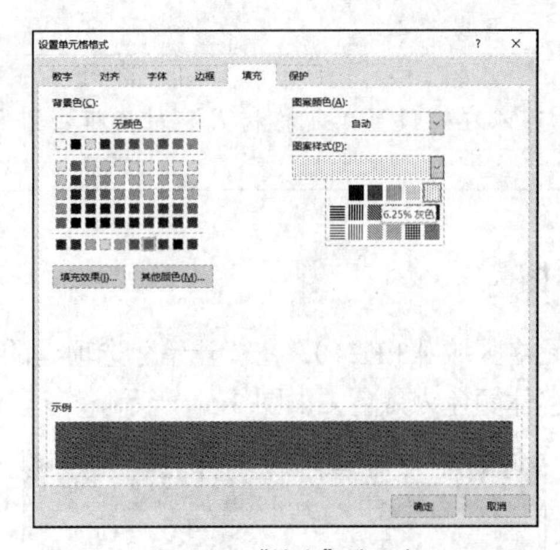

图 3-48 “填充”选项卡

任务 20　修饰表格标题行

修饰表格标题行，设置字体为“楷体”、字形为“加粗”、字号为“16”、字体颜色为“黑色”，并为单元格添加背景颜色为“浅黄色”，具体的操作步骤如下。

步骤 1：选定表格标题行的单元格区域 A2:K2，选择“开始”选项卡，在“字体”功能组中按照上述要求设置字体、字号、字形及字体颜色，如图 3-49 所示。

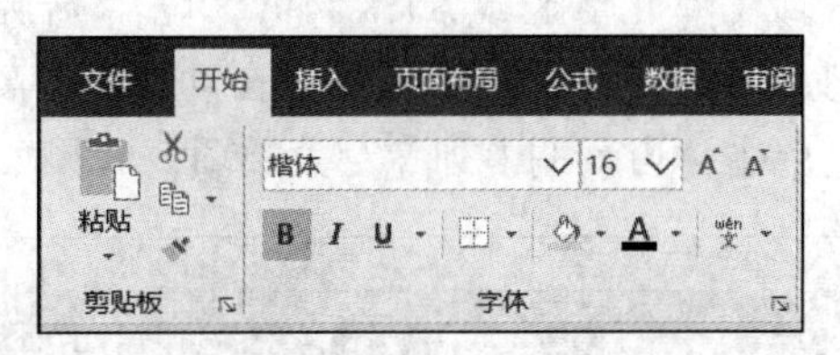

图 3-49　表格标题行的格式设置

步骤 2：在图 3-49 所示的“字体”功能组中，单击“填充颜色”下拉按钮，在弹出的下拉列表中选择“其他颜色”选项，弹出“颜色”对话框。

步骤 3：在“颜色”对话框中选择“自定义”选项卡并设置红色为 255、绿色为 255、蓝色为 150，如图 3-50 所示。单击“确定”按钮完成设置。

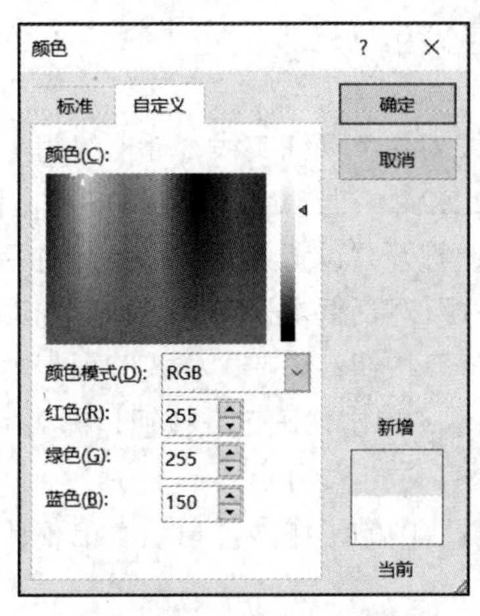

图 3-50 “颜色”对话框

上述设置也可以在“设置单元格格式”对话框中进行设置。

任务 21　修饰表格中的数据

选定整个表格区域（单元格区域 A3:K24），在“开始”选项卡的“字体”功能组中设置字体为“宋体”、字号为“12”、字体颜色为黑色，如图 3-51 所示。

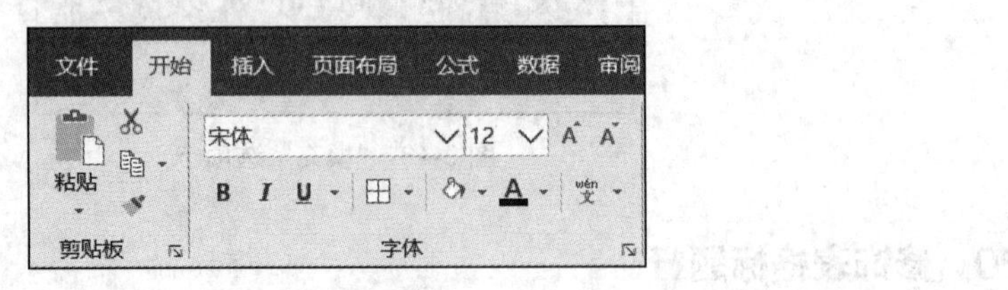

图 3-51　设置字体

任务 22　调整表格行高和列宽

调整表格行高和列宽的操作步骤如下。

步骤 1：选定整个表格区域（单元格区域 A1:K24），单击“开始”选项卡下“单元格”功能组中的“格式”下拉按钮，在弹出的下拉菜单中选择“自动调整行高”菜单项。

步骤 2：参照同上操作，单击“自动调整列宽”菜单项，结果如图 3-52 所示。

	A	B	C	D	E	F	G	H	I	J	K
1	学生生源统计表										
2	学号	姓名	性别	出生日期	民族	政治面貌	生源地	等差数列	等比数列	失败的分组	分组情况
3	20190801	周勇	男	1999年8月3日	汉	共青团员	江苏省沭阳县	1.0	1.0	第1组	第一组
4	20190802	赵华	男	1998年8月26日	汉	中共党员	天津市大港区	3.0	2.0	第2组	第二组
5	20190803	张泊岸	男	1997年12月11日	汉	共青团员	江苏省宝应县	5.0	4.0	第3组	第三组
6	20190804	刘柳	女	1998年3月31日	汉	中共党员	河南省焦作市	7.0	8.0	第4组	第四组
7	20190805	袁爱萍	女	1998年7月19日	汉	共青团员	陕西省安康市	9.0	16.0	第5组	第一组
8	20190806	杨文东	男	1998年12月18日	汉	共青团员	宁夏盐池县	11.0	32.0	第6组	第二组
9	20190807	杨天伯	男	1998年12月26日	汉	共青团员	福建省漳州市	13.0	64.0	第7组	第三组

图 3-52　自动调整行高和列宽的结果

任务 23　设置表格边框

设置表格（不含标题）内框线为绿色双细实线，外框线为黑色粗框线，其操作步骤如下。

步骤 1：选定单元格区域 A2:K24，在选定的单元格内单击鼠标右键，在弹出的快捷菜单中选择“设置单元格格式”菜单项，打开“设置单元格格式”对话框。

步骤 2：在“设置单元格格式”对话框中选择“边框”选项卡，在“样式”列表中选择粗实线，颜色选择黑色，单击“外边框”按钮；再在“样式”列表中选择双细实线，颜色选择绿色，单击“内部”按钮。如图 3-53 所示，单击“确定”按钮，即可完成边框线的添加。

步骤 3：按<Ctrl+S>组合键保存文档。

工作簿“学生生源统计表.xlsx”中的工作表“学生生源统计表”经上述操作后，最终效果如图 3-54 所示。

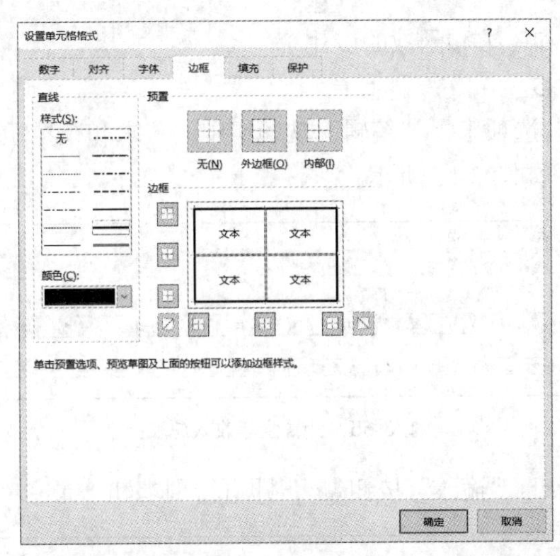

图 3-53 “设置单元格格式”对话框“边框”选项卡

学生生源统计表

学号	姓名	性别	出生日期	民族	政治面貌	生源地	等差数列	等比数列	失败的分组	分组情况
20190801	周勇	男	1999年8月3日	汉	共青团员	江苏省沭阳县	1.0	1.0	第1组	第一组
20190802	赵华	男	1998年8月26日	汉	中共党员	天津市大港区	3.0	2.0	第2组	第二组
20190803	张泊岸	男	1997年12月11日	汉	共青团员	江苏省宝应县	5.0	4.0	第3组	第三组
20190804	刘柳	女	1998年3月31日	汉	中共党员	河南省焦作市	7.0	8.0	第4组	第四组
20190805	袁爱萍	女	1998年7月19日	汉	共青团员	陕西省安康市	9.0	16.0	第5组	第一组
20190806	杨文东	男	1998年12月18日	汉	共青团员	宁夏盐池县	11.0	32.0	第6组	第二组
20190807	杨天伯	男	1998年12月26日	汉	共青团员	福建省漳州市	13.0	64.0	第7组	第三组
20190808	吴嘉	男	1998年8月3日	汉	共青团员	北京市海淀区	15.0	128.0	第8组	第四组
20190809	壬申	女	1998年3月1日	汉	团员	北京市顺义区	17.0	256.0	第9组	第一组
20190810	壬申	男	1998年3月9日	汉	团员	山西省襄垣县	19.0	512.0	第10组	第二组
20190811	甲戌	女	2000年11月3日	汉	团员	陕西省榆林市	21.0	1,024.0	第11组	第三组
20190812	乙亥	男	1998年1月27日	汉	团员	江苏省无锡市	23.0	2,048.0	第12组	第四组
20190813	丙子	女	1997年9月8日	汉	团员	陕西省宝鸡市	25.0	4,096.0	第13组	第一组
20190814	丁丑	男	1998年3月24日	汉	团员	江苏张家港市	27.0	8,192.0	第14组	第二组
20190815	戊寅	男	1998年2月9日	汉	团员	上海市浦东新区	29.0	16,384.0	第15组	第三组
20190816	戊寅	女	1999年2月3日	汉	群众	广州市番禺区沙湾镇	31.0	32,768.0	第16组	第四组
20190817	庚辰	男	1998年7月12日	汉	团员	江苏省靖江市	33.0	65,536.0	第17组	第一组
20190818	辛巳	男	1998年11月26日	汉	团员	贵州省贵阳市	35.0	131,072.0	第18组	第二组
20190819	壬午	女	1998年5月14日	汉	群众	江苏省南京市浦口区	37.0	262,144.0	第19组	第三组
20190820	癸未	女	2000年1月8日	汉	群众	海南省三亚市	39.0	524,288.0	第20组	第四组
20190821	甲申	女	1998年11月18日	汉	群众	江苏省南通市	41.0	1,048,576.0	第21组	第一组
20190822	乙酉	男	1999年11月10日	汉	团员	辽宁省沈阳市	43.0	2,097,152.0	第22组	第二组

图 3-54　实验一的最终效果

实验 2　函数的应用

【实验目的】

- 掌握公式输入和粘贴的方法。
- 掌握公式中常用的运算符的使用方法。
- 掌握相对地址和绝对地址的引用方法。
- 掌握常用函数的形式、格式、参数、功能和运用方法。
- 掌握条件格式的设置方法。

【实验内容与步骤】

任务 1　计算收入总和

打开素材库中的工作簿“个人预算表.xlsx”，在工作表“个人预算”中进行以下操作，计算

12 个月的“工资”收入总和（求和函数的应用）。

步骤 1：选定单元格 N5。

步骤 2：单击“开始”选项卡下“编辑”功能组中的“求和”按钮Σ，即在单元格 N5 中输入公式“=SUM(B5:M5)”，如图 3-55 所示。

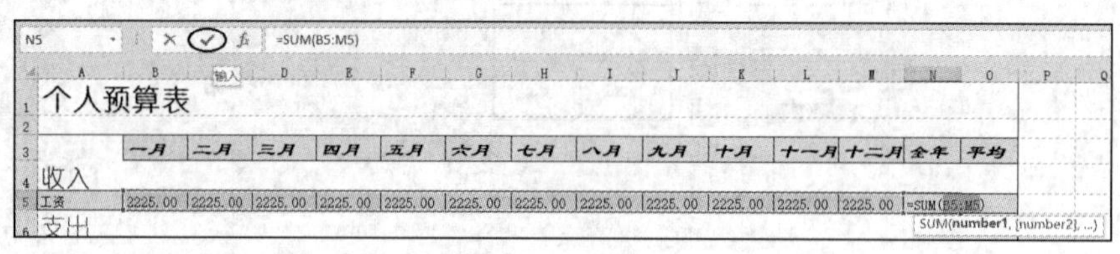

N5 =SUM(B5:M5)

	A	B	C	D	E	F	G	H	I	J	K	L	M	N	O
1	个人预算表														
2															
3		一月	二月	三月	四月	五月	六月	七月	八月	九月	十月	十一月	十二月	全年	平均
4	收入														
5	工资	2225.00	2225.00	2225.00	2225.00	2225.00	2225.00	2225.00	2225.00	2225.00	2225.00	2225.00	2225.00	=SUM(B5:M5)	
6	支出														

图 3-55 计算全年收入总和

步骤 3：单击编辑栏中的“输入”按钮✔，即可得到求和结果。

若是单元格中出现了“#######”，就表示该单元格的列的宽度不能完全显示数据，调整列宽即可。

- “求和”按钮可用于行数据的求和，也可用于列数据的求和。但要注意选定存放结果的单元格，否则默认列求和。
- “求和”按钮旁的下拉列表中另有平均值、计数、最大值、最小值等多种选择，可进行快速运算。
- 使用“求和”按钮只能计算连续区域内的数据。

任务 2 计算总支出

计算 12 个月的“固定电话”总支出（用复制公式的方法）的操作步骤如下。

步骤 1：选定单元格 N5，按<Ctrl+C>组合键复制。此时单元格 N5 出现流动虚线框。

步骤 2：选定单元格 N8，按<Ctrl+V>组合键粘贴数据，再单击单元格 N8 旁的“粘贴选项”下拉按钮(Ctrl)，在弹出的下拉列表中选择“公式”选项，如图 3-56 所示。

N8 =SUM(B8:M8)

	H	I	J	K	L	M	N	O
2								
3	七月	八月	九月	十月	十一月	十二月	全年	平均
4								
5	2225.00	2225.00	2225.00	2225.00	2225.00	2225.00	26700.00	
6								
7								
8	21.00	32.00	45.00	56.00	76.00	19.00	652.00	
9	12.00	12.00	42.00	40.00	84.00	29.00		
10	52.00	26.00	66.00	21.00	44.00	18.00		
11	0.00	0.00	0.00	0.00	0.00	638.00		
12								
13								
14	78.00	536.00	895.00	458.00	107.00	56.00		
15	94.00	6.00	86.00	9.00	99.00	13.00		
16	84.00	4.00	36.00	77.00	7.00	25.00		
17								
18								
19	20.00	20.00	20.00	20.00	20.00	20.00		

(Ctrl)
粘贴
粘贴数值
其他粘贴选项

图 3-56 “粘贴”下拉列表

任务 3　求各项全年总支出

用填充方式求“家庭”各项全年总支出，选定单元格 N8，将光标置于单元格 N8 的填充柄处，拖曳至单元格 N11，即可完成操作，效果如图 3-57 所示。

N8　=SUM(B8:M8)

	H	I	J	K	L	M	N	O
2								
3	七月	八月	九月	十月	十一月	十二月	全年	平均
4								
5	2225.00	2225.00	2225.00	2225.00	2225.00	2225.00	26700.00	
6								
7								
8	21.00	32.00	45.00	56.00	76.00	19.00	652.00	
9	12.00	12.00	42.00	40.00	84.00	29.00	445.00	
10	52.00	26.00	66.00	21.00	44.00	18.00	316.00	
11	0.00	0.00	0.00	0.00	0.00	638.00	2203.00	
12								
13								

图 3-57　自动填充输入公式

不连续的区域，不能使用自动填充的方式输入公式。

当复制单元格的公式到目标单元格时，相对地址引用的地址会发生改变，而绝对地址引用的地址不会改变。如上面所述的操作中单元格 N5 中的公式为“=SUM(B5:M5)”，将其复制到单元格 N8 时，单元格 N8 的公式会变为“=SUM(B8:M8)”。

任务 4　计算各月份及全年的支出合计

若要计算“家庭”各月份及全年的支出合计，可先选定单元格区域 B12:N12，再单击“开始”选项卡下“编辑”功能组中的“求和”按钮 Σ，即可在单元格区域 B12:N12 求得一月份至十二月份的“家庭”支出合计结果，如图 3-58 所示。

B12　=SUM(B8:B11)

	A	B	C	D	E	F	G	H	I	J	K	L	M	N	O
2															
3		一月	二月	三月	四月	五月	六月	七月	八月	九月	十月	十一月	十二月	全年	平均
4	收入														
5	工资	2225.00	2225.00	2225.00	2225.00	2225.00	2225.00	2225.00	2225.00	2225.00	2225.00	2225.00	2225.00	26700.00	
6	支出														
7	家庭														
8	固定电话	81.00	61.00	16.00	95.00	67.00	83.00	21.00	32.00	45.00	56.00	76.00	19.00	652.00	
9	移动电话	81.00	56.00	9.00	27.00	1.00	52.00	12.00	12.00	42.00	40.00	84.00	29.00	445.00	
10	水、电、气	2.00	12.00	8.00	17.00	5.00	45.00	52.00	26.00	66.00	21.00	44.00	18.00	316.00	
11	取暖	669.00	797.00	58.00	41.00	0.00	0.00	0.00	0.00	0.00	0.00	0.00	638.00	2203.00	
12	合计	833.00	926.00	91.00	180.00	73.00	180.00	85.00	70.00	153.00	117.00	204.00	704.00	3616.00	

图 3-58　“家庭”各月份及全年的支出合计

任务 5　计算其他支出合计

计算其他支出合计的操作步骤如下。

步骤 1：选定单元格区域 B14:N17，单击“开始”选项卡下“编辑”功能组中的“求和”按钮 Σ，得出“生活”类中各项支出的全年合计。

步骤 2：使用相同方法，计算出“娱乐”“医疗”等各类支出各月份及全年的合计，结果如图 3-59 所示。

	A	B	C	D	E	F	G	H	I	J	K	L	M	N	O
1	个人预算表														
2															
3		一月	二月	三月	四月	五月	六月	七月	八月	九月	十月	十一月	十二月	全年	平均
4	收入														
5	工资	2225.00	2225.00	2225.00	2225.00	2225.00	2225.00	2225.00	2225.00	2225.00	2225.00	2225.00	2225.00	26700.00	
6	支出														
7	家庭														
8	固定电话	81.00	61.00	16.00	95.00	67.00	83.00	21.00	32.00	45.00	56.00	76.00	19.00	652.00	
9	移动电话	81.00	56.00	9.00	27.00	1.00	52.00	12.00	12.00	42.00	40.00	84.00	29.00	445.00	
10	水、电、气	2.00	12.00	8.00	17.00	5.00	45.00	52.00	26.00	66.00	21.00	44.00	18.00	316.00	
11	取暖	669.00	797.00	58.00	41.00	0.00	0.00	0.00	0.00	0.00	0.00	0.00	638.00	2203.00	
12	合计	833.00	926.00	91.00	180.00	73.00	180.00	85.00	70.00	153.00	117.00	204.00	704.00	3616.00	
13	生活														
14	食品	787.00	403.00	0.00	466.00	30.00	841.00	78.00	536.00	895.00	458.00	107.00	56.00	4657.00	
15	家居用品	50.00	68.00	96.00	85.00	9.00	60.00	94.00	6.00	86.00	9.00	99.00	13.00	675.00	
16	外出就餐	47.00	94.00	68.00	61.00	86.00	32.00	84.00	4.00	36.00	77.00	7.00	25.00	621.00	
17	合计	884.00	565.00	164.00	612.00	125.00	933.00	256.00	546.00	1017.00	544.00	213.00	94.00	5953.00	
18	娱乐														
19	有线电视	20.00	20.00	20.00	20.00	20.00	20.00	20.00	20.00	20.00	20.00	20.00	20.00	240.00	
20	音像制品	62.00	9.00	15.00	70.00	27.00	55.00	78.00	68.00	85.00	73.00	71.00	52.00	665.00	
21	电影/演出	46.00	95.00	21.00	46.00	63.00	38.00	2.00	51.00	37.00	15.00	70.00	90.00	574.00	
22	合计	128.00	124.00	56.00	136.00	110.00	113.00	100.00	139.00	142.00	108.00	161.00	162.00	1479.00	
23	医疗														
24	医疗保险	45.00	45.00	45.00	45.00	45.00	45.00	45.00	45.00	45.00	45.00	45.00	45.00	540.00	
25	看病吃药	95.00	93.00	76.00	0.00	0.00	0.00	0.00	0.00	0.00	66.00	0.00	0.00	330.00	
26	合计	140.00	138.00	121.00	45.00	45.00	45.00	45.00	45.00	45.00	111.00	45.00	45.00	870.00	
27	交通														
28	车船机票	836.00	430.00	366.00	594.00	909.00	149.00	300.00	555.00	251.00	280.00	17.00	957.00	5644.00	
29	保险费	10.00	10.00	10.00	10.00	0.00	0.00	0.00	0.00	0.00	10.00	0.00	0.00	50.00	
30	合计	846.00	440.00	376.00	604.00	909.00	149.00	300.00	555.00	251.00	290.00	17.00	957.00	5694.00	
31	学习														
32	报纸	20.00	20.00	20.00	20.00	20.00	20.00	20.00	20.00	20.00	20.00	20.00	20.00	240.00	
33	上网	50.00	50.00	50.00	50.00	50.00	50.00	50.00	50.00	50.00	50.00	50.00	50.00	600.00	
34	合计	70.00	70.00	70.00	70.00	70.00	70.00	70.00	70.00	70.00	70.00	70.00	70.00	840.00	
35	个人														
36	衣物	137.00	890.00	100.00	72.00	6.00	0.00	707.00	544.00	0.00	0.00	0.00	750.00	3206.00	
37	美容美发	38.00	55.00	99.00	47.00	37.00	50.00	5.00	2.00	34.00	58.00	54.00	59.00	538.00	
38	合计	175.00	945.00	199.00	119.00	43.00	50.00	712.00	546.00	34.00	58.00	54.00	809.00	3744.00	

图 3-59　各类支出全年合计结果

任务 6　计算各月份及全年的支出总计

计算各月份及全年的支出总计的操作步骤如下。

步骤 1：选定单元格 B41，单击“开始”选项卡下“编辑”功能组中的“求和”按钮 Σ。

步骤 2：按住<Ctrl>键，依次单击单元格 B38、B12、B17、B22、B26、B30、B34，观察编辑栏中公式为“=SUM(B38,B12,B17,B22,B26,B30,B34)”，如图 3-60 所示。按<Enter>键或单击编辑栏中的“输入”按钮 ✔，则可得出一月份全部支出总计。

步骤 3：再选定单元格 B41，拖曳填充柄至单元格 N41，则可得出各月份及全年的支出总计，结果如图 3-61 所示。

B34　=SUM(B38,B12,B17,B22,B26,B30,B34)

	A	B	C	D	E	F	G	H
7	家庭							
8	固定电话	81.00	61.00	16.00	95.00	67.00	83.00	21.00
9	移动电话	81.00	56.00	9.00	27.00	1.00	52.00	12.00
10	水、电、气	2.00	12.00	8.00	17.00	5.00	45.00	52.00
11	取暖	669.00	797.00	58.00	41.00	0.00	0.00	0.00
12	合计	833.00	926.00	91.00	180.00	73.00	180.00	85.00
13	生活							
14	食品	787.00	403.00	0.00	466.00	30.00	841.00	78.00
15	家居用品	50.00	68.00	96.00	85.00	9.00	60.00	94.00
16	外出就餐	47.00	94.00	68.00	61.00	86.00	32.00	84.00
17	合计	884.00	565.00	164.00	612.00	125.00	933.00	256.00
18	娱乐							
19	有线电视	20.00	20.00	20.00	20.00	20.00	20.00	20.00
20	音像制品	62.00	9.00	15.00	70.00	27.00	55.00	78.00
21	电影/演出	46.00	95.00	21.00	46.00	63.00	38.00	2.00
22	合计	128.00	124.00	56.00	136.00	110.00	113.00	100.00
23	医疗							
24	医疗保险	45.00	45.00	45.00	45.00	45.00	45.00	45.00
25	看病吃药	95.00	93.00	76.00	0.00	0.00	0.00	0.00
26	合计	140.00	138.00	121.00	45.00	45.00	45.00	45.00
27	交通							
28	车船机票	836.00	430.00	366.00	594.00	909.00	149.00	300.00
29	保险费	10.00	10.00	10.00	10.00	0.00	0.00	0.00
30	合计	846.00	440.00	376.00	604.00	909.00	149.00	300.00
31	学习							
32	报纸	20.00	20.00	20.00	20.00	20.00	20.00	20.00
33	上网	50.00	50.00	50.00	50.00	50.00	50.00	50.00
34	合计	70.00	70.00	70.00	70.00	70.00	70.00	70.00
35	个人							
36	衣物	137.00	890.00	100.00	72.00	6.00	0.00	707.00
37	美容美发	38.00	55.00	99.00	47.00	37.00	50.00	5.00
38	合计	175.00	945.00	199.00	119.00	43.00	50.00	712.00
39								
40		一月	二月	三月	四月	五月	六月	七月
41	支出总计	=SUM(B38,B12,B17,B22,B26,B30,B34)						

图 3-60　不连续区域求和

	A	B	C	D	E	F	G	H	I	J	K	L	M	N	O
40		一月	二月	三月	四月	五月	六月	七月	八月	九月	十月	十一月	十二月	全年	平均
41	支出总计	3076.00	3208.00	1077.00	1766.00	1375.00	1540.00	1568.00	1971.00	1712.00	1298.00	764.00	2841.00	22196.00	
42	收支合计														

图 3-61　各月份及全年的支出总计

任务 7　计算各月份及全年的收支合计

计算各月份及全年的收支合计的操作步骤如下。

步骤 1：选定单元格 B42，输入公式“= B5-B41”。按<Enter>键或单击数据编辑栏中的“输入”按钮 ✔，则可得出一月份的收支合计。

步骤 2：再选定单元格 B42，拖曳填充柄至单元格 N42，则可得出各月份及全年的收支合计，结果如图 3-62 所示。

	A	B	C	D	E	F	G	H	I	J	K	L	M	N	O
40		一月	二月	三月	四月	五月	六月	七月	八月	九月	十月	十一月	十二月	全年	平均
41	支出总计	3076.00	3208.00	1077.00	1766.00	1375.00	1540.00	1568.00	1971.00	1712.00	1298.00	764.00	2841.00	22196.00	
42	收支合计	-851.00	-983.00	1148.00	459.00	850.00	685.00	657.00	254.00	513.00	927.00	1461.00	-616.00	4504.00	

图 3-62　各月份及全年的收支合计

步骤 3：按<Ctrl+S>组合键保存文档。

任务 8　计算全年的月平均收入

平均值函数的应用：计算全年的月平均收入（只保留整数部分）的操作步骤如下。

步骤 1：选定单元格 O5，单击“公式”选项卡下“函数库”功能组中的“数学和三角函数”

下拉按钮，在弹出的下拉菜单中选择“INT”选项，弹出“函数参数”对话框。

步骤 2：单击名称框右边的下拉按钮▾，在弹出的下拉菜单中选择“其他函数”菜单项，如图 3-63 所示，弹出“插入函数”对话框。

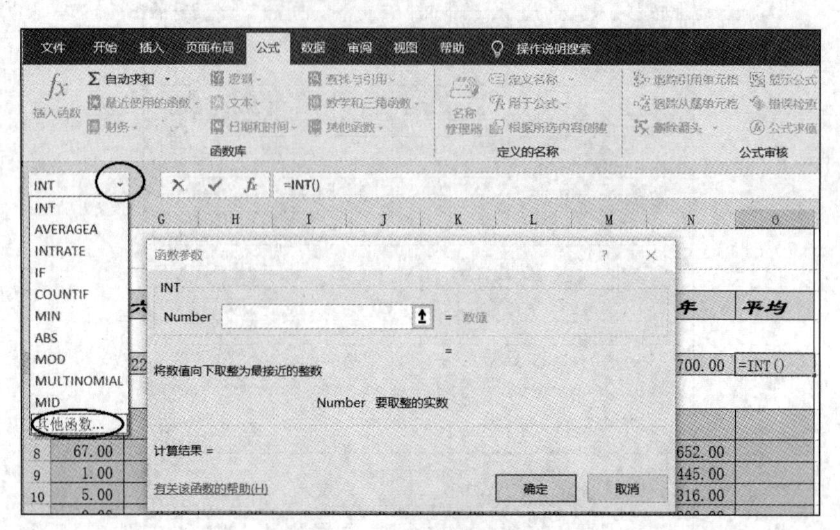

图 3-63　嵌套函数添加方法

步骤 3：在“插入函数”对话框中选择类别为“统计”，在“选择函数”列表框中选择“AVERAGE”选项，如图 3-64 所示，单击“确定”按钮，弹出“函数参数”对话框。

步骤 4：单击单元格 B5，并拖曳至 M5 单元格，引用单元格区域 B5:M5，如图 3-65 所示，编辑输入框中出现的嵌套函数“=INT(AVERAGE(B5:M5))”，单击“确定”按钮，单元格 O5 则得到了全年的月平均收入值。

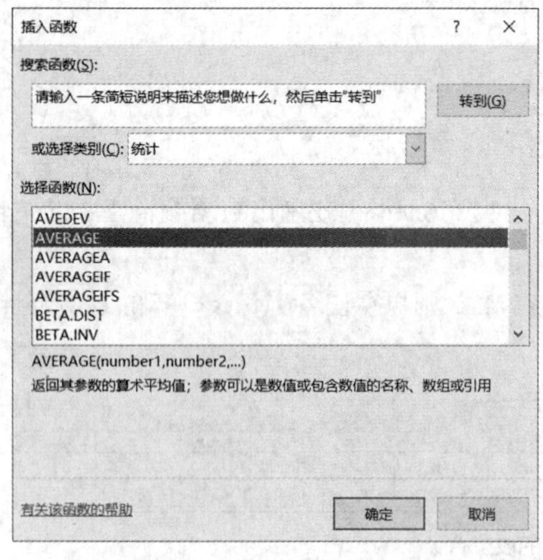

图 3-64　“插入函数”对话框

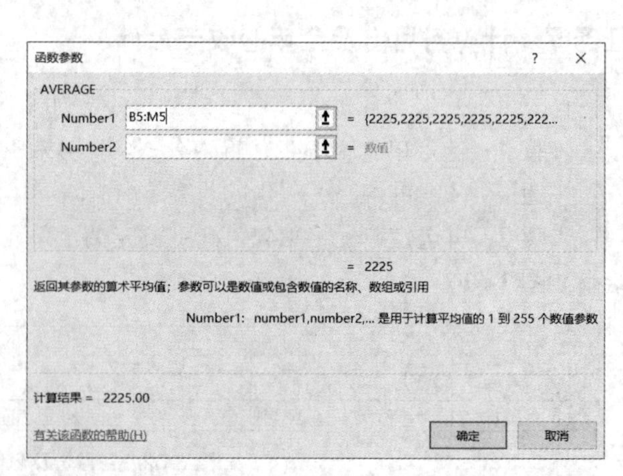

图 3-65　嵌套函数中的求平均值“函数参数”对话框

用户也可以直接在单元格 O5 中输入函数“=INT(AVERAGE(B5:M5))”以替换上述操作。

但对初学者来说，输入函数时可以使用函数向导进行输入。函数向导会对函数及函数参数给出提示，方便用户输入函数名称和函数参数。

任务 9　计算其他月平均值

平均值函数的应用：用复制和选择性粘贴的方法计算其他月平均值（只保留整数部分），其操作步骤如下。

步骤 1：选定单元格 O5，按<Ctrl+C>组合键复制，再同时选定单元格区域 O8:O12、O14:O17、O19:O22、O24:O26、O28:O30、O32:O34、O36:O38、O41:O42（方法是，先选定单元格 O8，再按住<Ctrl>键依次选定其他单元格后释放<Ctrl>键），单击“开始”选项卡下“剪贴板”功能组中的“粘贴”下拉按钮，在弹出的下拉列表中选择“公式”选项，如图 3-66 所示。

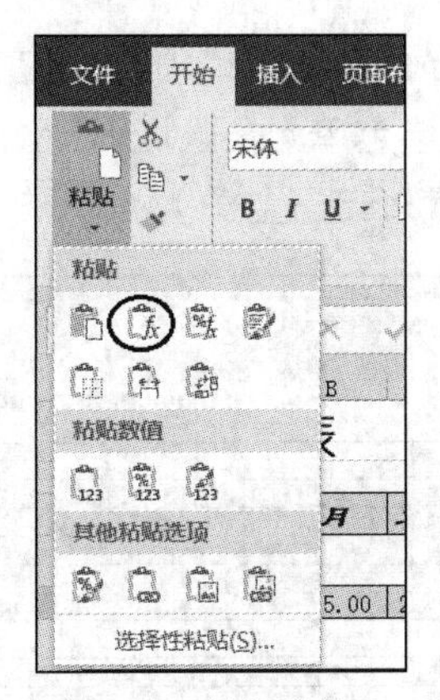

图 3-66　选择性粘贴

步骤 2：按<Ctrl+S>组合键保存文档。

任务 10　使用条件格式

利用条件格式分析月收支是否透支的操作步骤如下。

步骤 1：选定单元格区域 B42:O42，单击“开始”选项卡下“样式”功能组中的“条件格式”下拉按钮，如图 3-67 所示，在弹出的下拉菜单中选择“突出显示单元格规则”菜单项，并在下一级子菜单中选择“小于”菜单项，弹出“小于”对话框。

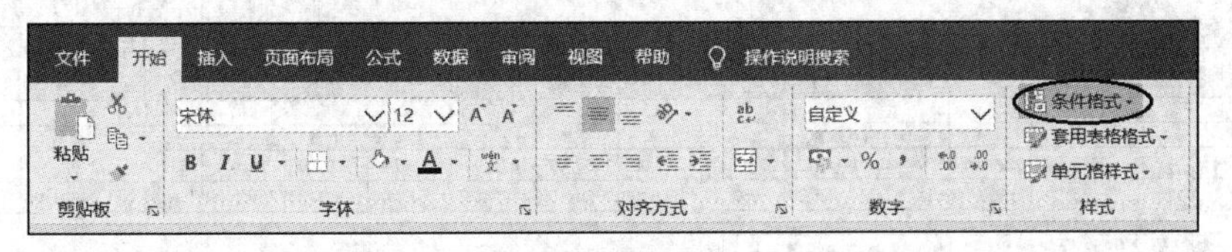

图 3-67　功能区的“条件格式”下拉按钮

步骤 2：在“小于”对话框的“为小于以下值的单元格设置格式”文本框中输入“0”，在“设置为”下拉列表框中选择“绿填充色深绿色文本”选项，如图 3-68 所示，单击“确定”按钮，结果如图 3-69 所示。

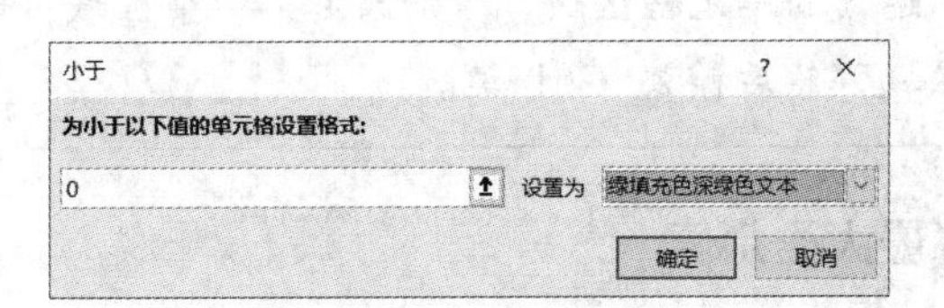

图 3-68　“小于”对话框

	A	B	C	D	E	F	G	H	I	J	K	L	M	N	O
39															
40		一月	二月	三月	四月	五月	六月	七月	八月	九月	十月	十一月	十二月	全年	平均
41	支出总计	3076.00	3208.00	1077.00	1766.00	1375.00	1540.00	1568.00	1971.00	1712.00	1298.00	764.00	2841.00	22196.00	1849.00
42	收支合计	-851.00	-983.00	1148.00	459.00	850.00	685.00	657.00	254.00	513.00	927.00	1461.00	-616.00	4504.00	375.00

图 3-69 条件格式设置结果

任务 11 计算全年最大的支出金额

最大值函数的应用：计算全年最大的支出金额，其操作步骤如下。

步骤 1：选定单元格 D44，单击“开始”选项卡下“编辑”功能组中“求和”按钮右边的下拉按钮 ▾，在弹出的下拉菜单中选择“最大值”菜单项，即可在单元格中输入 MAX 函数“=MAX()”。

步骤 2：在函数的“( )”内同时选定单元格区域 B8:M11、B14:M16、B19:M21、B24:M25、B28:M29、B32:M33、B36:M37（即所有支出金额），如图 3-70 所示。

AVERAGE ▾ | × ✓ fx | =MAX(B8:M11,B14:M16,B19:M21,B24:M25,B28:M29,B32:M33,B36:M37)

MAX(number1, [number2], [number3], [number4], [number5], [number6], [nur

	A	B	C	D	E	F	G	H	I	J	K	L	M	N	O
6	支出														
7	家庭														
8	固定电话	81.00	61.00	16.00	95.00	67.00	83.00	21.00	32.00	45.00	56.00	76.00	19.00	652.00	54.00
9	移动电话	81.00	56.00	9.00	27.00	1.00	52.00	12.00	12.00	42.00	40.00	84.00	29.00	445.00	37.00
10	水、电、气	2.00	12.00	8.00	17.00	5.00	45.00	52.00	26.00	66.00	21.00	44.00	18.00	316.00	26.00
11	取暖	669.00	797.00	58.00	41.00	0.00	0.00	0.00	0.00	0.00	0.00	0.00	638.00	2203.00	183.00
12	合计	833.00	926.00	91.00	180.00	73.00	180.00	85.00	70.00	153.00	117.00	204.00	704.00	3616.00	301.00
13	生活														
14	食品	787.00	403.00	0.00	466.00	30.00	841.00	78.00	536.00	895.00	458.00	107.00	56.00	4657.00	388.00
15	家居用品	50.00	68.00	96.00	85.00	9.00	60.00	94.00	6.00	86.00	9.00	99.00	13.00	675.00	56.00
16	外出就餐	47.00	94.00	68.00	61.00	86.00	32.00	84.00	4.00	36.00	77.00	7.00	25.00	621.00	51.00
17	合计	884.00	565.00	164.00	612.00	125.00	933.00	256.00	546.00	1017.00	544.00	213.00	94.00	5953.00	496.00
18	娱乐														
19	有线电视	20.00	20.00	20.00	20.00	20.00	20.00	20.00	20.00	20.00	20.00	20.00	20.00	240.00	20.00
20	音像制品	62.00	9.00	15.00	70.00	27.00	55.00	78.00	68.00	85.00	73.00	71.00	52.00	665.00	55.00
21	电影/演出	46.00	95.00	21.00	46.00	63.00	38.00	2.00	51.00	37.00	15.00	70.00	90.00	574.00	47.00
22	合计	128.00	124.00	56.00	136.00	110.00	113.00	100.00	139.00	142.00	108.00	161.00	162.00	1479.00	123.00
23	医疗														
24	医疗保险	45.00	45.00	45.00	45.00	45.00	45.00	45.00	45.00	45.00	45.00	45.00	45.00	540.00	45.00
25	看病吃药	95.00	93.00	76.00	0.00	0.00	0.00	0.00	0.00	0.00	66.00	0.00	0.00	330.00	27.00
26	合计	140.00	138.00	121.00	45.00	45.00	45.00	45.00	45.00	45.00	111.00	45.00	45.00	870.00	72.00
27	交通														
28	车船机票	836.00	430.00	366.00	594.00	909.00	149.00	300.00	555.00	251.00	280.00	17.00	957.00	5644.00	470.00
29	保险费	10.00	10.00	10.00	10.00	0.00	0.00	0.00	0.00	0.00	10.00	0.00	0.00	50.00	4.00
30	合计	846.00	440.00	376.00	604.00	909.00	149.00	300.00	555.00	251.00	290.00	17.00	957.00	5694.00	474.00
31	学习														
32	报纸	20.00	20.00	20.00	20.00	20.00	20.00	20.00	20.00	20.00	20.00	20.00	20.00	240.00	20.00
33	上网	50.00	50.00	50.00	50.00	50.00	50.00	50.00	50.00	50.00	50.00	50.00	50.00	600.00	50.00
34	合计	70.00	70.00	70.00	70.00	70.00	70.00	70.00	70.00	70.00	70.00	70.00	70.00	840.00	70.00
35	个人														
36	衣物	137.00	890.00	100.00	72.00	6.00	0.00	707.00	544.00	0.00	0.00	0.00	750.00	3206.00	267.00
37	美容美发	38.00	55.00	99.00	47.00	37.00	50.00	5.00	2.00	34.00	58.00	54.00	59.00	538.00	44.00
38	合计	175.00	945.00	199.00	119.00	43.00	50.00	712.00	546.00	34.00	58.00	54.00	809.00	3744.00	312.00
39															
40		一月	二月	三月	四月	五月	六月	七月	八月	九月	十月	十一月	十二月	全年	平均
41	支出总计	3076.00	3208.00	1077.00	1766.00	1375.00	1540.00	1568.00	1971.00	1712.00	1298.00	764.00	2841.00	22196.00	1849.00
42	收支合计	-851.00	-983.00	1148.00	459.00	850.00	685.00	657.00	254.00	513.00	927.00	1461.00	-616.00	4504.00	375.00
43															
44	全年最大的消费金额：			:9, B32:M33, B36:M37)											

图 3-70 选定所有支出金额

步骤 3：按<Enter>键或单击数据编辑栏中的“输入”按钮 ✔，则可得出全年最大的支出金额。

要选定不连续的单元格区域，可先选定第 1 个区域，而后按住<Ctrl>键依次选定其他单元格区域，然后释放<Ctrl>键。

任务 12 计算单月预算最大盈余值

最大值函数的应用：计算单月预算最大盈余值。选定单元格 D45，并输入函数“=

MAX((B42:M42)”，按<Enter>键或单击数据编辑栏中的“输入”按钮 ✔，则可得出全年单月预算最大盈余值。

任务 13　计算单月预算最大赤字值

最小值函数和绝对值函数的应用：计算单月预算最大赤字值，其操作步骤如下。

步骤 1：选定单元格 D46，单击“公式”选项卡下“函数库”功能组中的“数学和三角函数”下拉按钮，在弹出的下拉菜单中选择“ABS”菜单项（求绝对值函数），弹出“函数参数”对话框。

步骤 2：单击名称框右边的下拉按钮 ▾ ，在弹出的下拉菜单中选择“MIN”菜单项，如图 3-71 所示，弹出“函数参数”对话框。

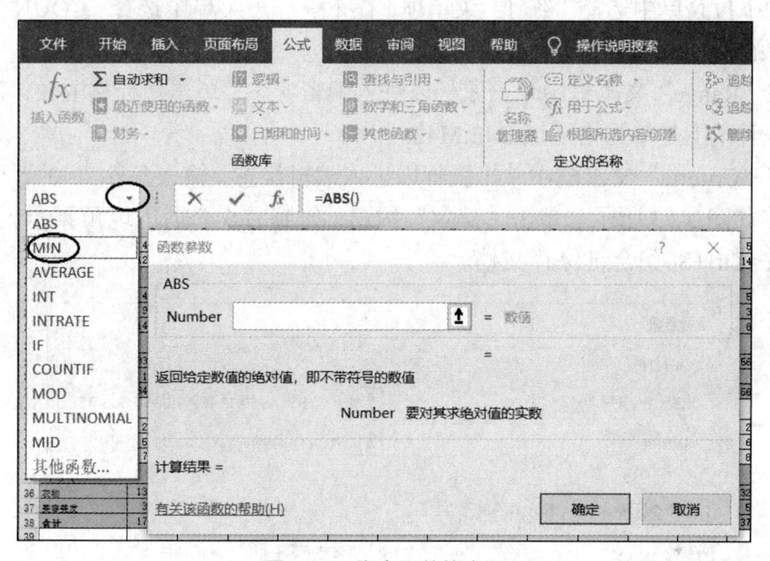

图 3-71　嵌套函数的应用

步骤 3：单击单元格 B42，并拖曳至单元格 M42，引用单元格区域 B42:M42，如图 3-72 所示，这时编辑输入框中出现了嵌套函数“= ABS(MIN(B42:M42))”，单击“确定”按钮，则可得出全年单月预算最大赤字值。

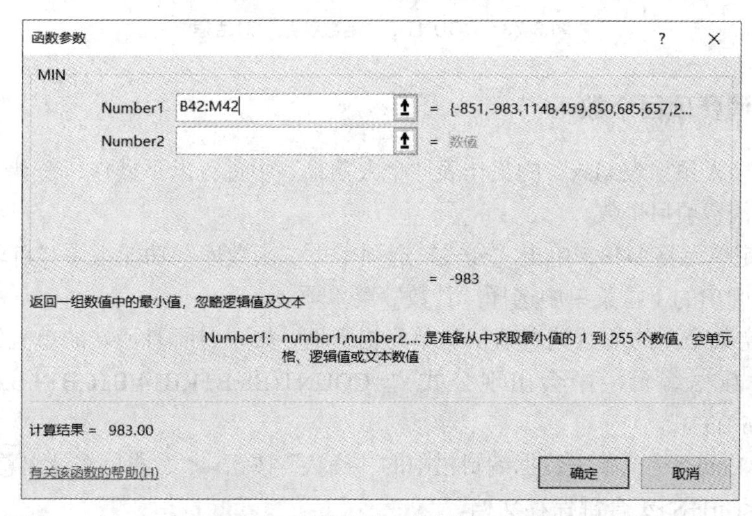

图 3-72　最小值“函数参数”对话框

步骤4：按<Ctrl+S>组合键保存文档。

ABS( )是取绝对值的函数。

任务14 统计预算赤字月份数

统计预算赤字月份数的操作步骤如下。

步骤1：选定单元格D47。单击“公式”选项卡下“函数库”功能组中的“其他函数”下拉按钮，在弹出的下拉菜单中选择“统计”菜单项，在下一级子菜单中选择“COUNTIF”菜单项（求符合条件的计数函数），弹出“函数参数”对话框。

步骤2：在“Range”文本框中单击鼠标以进入编辑状态，单击单元格B42，并拖曳至单元格M42，即表示统计范围是单元格区域B42:M42。

步骤3：在“Criteria”文本框中单击鼠标以进入编辑状态，输入条件“<0”，即条件是数值小于0的单元格，如图3-73所示。单击“确定”按钮，得到有3个月出现预算赤字的结果。

步骤4：按<Ctrl+S>组合键保存文档。

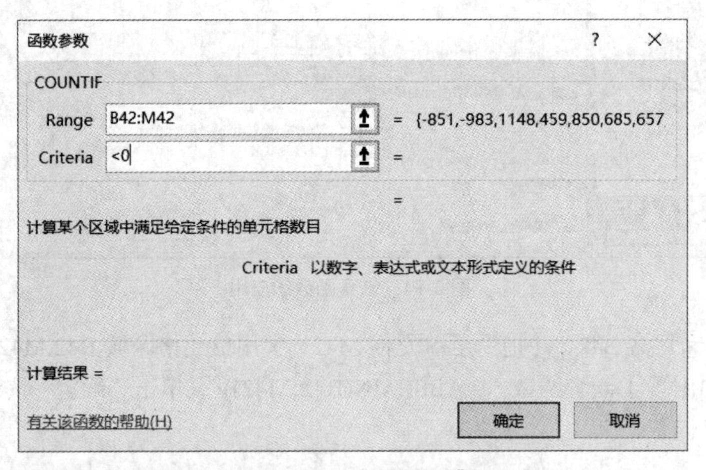

图3-73 COUNTIF“函数参数”对话框

任务15 统计消费项目个数

在工作簿“个人预算表.xlsx”的工作表“个人预算”中进行以下操作，统计数字个数的函数的应用，也就是消费项目个数。

步骤1：选定单元格D48，单击“公式”选项卡下“函数库”功能组中“自动求和”右边的下拉按钮▾，在弹出的下拉菜单中选择“计数”菜单项。

步骤2：选定某个月的所有消费项目的单元格区域，如一月所有消费的单元格区域（不包括合计项）。这时数据编辑栏中会出现公式“=COUNT(B8:B11,B14:B16,B19:B21,B24:B25,B28:B29,B32:B33,B36:B37)”。

步骤3：按<Enter>键或单击数据编辑栏中的“确认”按钮✔，即可统计出总消费项目个数。

步骤4：按<Ctrl+S>组合键保存文档。

任务 16　判断全年预算是否赤字

在工作簿“个人预算表.xlsx”的工作表“个人预算”中进行以下操作。条件函数的应用：全年预算是否赤字，若全年预算小于 0 显示“是”，若大于等于 0 则显示“否”。

步骤 1：选定单元格 D49，单击“公式”选项卡下“函数库”功能组中“最近使用的函数”右边的下拉按钮▾，在弹出的下拉菜单中选择“IF”菜单项，弹出条件判断 IF 的“函数参数”对话框。

步骤 2：在 Logical_test 文本框中输入“N42<0”，Value_if_true 文本框中输入“"是"”，Value_if_false 文本框中输入“"否"”，如图 3-74 所示，即统计全年收支总和小于 0，则预算赤字，全年收支总和大于等于 0，则预算不赤字。

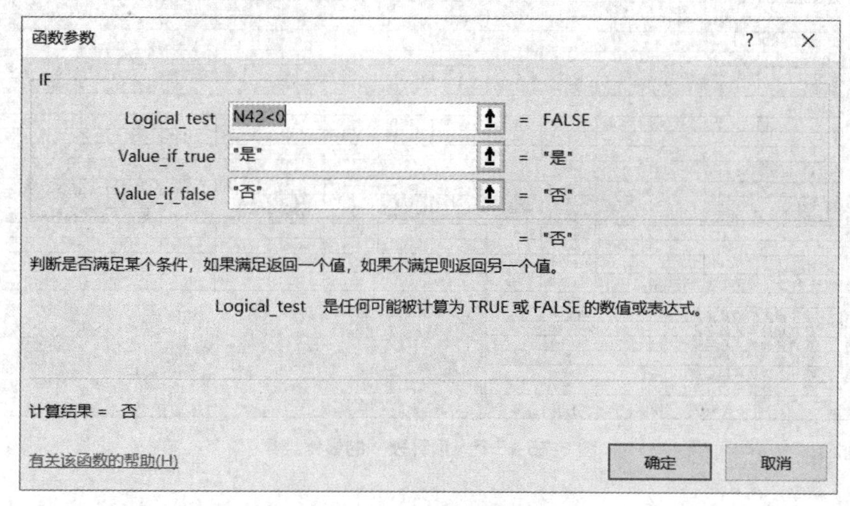

图 3-74　IF“函数参数”对话框

任务 17　添加制表日期

在工作簿“个人预算表.xlsx”的工作表“个人预算”中进行以下操作。时间函数的应用：添加制表日期（更新日期：yyyy-mm-dd）。

步骤 1：选定单元格 A2，输入公式“="更新日期："&TEXT(TODAY(),"yyyy-mm-dd")”。

步骤 2：按<Enter>键或单击数据编辑栏中的“确认”按钮 ✔，完成日期的添加。

步骤 3：选择“开始”选项卡，在“对齐方式”功能组中单击“右对齐”按钮。

说明

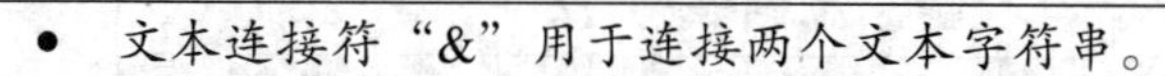

- 文本连接符“&”用于连接两个文本字符串。

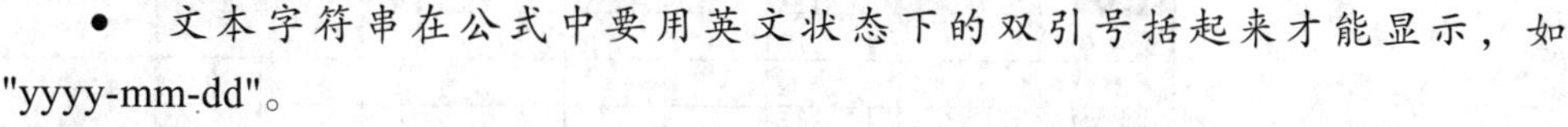

- 文本字符串在公式中要用英文状态下的双引号括起来才能显示，如"yyyy-mm-dd"。

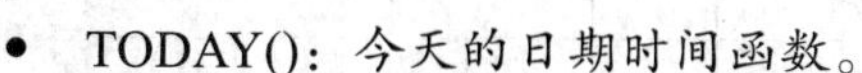

- TODAY()：今天的日期时间函数。
- TEXT(数值,文字形式的数字格式)：根据指定的数字格式将数字转换成文本的函数。

步骤 4：按<Ctrl+S>组合键保存文档。

全部操作完成后，“个人预算表”的最终效果如图 3-75 所示。

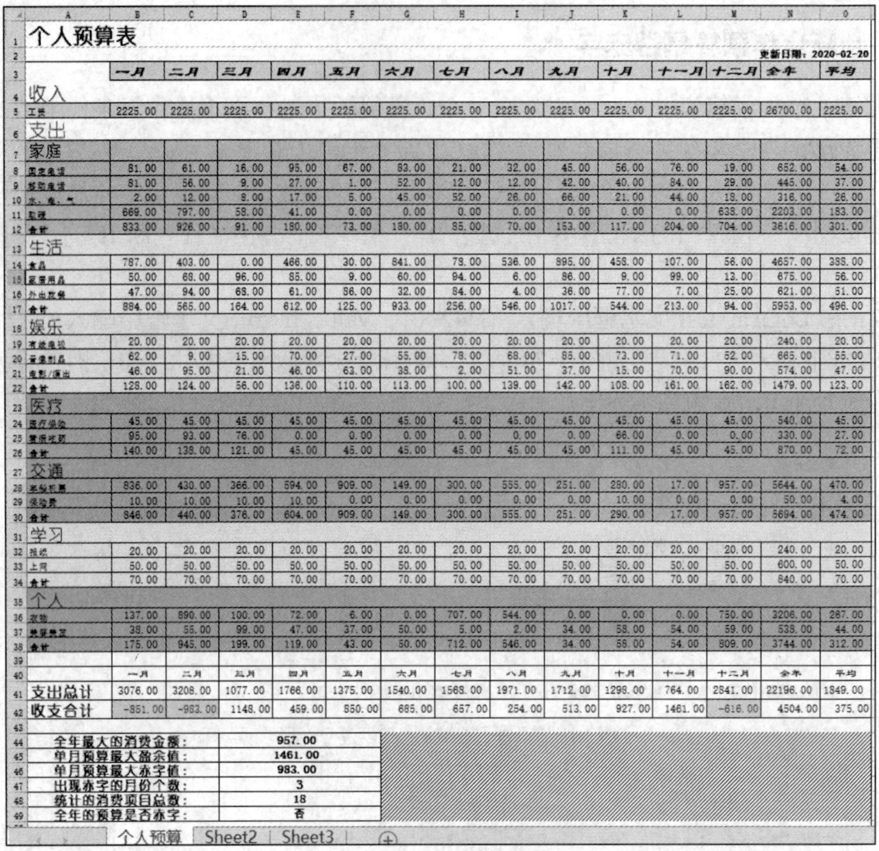

个人预算表

更新日期：2020-02-20

	一月	二月	三月	四月	五月	六月	七月	八月	九月	十月	十一月	十二月	全年	平均
收入														
工资	2225.00	2225.00	2225.00	2225.00	2225.00	2225.00	2225.00	2225.00	2225.00	2225.00	2225.00	2225.00	26700.00	2225.00
支出														
家庭														
固定电话	81.00	61.00	16.00	95.00	67.00	83.00	21.00	32.00	45.00	56.00	76.00	19.00	652.00	54.00
移动电话	81.00	56.00	9.00	27.00	1.00	52.00	12.00	12.00	42.00	40.00	84.00	29.00	445.00	37.00
水、电、气	2.00	12.00	8.00	17.00	5.00	45.00	52.00	26.00	66.00	21.00	44.00	18.00	316.00	26.00
取暖	669.00	797.00	58.00	41.00	0.00	0.00	0.00	0.00	0.00	0.00	0.00	638.00	2203.00	183.00
合计	833.00	926.00	91.00	180.00	73.00	180.00	85.00	70.00	153.00	117.00	204.00	704.00	3616.00	301.00
生活														
食品	787.00	403.00	0.00	466.00	30.00	841.00	78.00	536.00	895.00	458.00	107.00	56.00	4657.00	388.00
家居用品	50.00	68.00	96.00	85.00	9.00	60.00	94.00	6.00	86.00	9.00	99.00	13.00	675.00	56.00
外出就餐	47.00	94.00	68.00	61.00	86.00	32.00	84.00	4.00	36.00	77.00	7.00	25.00	621.00	51.00
合计	884.00	565.00	164.00	612.00	125.00	933.00	256.00	546.00	1017.00	544.00	213.00	94.00	5953.00	496.00
娱乐														
有线电视	20.00	20.00	20.00	20.00	20.00	20.00	20.00	20.00	20.00	20.00	20.00	20.00	240.00	20.00
音像制品	62.00	9.00	15.00	70.00	27.00	55.00	78.00	68.00	85.00	73.00	71.00	52.00	665.00	55.00
电影/演出	46.00	95.00	21.00	46.00	63.00	38.00	2.00	51.00	37.00	15.00	70.00	90.00	574.00	47.00
合计	128.00	124.00	56.00	136.00	110.00	113.00	100.00	139.00	142.00	108.00	161.00	162.00	1479.00	123.00
医疗														
医疗保险	45.00	45.00	45.00	45.00	45.00	45.00	45.00	45.00	45.00	45.00	45.00	45.00	540.00	45.00
看病吃药	95.00	93.00	76.00	0.00	0.00	0.00	0.00	0.00	0.00	66.00	0.00	0.00	330.00	27.00
合计	140.00	138.00	121.00	45.00	45.00	45.00	45.00	45.00	45.00	111.00	45.00	45.00	870.00	72.00
交通														
车船机票	836.00	430.00	366.00	594.00	909.00	149.00	300.00	555.00	251.00	280.00	17.00	957.00	5644.00	470.00
保险费	10.00	10.00	10.00	10.00	0.00	0.00	0.00	0.00	0.00	10.00	0.00	0.00	50.00	4.00
合计	846.00	440.00	376.00	604.00	909.00	149.00	300.00	555.00	251.00	290.00	17.00	957.00	5694.00	474.00
学习														
报纸	20.00	20.00	20.00	20.00	20.00	20.00	20.00	20.00	20.00	20.00	20.00	20.00	240.00	20.00
上网	50.00	50.00	50.00	50.00	50.00	50.00	50.00	50.00	50.00	50.00	50.00	50.00	600.00	50.00
合计	70.00	70.00	70.00	70.00	70.00	70.00	70.00	70.00	70.00	70.00	70.00	70.00	840.00	70.00
个人														
衣物	137.00	890.00	100.00	72.00	6.00	0.00	707.00	544.00	0.00	0.00	0.00	750.00	3206.00	267.00
美容美发	38.00	55.00	99.00	47.00	37.00	50.00	5.00	2.00	34.00	58.00	54.00	59.00	538.00	44.00
合计	175.00	945.00	199.00	119.00	43.00	50.00	712.00	546.00	34.00	58.00	54.00	809.00	3744.00	312.00
	一月	二月	三月	四月	五月	六月	七月	八月	九月	十月	十一月	十二月	全年	平均
支出总计	3076.00	3208.00	1077.00	1766.00	1375.00	1540.00	1568.00	1971.00	1712.00	1298.00	764.00	2841.00	22196.00	1849.00
收支合计	-851.00	-983.00	1148.00	459.00	850.00	685.00	657.00	254.00	513.00	927.00	1461.00	-616.00	4504.00	375.00

全年最大的消费金额：	957.00
单月预算最大盈余值：	1461.00
单月预算最大赤字值：	983.00
出现赤字的月份个数：	3
统计的消费项目总数：	18
全年的预算是否赤字：	否

个人预算 | Sheet2 | Sheet3

图 3-75 “个人预算表”的最终结果

任务 18　制作九九乘法表

打开素材库中的工作簿“九九乘法表.xlsx”，在工作表“Sheet1”中进行以下操作。

步骤 1：选定单元格 C4，输入公式“=C$3*$B4”，按<Enter>键或单击数据编辑栏中的“输入”按钮 ✔。

步骤 2：拖曳填充柄填充单元格区域 C5:C12。

步骤 3：选定单元格 C5 并填充单元格 D5，选定单元格 C6 并填充单元格区域 D6:E6，选定单元格 C7 并填充单元格区域 D7:F7，……，依次操作填充整个黄色区域，得到图 3-76 所示的结果。

九九乘法表

	1	2	3	4	5	6	7	8	9
1	1								
2	2	4							
3	3	6	9						
4	4	8	12	16					
5	5	10	15	20	25				
6	6	12	18	24	30	36			
7	7	14	21	28	35	42	49		
8	8	16	24	32	40	48	56	64	
9	9	18	27	36	45	54	63	72	81

图 3-76　九九乘法表

步骤 4：按<Ctrl+S>组合键保存文档。

“C$3”和“$B4”是混合单元格地址引用，当复制公式到其他单元格时，前有“$”的行或列不会改变。

任务 19　使用查找函数查询学生成绩

打开素材库中的工作簿“查询成绩表.xlsx”，在工作表“选修课成绩”中进行以下操作。

步骤 1：选定单元格 B3，单击“公式”选项卡下“函数库”功能组中“查找与引用”右边的下拉按钮 ▾ ，在弹出的下拉菜单中选择“VLOOKUP”菜单项，弹出查找函数 VLOOKUP 的“函数参数”对话框。

步骤 2：在“Lookup_value”文本框中输入“A3”，在“Table_array”文本框右侧单击按钮进入编辑状态，选定工作表“学生生源统计表”中的单元格 B4:H11，为了方便填充函数，将相对地址引用“B4:H11”改为绝对地址引用“$B$4: $H$11”，在“Col_index_num”文本框中输入“2”，如图 3-77 所示，单击“确定”按钮。

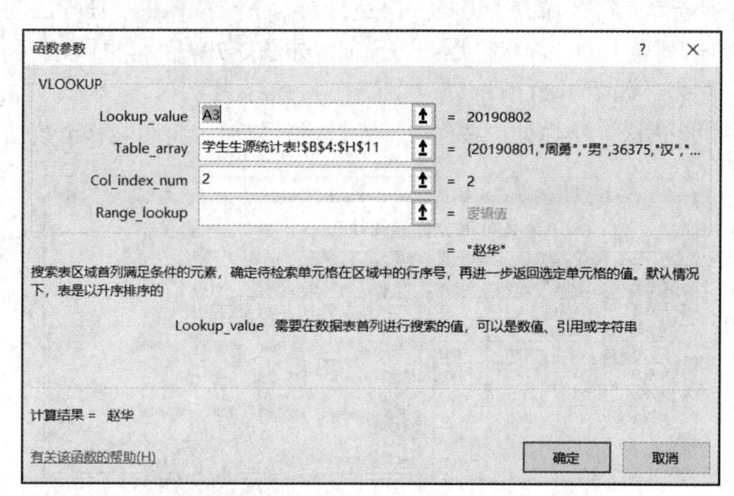

图 3-77　函数 VLOOKUP 的“函数参数”对话框

步骤 3：选定单元格 B3，按住填充柄向下拖曳至单元格 B10，结果如图 3-78 所示。

B3　=VLOOKUP(A3,学生生源统计表!$B$4:$H$11,2)

	A	B	C	D	E
1	选修课成绩				
2	学号	姓名	影视赏析	动画制作	中文写作
3	20190802	赵华	87		95
4	20190808	吴嘉		76	
5	20190803	张泊岸	92		
6	20190805	袁爱萍	68		77
7	20190807	杨天伯		68	
8	20190806	杨文东			89
9	20190801	周勇		69	
10	20190804	刘柳	66		92

学生生源统计表　选修课成绩
就绪　计数: 8　100%

图 3-78　查询成绩结果

实验 3　图表的应用

【实验目的】

- 掌握创建图表的方法。
- 掌握修改图表的方法。
- 熟悉基本的图表类型。
- 掌握修饰图表的方法。

【实验内容与步骤】

任务 1　创建二维簇状柱形图表

打开素材库中的文档“公司运营费用统计表.xlsx”，在工作表“运营费用”中进行以下操作。

步骤 1：选定数据表格中用于创建图表的数据区域 A2:G3。

步骤 2：单击所选单元格区域右下方的“快速分析”下拉按钮，在弹出的下拉菜单中选择“图表”选项卡，单击列表中的“簇状柱形图”选项，如图 3-79 所示。即可在工作表“运营费用”中生成“租赁费”图表，如图 3-80 所示。

步骤 3：单击“图表区”空白处，按住鼠标左键进行拖曳，将图表移至数据表格的下方。

图 3-79　“快速分析”下拉按钮

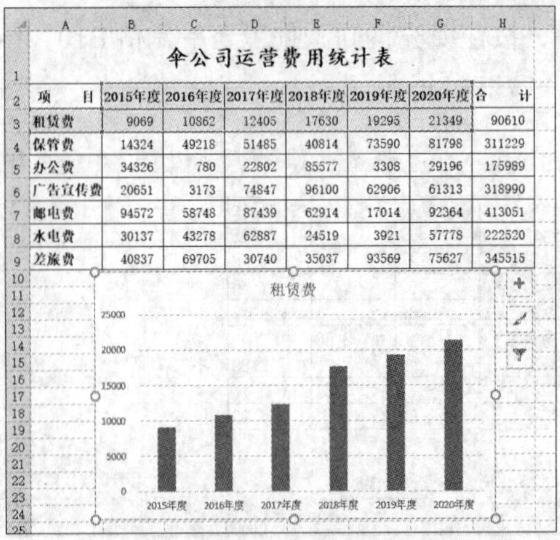

图 3-80　嵌入式“租赁费”图表

任务 2 添加数据系列、图例

在已有图表中增加数据系列，添加图例，其操作步骤如下。

步骤 1：选定“租赁费”图表（单击图表空白处）。

步骤 2：单击“图表工具/设计”选项卡下“数据”功能组中的“选择数据”按钮，弹出“选择数据源”对话框。

步骤 3：单击“图表数据区域”文本框进入编辑状态，单击单元格 A2，并拖曳到单元格 G9，选定单元格区域 A2:G9，如图 3-81 所示，单击“确定”按钮，图表中即增加了其他数据的柱状图，如图 3-82 所示。

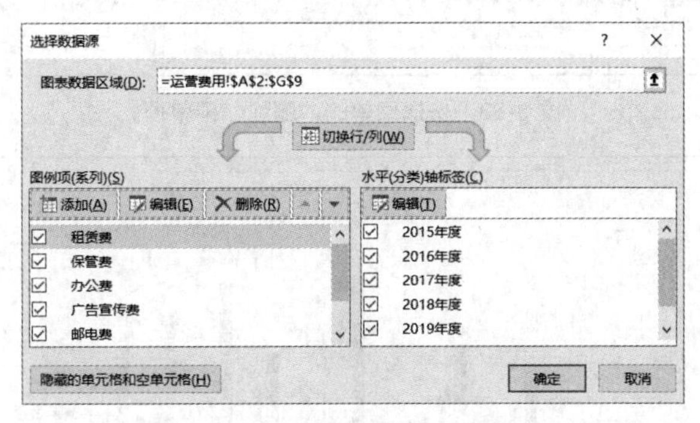

图 3-81 “选择数据源”对话框

步骤 4：单击图表右侧的“图表元素”按钮，在弹出的菜单中选中“图例”复选框，如图 3-82 所示。

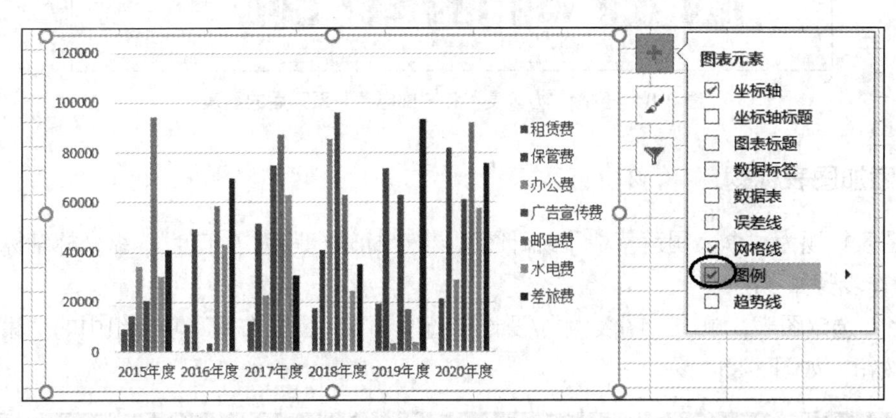

图 3-82 添加图例

任务 3 删除数据系列

删除“办公费”和“邮电费”数据系列的操作步骤如下。

步骤 1：单击图表中“办公费”的任意一个柱状图形（即选定了“办公费”系列），此时每年的“办公费”柱状图形都有控点，如图 3-83 所示。

步骤 2：按<Delete>键，即删除“办公费”系列。或在“办公费”柱状图形上右键单击，在弹出的快捷菜单中选择“删除”菜单项，即删除“办公费”系列，如图 3-83 所示。

步骤 3：再选定“邮电费”系列，并按如上操作将其删除，结果如图 3-84 所示。

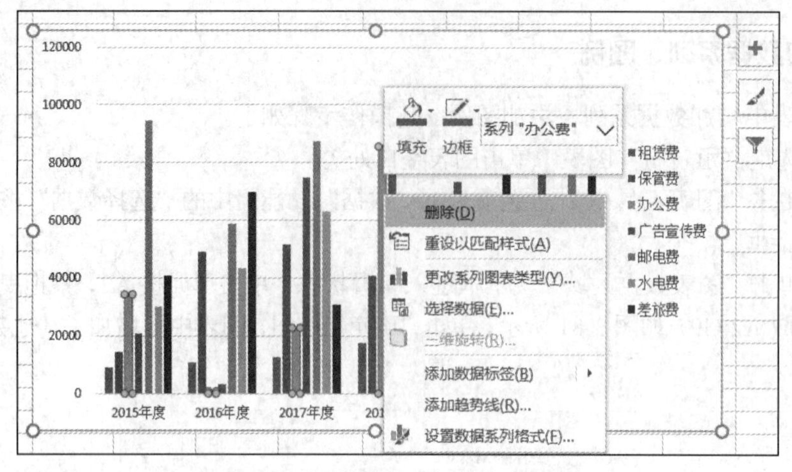

图 3-83　快捷菜单的“删除”菜单项

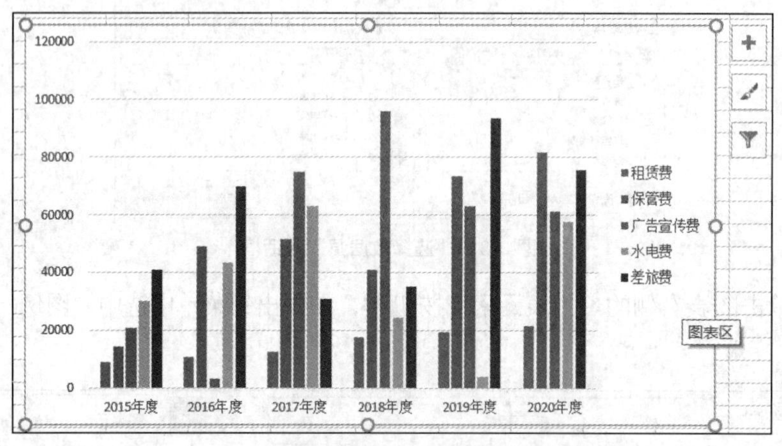

图 3-84　删除“办公费”和“邮电费”系列后的图表

任务 4　添加图表标题

添加图表标题为“伞公司运营费用统计图”，横坐标轴标题为“年度”、纵坐标轴标题为“费用”，其操作步骤如下。

步骤 1：选定图表，单击“图表工具/设计”选项卡下“图表布局”功能组中的“添加图表元素”下拉按钮，如图 3-85 所示。

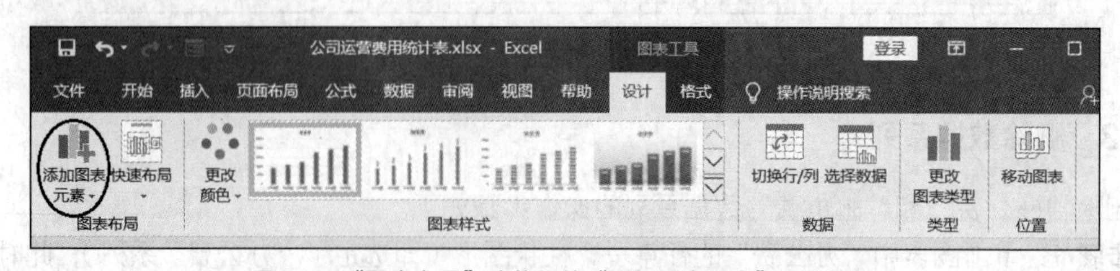

图 3-85　“图表布局”功能组的“添加图表元素”下拉按钮

步骤 2：在弹出的下拉菜单中选择“图表上方”菜单项，则图表中生成“图表标题”文本框。修改文本框里的内容为“伞公司运营费用统计图”。

步骤 3：单击文本框外（图表区）任意处即可确定输入。

步骤 4：单击“图表工具/设计”选项卡下“图表布局”功能组中的“添加图表元素”下拉按钮，在弹出的下拉菜单中选择“坐标轴标题”菜单项，在弹出的下一级子菜单中选择“主要横坐标轴”菜单项，则在图表中横坐标轴的下方生成“坐标轴标题”文本框。修改文本框里的内容为“年度”。

步骤 5：单击文本框外（图表区）任意处即可确定输入。

步骤 6：单击“图表工具/设计”选项卡下“图表布局”功能组中的“添加图表元素”下拉按钮，在弹出的下拉菜单中选择“坐标轴标题”菜单项，在弹出的下一级子菜单中选择“主要纵坐标轴”菜单项，则在图表中纵坐标轴的左边生成 “坐标轴标题”文本框。修改文本框里的内容为“费用”。

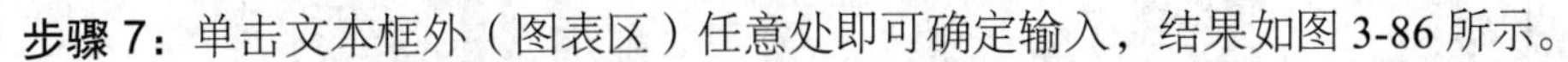

步骤 7：单击文本框外（图表区）任意处即可确定输入，结果如图 3-86 所示。

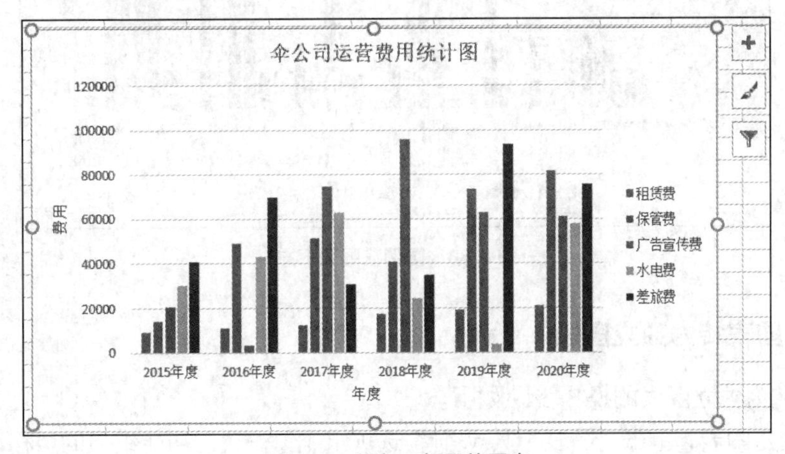

图 3-86　添加了标题的图表

任务 5　添加网格线

添加主轴主要垂直网格线。选定图表，单击“图表工具/设计”选项卡下“图表布局”功能组中的“添加图表元素”下拉按钮，在弹出的下拉菜单中选择“网格线”菜单项，在弹出的下一级子菜单中选择“主轴主要垂直网格线”菜单项，则图表中生成横坐标轴的主要网格线，结果如图 3-87 所示。

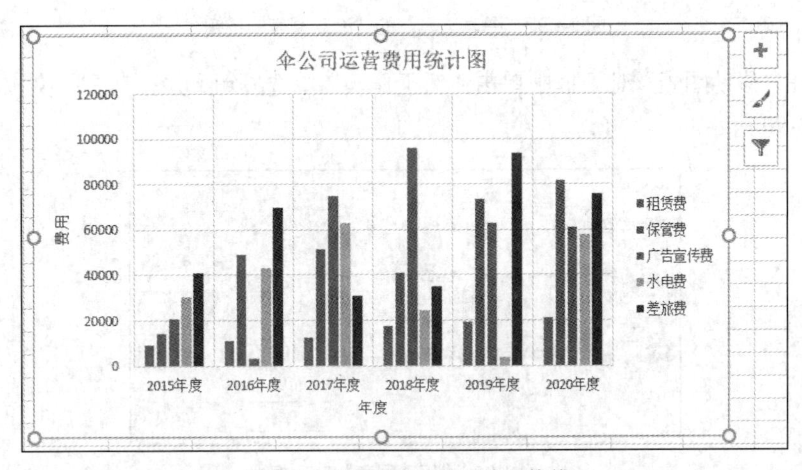

图 3-87　添加主轴主要垂直网格线

任务 6　改变图例位置

改变图表的图例位置到图表的底部。选定图表，单击“图表工具/设计”选项卡下“图表布局”功能组中的“添加图表元素”下拉按钮，在弹出的下拉菜单中选择“图例”菜单项，在弹出的下一级子菜单中选择“底部”菜单项，则图表中的图例移至图表的下方，结果如图 3-88 所示。

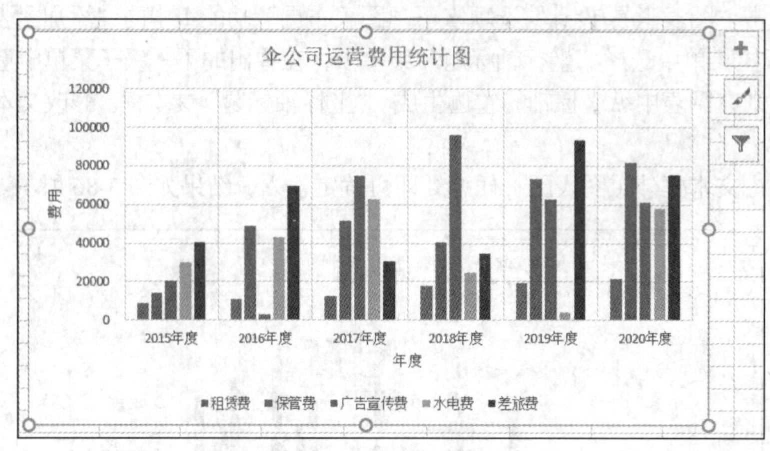

图 3-88　图例在图表下方

任务 7　嵌入图表转为独立图表

嵌入图表转为独立图表的操作步骤如下。

步骤 1：选定图表，单击“图表工具/设计”选项卡下“位置”功能组中的“移动图表”按钮，如图 3-89 所示，弹出“移动图表”对话框。

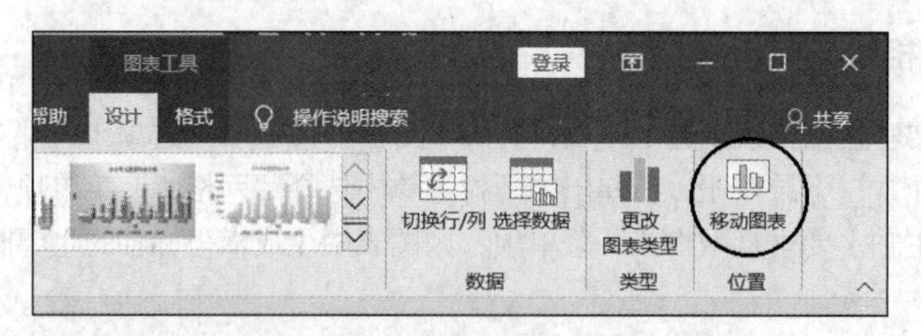

图 3-89　“图表工具”的“移动图表”按钮

步骤 2：在“移动图表”对话框中单击“新工作表”单选按钮，并在其后的文本框里输入“柱形图”，如图 3-90 所示。

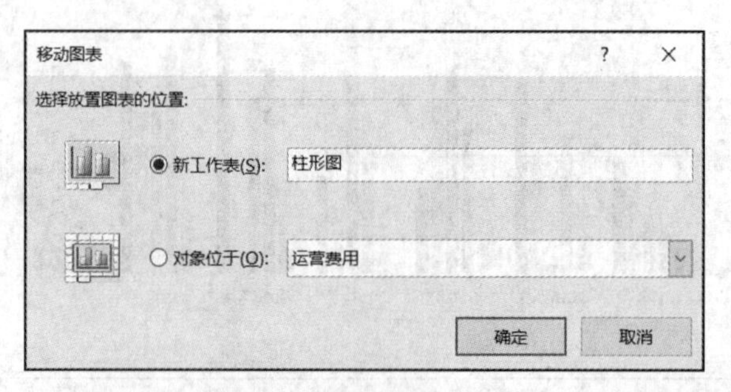

图 3-90　“移动图表”对话框

步骤 3：单击“确定”按钮，即在当前工作簿中插入一个名为“柱形图”的新工作表（独立图表），如图 3-91 所示。

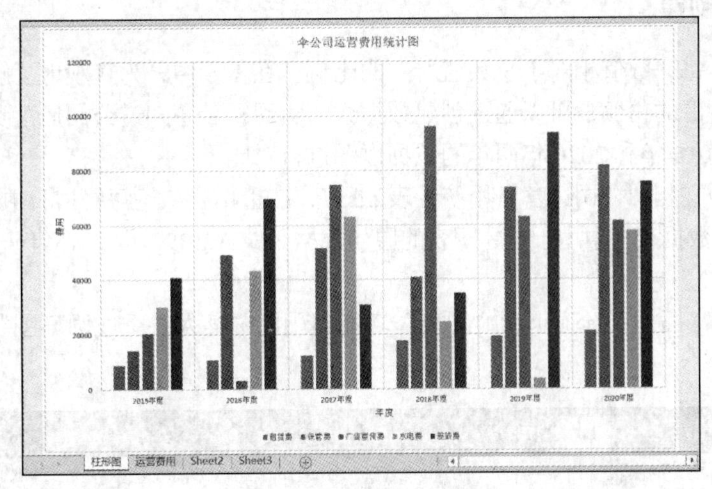

图 3-91　“柱形图”独立图表

任务 8　设置字体

设置图表标题的字体为隶书、24 号、加粗，坐标轴标题的字体为隶书、16 号、加粗，图例和坐标轴的字体为黑体、12 号、加粗。

步骤 1：选定图表标题的文字。在“开始”选项卡下“字体”功能组中分别设置“隶书、24 号、加粗”。

步骤 2：分别选定图表坐标轴标题的文字，在“开始”选项卡下“字体”功能组中分别设置“隶书、16 号、加粗”。

步骤 3：分别选定图表图例和坐标轴的文字，在“开始”选项卡下“字体”功能组中分别设置“宋体、12 号、加粗”，设置后的结果如图 3-92 所示。

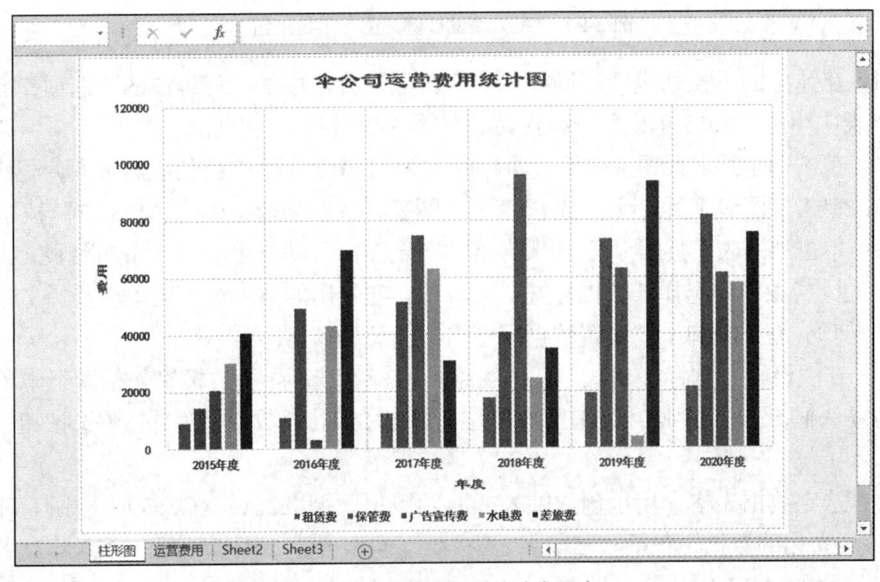

图 3-92　字体设置后的独立图表

步骤 4：将以上所有操作完成后将工作簿另存为“公司运营费用统计表（柱形图）.xlsx”。

任务 9　饼图的创建

饼图用于显示每一数值相对于总数值所占的比例。在本例中，为直观地了解公司一年的运营费用中各项费用所占的份额，可以通过创建数据饼图实现；若想知道公司运营费用的分配 6 年来的变化，可以将 2015 年和 2020 年两年的数据饼图进行对比。

打开素材库中文档“公司运营费用统计表.xlsx”，在工作表“运营费用”中进行以下操作。

步骤 1：选定数据表格中用于创建图表的原始数据区域 A2:B9（即 2015 年度各项费用的数据，包括列字段名）。

步骤 2：单击“插入”选项卡下“图表”功能组中的“插入饼图或圆环图”下拉按钮，如图 3-93 所示。

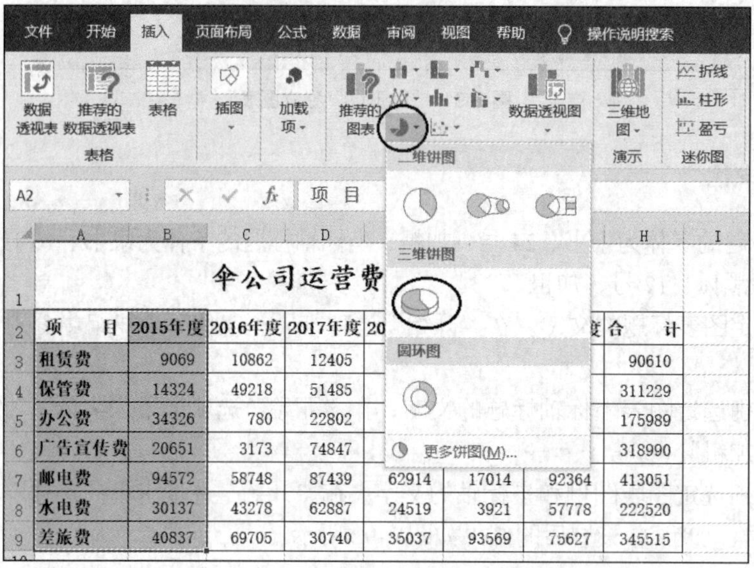

图 3-93 “插入饼图或圆环图”下拉按钮

步骤 3：在弹出的下拉列表中，选择“三维饼图”分类中的“三维饼图”选项，即在“运营费用”工作表中生成“2015 年度”三维饼图，如图 3-94 所示。

步骤 4：单击选定图表标题文本框，将标题改为“2015 年度伞公司运营费用分配比例图”。

步骤 5：单击“图表工具/设计”选项卡下“图表样式”功能组中的“样式 3”按钮。

步骤 6：单击“图表工具/设计”选项卡下“图表布局”功能组中的“添加图表元素”下拉按钮，在弹出的下拉菜单中选择“数据标签”菜单项，在弹出的下一级子菜单中选择“其他数据标签格式”菜单项，在右侧弹出“设置数据标签格式”任务窗格。

步骤 7：在“设置数据标签格式”任务窗格中“标签选项”→“标签包括”组中单击“类别名称”前的复选框，取消类别名称，在“标签位置”组中单击“数据标签外”单选按钮，如图 3-95 所示。

步骤 8：选定数据表格中用于创建图表的原始数据区域 A2:A9、G2:G9（即所有项目名称和 2020 年度各项费用的数据，包括列字段名）。按如上操作创建 2015 年度和 2020 年度各项费用的三维饼图，结果如图 3-96 所示。

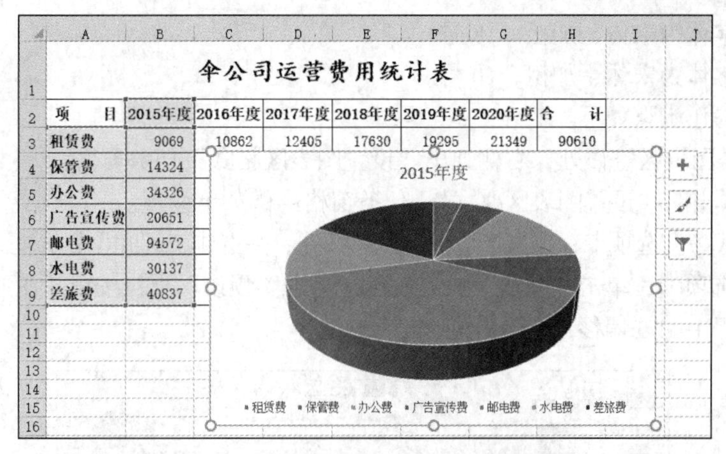

图 3-94　“2015 年度”嵌入式三维饼图

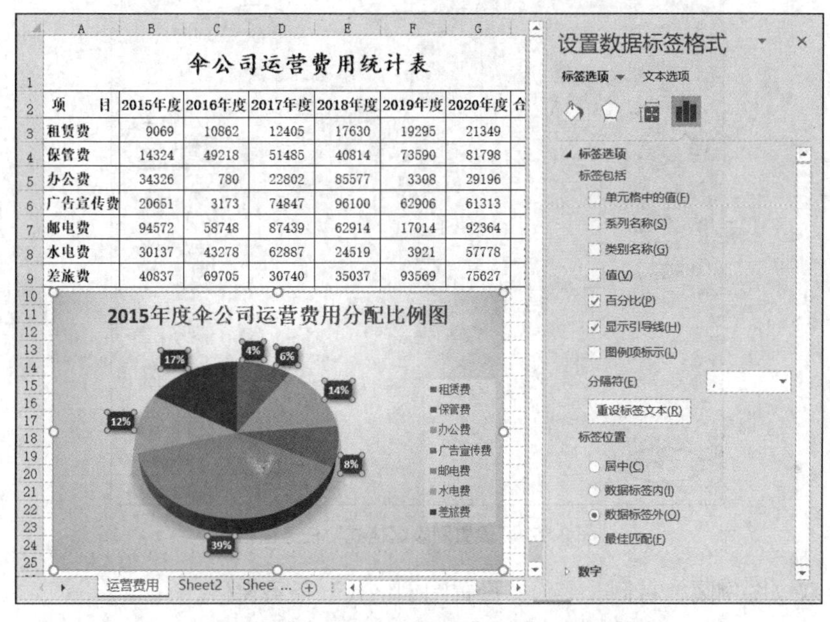

图 3-95　“设置数据标签格式”任务窗格的选定

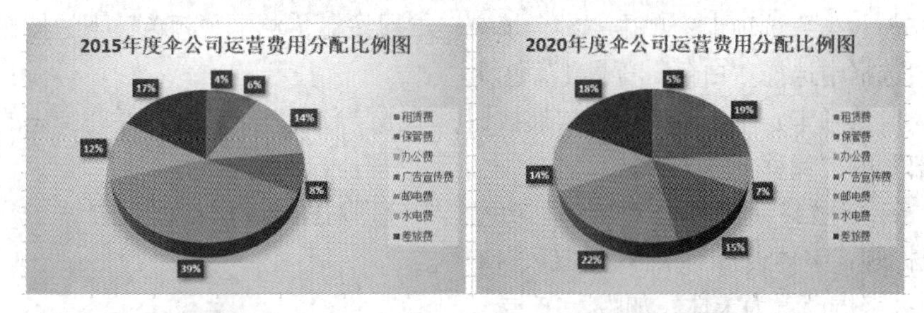

图 3-96　“2015 年度”饼图和“2020 年度”饼图

任务 10　修饰饼图

修饰两个三维饼图。

图表区格式：有边框及阴影为预设外部左下偏移、圆角。

图例格式：背景填充为白色，有边框及阴影为预设外部左下偏移，字体为宋体、加粗、10 号。

标题格式：字体为宋体、加粗、18 号。

数据标签：字体为宋体、加粗、10 号。

修饰饼图的操作步骤如下。

步骤 1：双击图表区空白处，右侧弹出“设置图表区格式”任务窗格。

步骤 2：在弹出的“设置图表区格式” 任务窗格中做如下设置。

- “填充与线条”选项卡：单击“边框”扩展按钮，并选中“圆角”复选框，如图 3-97 所示。
- “效果”选项卡：单击“阴影”扩展按钮，单击“预设”下拉按钮并在弹出的下拉列表框中选择“外部”组中的“偏移：左下”选项。

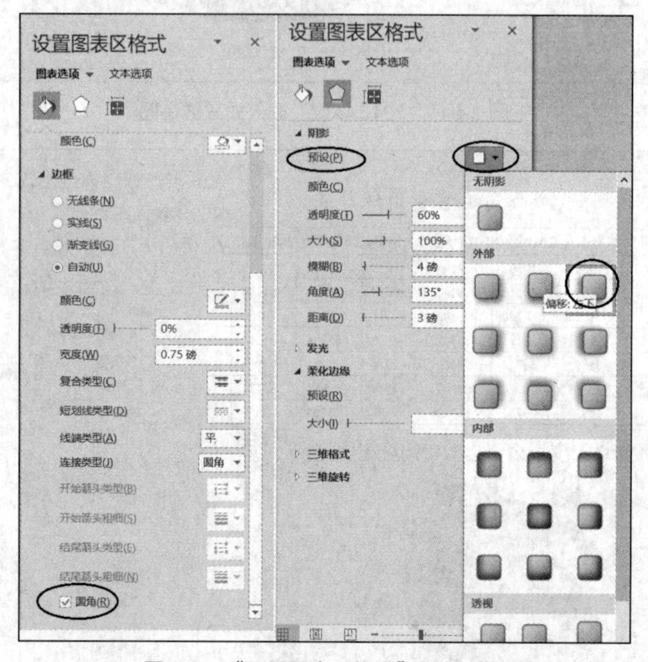

图 3-97 “设置图表区格式”任务窗格

步骤 3：双击图例区，右侧改变为“设置图例格式”任务窗格。

步骤 4：在“设置图例格式”任务窗格中做如下设置。

- “填充与线条”选项卡：单击“纯色填充”扩展按钮，单击“颜色”下拉按钮并在弹出的下拉列表框中选框中选择“白色，背景 1”色块。
- “效果”选项卡：单击“阴影”扩展按钮，单击“预设”下拉按钮并在弹出的下拉列表框中选择“外部”的“偏移：左下”选项。

步骤 5：在“开始”选项卡下“字体”功能组中分别对图表字体进行设置。

- 图表标题：字体设置为宋体、加粗、18 号。
- 图例：字体设置为宋体、加粗、10 号。
- 数据标签：字体设置为宋体、加粗、10 号。

格式修饰设置需先选定对象。

分别对“2015 年度”和“2020 年度”的饼图进行上述设置，结果如图 3-98 所示。

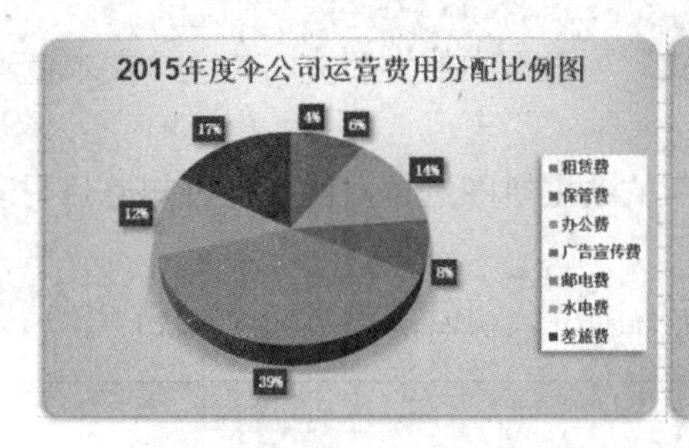

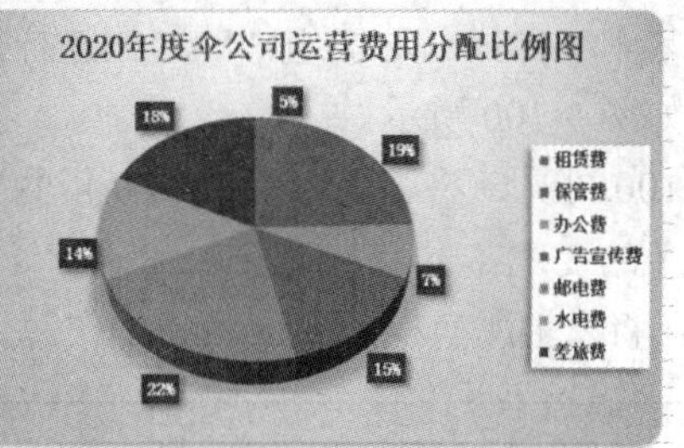

图 3-98　修饰后的饼图

任务 11　分离饼图

分别将两个饼图中的“邮电费”和“广告宣传费”数据扇区从饼体中分离出来，其操作步骤如下。

步骤 1：单击“2015 年度”饼图的饼体，每个扇区都出现控制点。

步骤 2：再单击“邮电费”扇区，此时只有该扇区有控制点。

步骤 3：在“邮电费”扇区内按住左键向外拖曳，该扇区即从饼体中分离出来。

步骤 4：在“广告宣传费”扇区内按住左键向外拖曳，该扇区也从饼体中分离出来，如图 3-99 所示。

步骤 5：在“2020 年度”的饼图上做如上操作，得出结果如图 3-99 所示。

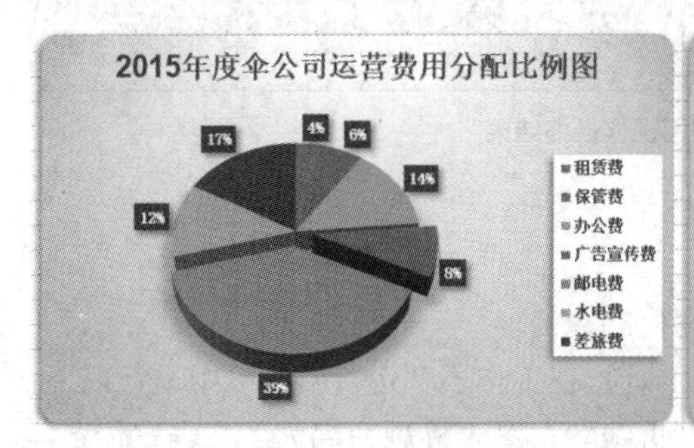

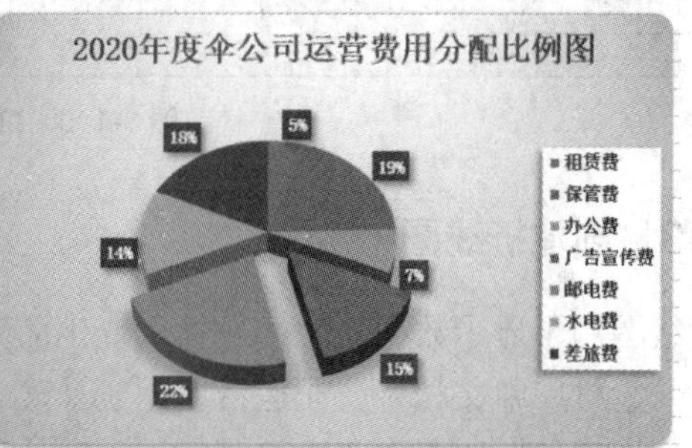

图 3-99　分离饼图结果

任务 12　添加图形对象

在工作表“运营费用”中添加“思想气泡：云”标注形状，并将其形状样式设置为“细微效果-黑色，深色 1”，标注框内输入文本“广告宣传费增长了，邮电费减少了”，具体操作步骤如下。

步骤 1：选定工作表“运营费用”为当前工作表。

步骤 2：单击“插入”选项卡下“插图”功能组中的“形状”下拉按钮。

步骤 3：在弹出的“形状”下拉列表中选择“标注”组中的“思想气泡：云”选项，此时鼠标指针变为“十”字形。

步骤 4：将鼠标指针置于适当位置单击并拖曳至形状为适当大小，释放左键即生成“思想气泡：云”标注编辑框。

步骤 5：调整编辑框的大小和位置，单击“绘图工具/格式”选项卡下“形状样式”功能组中的“主题样式”下拉列表框中的“细微效果-黑色，深色 1”选项。

步骤 6：在编辑框内输入文本“广告宣传费增长了，邮电费减少了”。单击“绘图工具/格式”

选项卡下“艺术字样式”功能组中的“快速样式”列表框中的“填充：黑色，文本色 1；阴影”选项，结果如图 3-100 所示。

由图 3-100 可见，将 2015 年和 2020 年两年的数据饼图进行对比，便可知道公司运营费用的分配在 6 年来的变化。

步骤 7：将以上所有操作完成后将工作簿另存为“公司运营费用统计表（饼图）. xlsx”。

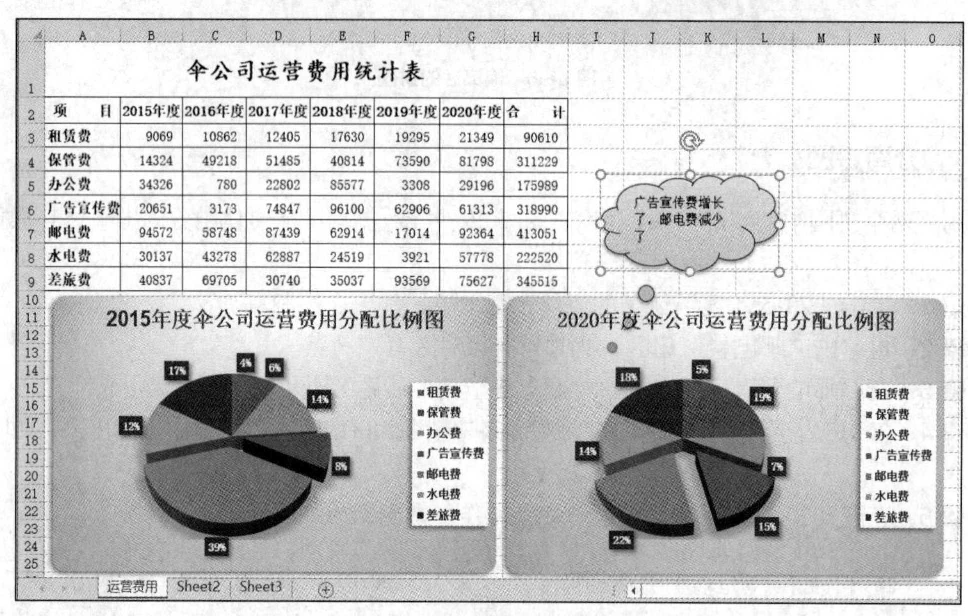
伞公司运营费用统计表

项　目	2015年度	2016年度	2017年度	2018年度	2019年度	2020年度	合　计
租赁费	9069	10862	12405	17630	19295	21349	90610
保管费	14324	49218	51485	40814	73590	81798	311229
办公费	34326	780	22802	85577	3308	29196	175989
广告宣传费	20651	3173	74847	96100	62906	61313	318990
邮电费	94572	58748	87439	62914	17014	92364	413051
水电费	30137	43278	62887	24519	3921	57778	222520
差旅费	40837	69705	30740	35037	93569	75627	345515

图 3-100　饼图操作最终结果

任务 13　创建折线图

折线图用于显示数据随时间或类别变化而变化的趋势。

打开素材库中文档“公司运营费用统计表.xlsx”，在工作表“运营费用”中进行以下操作。

在数据表所在的工作表中，创建广告宣传费折线图，图表标题命名为“广告宣传费趋势图”，图表类型选择“带数据标记的折线图”（二维）。

步骤 1：选定数据表格中用于创建图表的原始数据区域 A2:G2、A6:G6（即列标题行和各年度的广告费用的数据）。

步骤 2：单击“插入”选项卡下“图表”功能组中的“折线图”下拉按钮。

步骤 3：在弹出的下拉列表框中，选择“二维折线图”分类中的“带数据标记的折线图”选项，即在工作表“运营费用”中生成“广告宣传费”基本折线图，如图 3-101 所示。

步骤 4：单击选定图表标题文本框，将标题改为“广告宣传费趋势图”。

任务 14　修饰折线图

修饰图 3-101 所示的基本折线图。

图表区格式：快速图表：样式 2、有边框及阴影为预设外部右下偏移、圆角。

图例格式：背景填充为白色，有边框及阴影为预设外部右下偏移，字体为宋体、加粗、10 号。

绘图区格式：边框为白色。

标题格式：字体为楷体、加粗、18 号。

坐标轴：字体为宋体、加粗、10 号。

数据标签：字体为华文宋体、加粗、10 号。

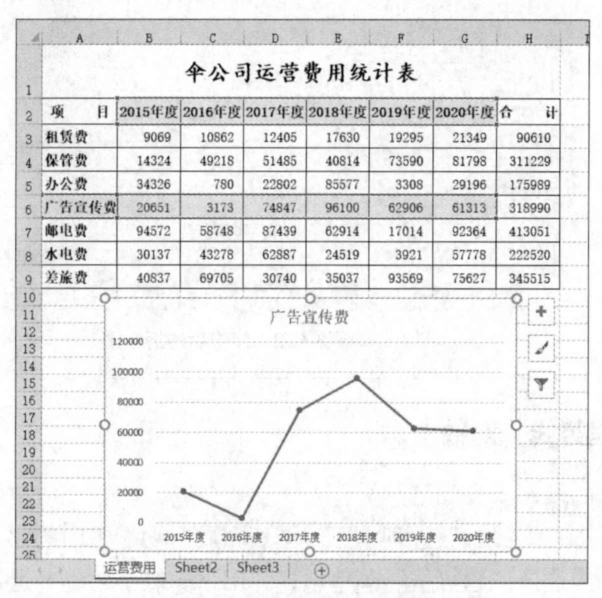

伞公司运营费用统计表

项　　目	2015年度	2016年度	2017年度	2018年度	2019年度	2020年度	合　　计
租赁费	9069	10862	12405	17630	19295	21349	90610
保管费	14324	49218	51485	40814	73590	81798	311229
办公费	34326	780	22802	85577	3308	29196	175989
广告宣传费	20651	3173	74847	96100	62906	61313	318990
邮电费	94572	58748	87439	62914	17014	92364	413051
水电费	30137	43278	62887	24519	3921	57778	222520
差旅费	40837	69705	30740	35037	93569	75627	345515

图 3-101　“广告宣传费”基本折线图

步骤 1：选中图表，单击“图表工具/设计”选项卡下“图表样式”功能组中的“样式 2”按钮。

步骤 2：双击图表区空白处，右侧弹出“设置图表区格式”任务窗格。

步骤 3：在弹出的“设置图表区格式”任务窗格中做如下设置。

- “填充与线条”选项卡：单击“边框”扩展按钮，并选中“圆角”复选框。
- “效果”选项卡：单击“阴影”扩展按钮，单击“预设”下拉按钮并在弹出的下拉列表框中选择“外部”组中的“偏移：右下”选项。

步骤 4：单击“图表工具/设计”选项卡下“图表布局”功能组中的“添加图表元素”下拉按钮，在弹出的下拉菜单中选择“图例”菜单项，弹出下一级子菜单，选择“右侧”菜单项，图表中出现图例。

步骤 5：双击图例，右侧改为“设置图例格式”任务窗格。

步骤 6：在“设置图例格式”任务窗格中进行如下设置。

- “填充与线条”选项卡：单击“填充”扩展按钮，颜色设置为“白色”，颜色透明度为 0%，边框为实线。
- “效果”选项卡：单击“阴影”扩展按钮，单击“预设”下拉按钮，并在弹出的下拉列表框中选择“外部”组中的“偏移：右下”选项。

步骤 7：选中绘图区，“填充与线条”选项卡中设置边框为“实线”，边框颜色为“白色”。

步骤 8：在“开始”选项卡下“字体”功能组中分别对图表字体进行设置。

- 图表标题：字体设置为楷体、加粗、18 号。
- 图例：字体设置为宋体、加粗、10 号。
- 数据标签：字体设置为华文宋体、加粗、10 号。
- 坐标轴：字体设置为宋体、加粗、10 号。

格式修饰设置需先选定对象。以上修饰后的图表如图 3-102 所示（已加长）。

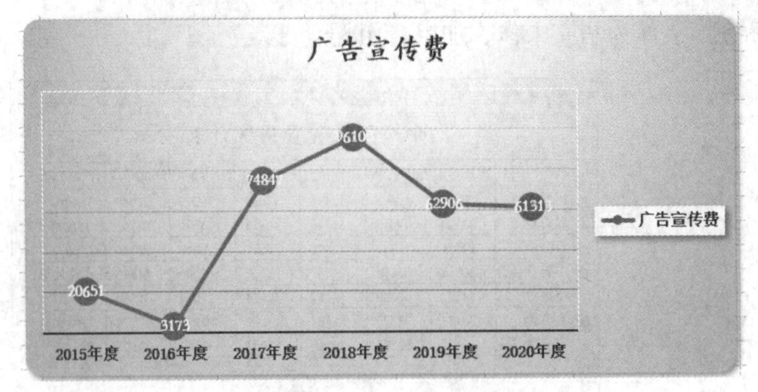

图 3-102　修饰后的折线图

任务 15　增加图表趋势线（对数）

给图表增加趋势线的操作步骤如下。

步骤 1：单击“图表工具/设计”选项卡下“图表布局”功能组中的“添加图表元素”下拉按钮，在弹出的下拉菜单中选择“趋势线”菜单项，弹出下一级子菜单，选择“其他趋势线选项”菜单项，右侧打开“设置趋势线格式”任务窗格。

步骤 2：在“设置趋势线格式”任务窗格中，单击“趋势线选项”扩展按钮，选中“对数”复选框，如图 3-103 所示。关闭“设置均势线格式”任务窗格，完成设置，结果如图 3-104 所示。

步骤 3：完成以上操作后将工作簿另存为“广告宣传费趋势图.xlsx”。

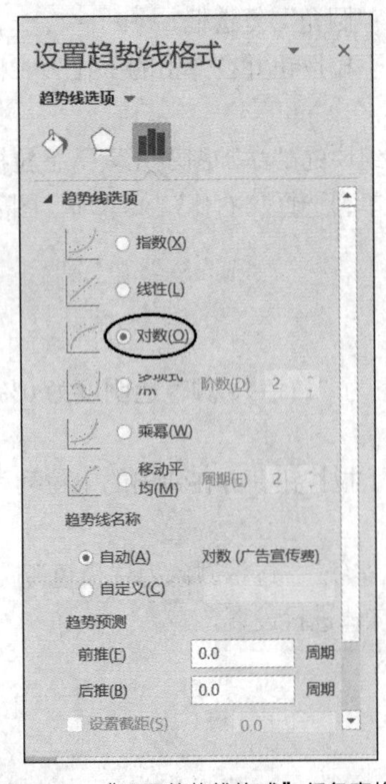

图 3-103　“设置趋势线格式”任务窗格

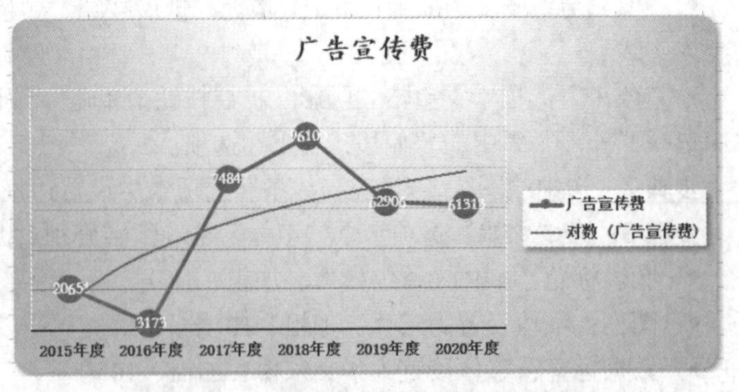

图 3-104　添加趋势线（对数）后的折线图

任务 16　创建迷你图

打开素材库中文档“公司运营费用统计表.xlsx”，在工作表“运营费用”中进行以下操作。

步骤 1：选定单元格区域 B3:G3，单击“插入”选项卡下“迷你图”功能组中的“柱形”按钮，如图 3-105 所示，弹出“创建迷你图”对话框。

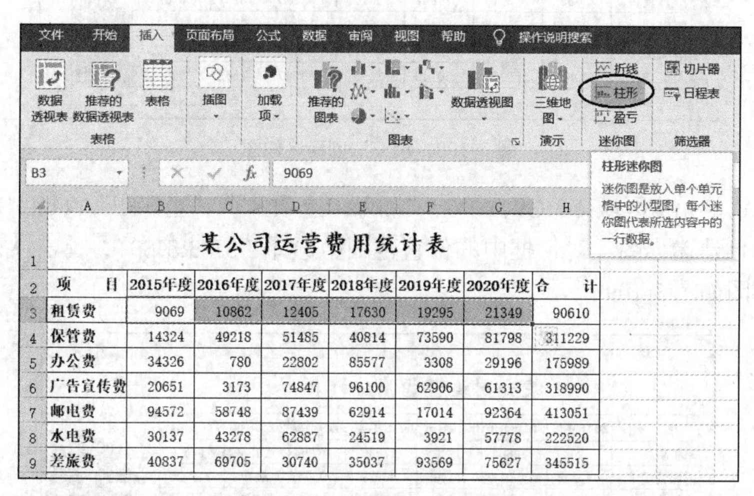

某公司运营费用统计表

项　目	2015年度	2016年度	2017年度	2018年度	2019年度	2020年度	合　计
租赁费	9069	10862	12405	17630	19295	21349	90610
保管费	14324	49218	51485	40814	73590	81798	311229
办公费	34326	780	22802	85577	3308	29196	175989
广告宣传费	20651	3173	74847	96100	62906	61313	318990
邮电费	94572	58748	87439	62914	17014	92364	413051
水电费	30137	43278	62887	24519	3921	57778	222520
差旅费	40837	69705	30740	35037	93569	75627	345515

图 3-105　创建迷你图的按钮

步骤 2：在“创建迷你图”对话框中，单击“选择放置迷你图的位置”文本框，进入编辑状态，选择单元格 I3，如图 3-106 所示，单击“确定”按钮。此时，会在单元格 I3 中创建一个图表，如图 3-107 所示，反映 6 年来租赁费的变化情况。

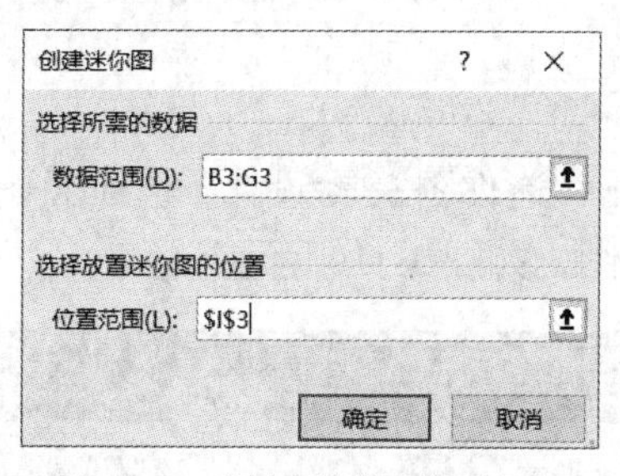

图 3-106　“创建迷你图”对话框

某公司运营费用统计表

项　目	2015年度	2016年度	2017年度	2018年度	2019年度	2020年度	合　计
租赁费	9069	10862	12405	17630	19295	21349	90610
保管费	14324	49218	51485	40814	73590	81798	311229
办公费	34326	780	22802	85577	3308	29196	175989
广告宣传费	20651	3173	74847	96100	62906	61313	318990
邮电费	94572	58748	87439	62914	17014	92364	413051
水电费	30137	43278	62887	24519	3921	57778	222520
差旅费	40837	69705	30740	35037	93569	75627	345515

图 3-107　创建迷你图

步骤 3：选中单元格 I3，按住填充柄向下拖曳至单元格 I9，在单元格区域 I3:I9 创建其他 7 项运营费用的迷你图，如图 3-108 所示。

某公司运营费用统计表

项　　目	2015年度	2016年度	2017年度	2018年度	2019年度	2020年度	合　　计	
租赁费	9069	10862	12405	17630	19295	21349	90610	
保管费	14324	49218	51485	40814	73590	81798	311229	
办公费	34326	780	22802	85577	3308	29196	175989	
广告宣传费	20651	3173	74847	96100	62906	61313	318990	
邮电费	94572	58748	87439	62914	17014	92364	413051	
水电费	30137	43278	62887	24519	3921	57778	222520	
差旅费	40837	69705	30740	35037	93569	75627	345515	

图 3-108　填充法创建迷你图

步骤 4：选定单元格区域 B3:G9，单击“插入”选项卡下“迷你图”功能组中的“柱形”按钮，在弹出的“创建迷你图”对话框中的位置范围中选择“$J$3:$J$9”，单击“确定”按钮后，创建的迷你柱形图如图 3-109 所示。

某公司运营费用统计表

项　　目	2015年度	2016年度	2017年度	2018年度	2019年度	2020年度	合　　计		
租赁费	9069	10862	12405	17630	19295	21349	90610		
保管费	14324	49218	51485	40814	73590	81798	311229		
办公费	34326	780	22802	85577	3308	29196	175989		
广告宣传费	20651	3173	74847	96100	62906	61313	318990		
邮电费	94572	58748	87439	62914	17014	92364	413051		
水电费	30137	43278	62887	24519	3921	57778	222520		
差旅费	40837	69705	30740	35037	93569	75627	345515		

图 3-109　在单元格区域$J$3:$J$9 创建迷你柱形图

任务 17　更改迷你图类型

选定单元格区域 J3:J9，单击“迷你图工具/设计”选项卡下“类型”功能组中的“折线”按钮，将迷你柱形图改为迷你折线图，如图 3-110 所示。

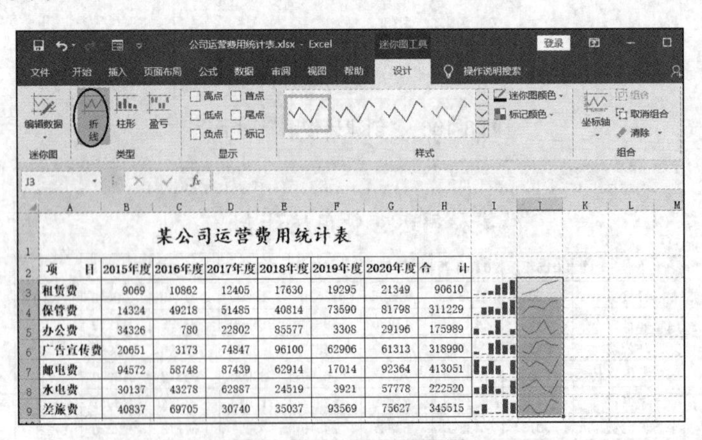

某公司运营费用统计表

项　　目	2015年度	2016年度	2017年度	2018年度	2019年度	2020年度	合　　计		
租赁费	9069	10862	12405	17630	19295	21349	90610		
保管费	14324	49218	51485	40814	73590	81798	311229		
办公费	34326	780	22802	85577	3308	29196	175989		
广告宣传费	20651	3173	74847	96100	62906	61313	318990		
邮电费	94572	58748	87439	62914	17014	92364	413051		
水电费	30137	43278	62887	24519	3921	57778	222520		
差旅费	40837	69705	30740	35037	93569	75627	345515		

图 3-110　更改迷你图类型

任务 18　显示迷你图中的最高点和最低点

选择单元格区域 J3:J9，在“迷你图工具/设计”选项卡下“显示”功能组中，选择“高点”

和“低点”复选框，如图 3-111 所示。

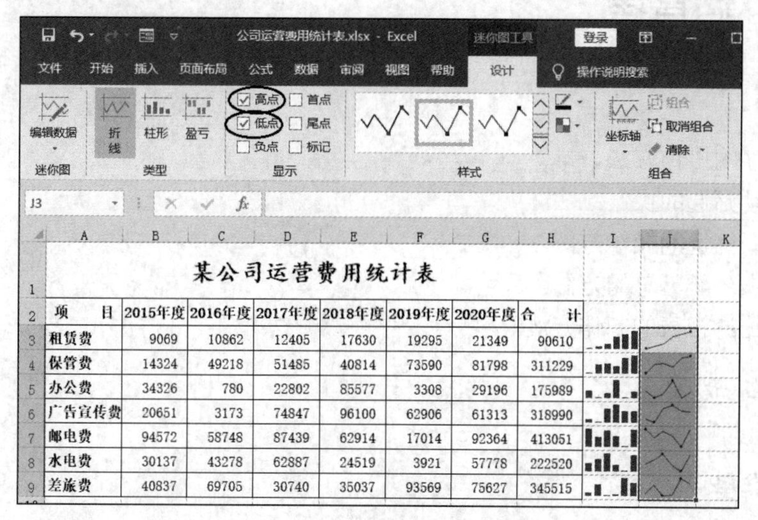

项 目	2015年度	2016年度	2017年度	2018年度	2019年度	2020年度	合 计
租赁费	9069	10862	12405	17630	19295	21349	90610
保管费	14324	49218	51485	40814	73590	81798	311229
办公费	34326	780	22802	85577	3308	29196	175989
广告宣传费	20651	3173	74847	96100	62906	61313	318990
邮电费	94572	58748	87439	62914	17014	92364	413051
水电费	30137	43278	62887	24519	3921	57778	222520
差旅费	40837	69705	30740	35037	93569	75627	345515

图 3-111 显示最高点和最低点

还可显示其他的点，如首点、尾点、标记、负点等。

任务 19 清除迷你图

选中单元格 J9，单击“迷你图工具/设计”选项卡下“组合”功能组中的“清除”按钮，如图 3-112 所示。清除迷你图后的效果如图 3-113 所示。

按<Ctrl+S>组合键保存工作簿。

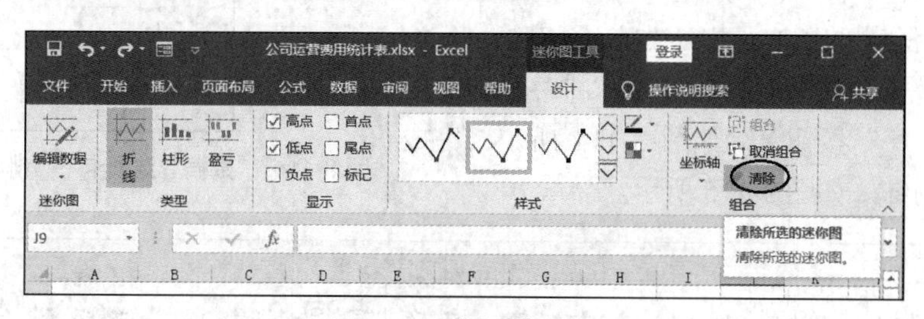

图 3-112 “清除”按钮

某公司运营费用统计表

项 目	2015年度	2016年度	2017年度	2018年度	2019年度	2020年度	合 计
租赁费	9069	10862	12405	17630	19295	21349	90610
保管费	14324	49218	51485	40814	73590	81798	311229
办公费	34326	780	22802	85577	3308	29196	175989
广告宣传费	20651	3173	74847	96100	62906	61313	318990
邮电费	94572	58748	87439	62914	17014	92364	413051
水电费	30137	43278	62887	24519	3921	57778	222520
差旅费	40837	69705	30740	35037	93569	75627	345515

图 3-113 清除迷你图后的效果

实验 4　数据管理

【实验目的】

- 掌握排序的操作方法。
- 掌握自动筛选的操作方法。
- 掌握高级筛选的操作方法。
- 掌握数据分类汇总的方法。
- 掌握数据透视表的制作方法。

【实验内容与步骤】

任务 1　实验准备

打开素材库中文档“学生统计表.xlsx”，并在其中进行以下操作。

步骤 1：将打开的文档“学生统计表. xlsx”另存为工作簿“学生统计表（排序）”。

步骤 2：在工作簿“学生统计表（排序）”中重命名工作表“Sheet1”为“日期排序”。

步骤 3：在同一工作簿中，按住<Ctrl>键，单击并拖曳工作表标签“日期排序”，复制 10 张工作表，将新得到的 10 张工作表分别重命名为“专业排序”“姓名排序”“自动筛选 1”“自动筛选 2”“自动筛选 3”“高级筛选 1”“高级筛选 2”“高级筛选 3”“分类汇总 1”和“分类汇总 2”。

任务 2　数据按日期排序

数据按日期排序的操作步骤如下。

步骤 1：在工作表“日期排序”中，选定数据表“出生日期”列任意一个单元格（如单元格 D5）。

步骤 2：单击“数据”选项卡下“排序和筛选”功能组中的“升序”按钮 A↓Z，如图 3-114 所示，完成排序，排序后的结果如图 3-115 所示。

图 3-114　“数据”选项卡下“排序和筛选”功能组

	A	B	C	D	E	F	G	H	I
1	学号	姓名	性别	出生日期	民族	政治面貌	专业	奖学金	贷款情况
2	20192327	韩玲玲	女	1997/1/20	汉	群众	国际文化贸易	1,000.0	
3	20191930	秦少游	男	1997/9/3	汉	团员	数字媒体技术	1,500.0	
4	20192023	周瑜	女	1997/9/8	汉	团员	广告学	2,000.0	
5	20191053	赵晶	女	1997/11/3	汉	团员	编辑出版学	1,000.0	
6	20191933	陈华	男	1997/12/1	汉	团员	数字媒体技术	1,000.0	
7	20190539	丁一	男	1997/12/11	汉	团员	新闻学	1,500.0	
8	20190332	徐茂	男	1998/1/1	汉	团员	传媒经济	1,000.0	
9	20192024	王会森	男	1998/2/9	汉	团员	广告学	1,500.0	
10	20191023	韩东	女	1998/3/1	汉	团员	编辑出版学	1,500.0	
11	20191004	周天	男	1998/3/9	汉	团员	编辑出版学	1,000.0	
12	20192024	郑杰	男	1998/3/24	汉	团员	广告学	1,500.0	
13	20191934	周文广	男	1998/4/12	汉	团员	数字媒体技术	1,500.0	

图 3-115　按“出生日期”排序部分结果

任务 3　数据排序

数据按“专业”为主要关键字进行升序排序，以“奖学金”为次要关键字进行降序排序，其操作步骤如下。

步骤 1：在工作表“专业排序”中，选定数据表中任意一个单元格（如单元格 C5）。

步骤 2：单击“数据”选项卡下“排序和筛选”功能组中的“排序”按钮，弹出“排序”对话框。

步骤 3：在“排序”对话框中设定“主要关键字”为“专业”，“排序依据”为“单元格值”，“次序”为“升序”。

步骤 4：单击“添加条件”按钮，设定“次要关键字”为“奖学金”，“排序依据”为“单元格值”，“次序”为“降序”，如图 3-116 所示。

步骤 5：单击“确定”按钮，完成排序，排序后的结果如图 3-117 所示。

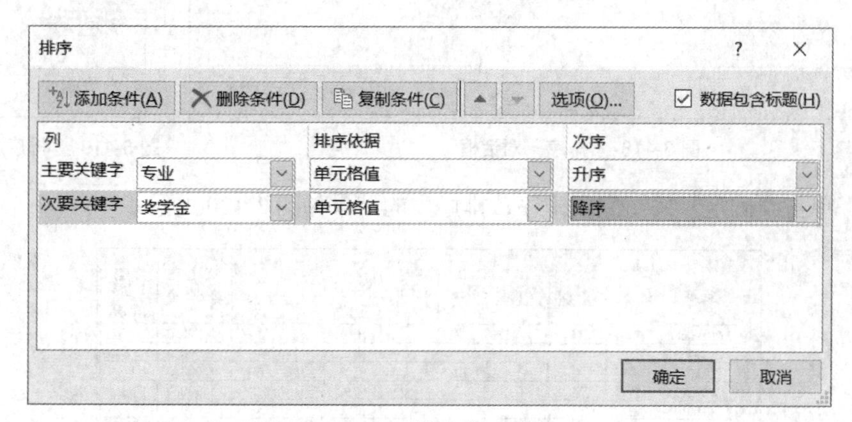

图 3-116　“排序”对话框

	A	B	C	D	E	F	G	H	I
1	学号	姓名	性别	出生日期	民族	政治面貌	专业	奖学金	贷款情况
2	20191024	王霄	女	1998/12/26	汉	团员	编辑出版学	2,000.0	
3	20191002	秦木强	男	1998/8/3	汉	群众	编辑出版学	1,500.0	
4	20191023	韩东	女	1998/3/1	汉	团员	编辑出版学	1,500.0	
5	20191041	陈敬东	男	1999/1/27	汉	团员	编辑出版学	1,000.0	4000
6	20191004	周天	男	1998/3/9	汉	团员	编辑出版学	1,000.0	
7	20191053	赵晶	女	1997/11/3	汉	团员	编辑出版学	1,000.0	
8	20190336	陈燕	女	1998/5/14	汉	群众	传媒经济	2,000.0	
9	20190335	陈吉慧	女	1998/11/18	汉	群众	传媒经济	1,500.0	
10	20190337	郑智慧	女	1999/1/8	汉	群众	传媒经济	1,500.0	
11	20190334	丁晓燕	女	1999/12/2	汉	党员	传媒经济	1,000.0	
12	20190333	陈凯	男	1999/11/10	汉	团员	传媒经济	1,000.0	
13	20190332	徐茂	男	1998/1/1	汉	团员	传媒经济	1,000.0	

图 3-117　按“专业”排序部分结果

任务 4　数据按汉字笔画排序

数据可以以“姓名”为主要关键字按汉字笔画进行排序。

步骤 1：在工作表“姓名排序”中，选定数据表中任意一个单元格（如单元 A3）。

步骤 2：单击“数据”选项卡下“排序和筛选”功能组中的“排序”按钮，弹出“排序”对话框。

步骤3：在“排序”对话框中设置“主要关键字”为“姓名”，“排序依据”为“单元格值”，“次序”为“升序”，如图3-118所示。

步骤4：单击“选项”按钮，弹出“排序选项”对话框。

步骤5：在“排序选项”对话框中的“方法”区域单击“笔画排序”单选按钮，如图3-119所示，然后单击“确定”按钮返回“排序”对话框。

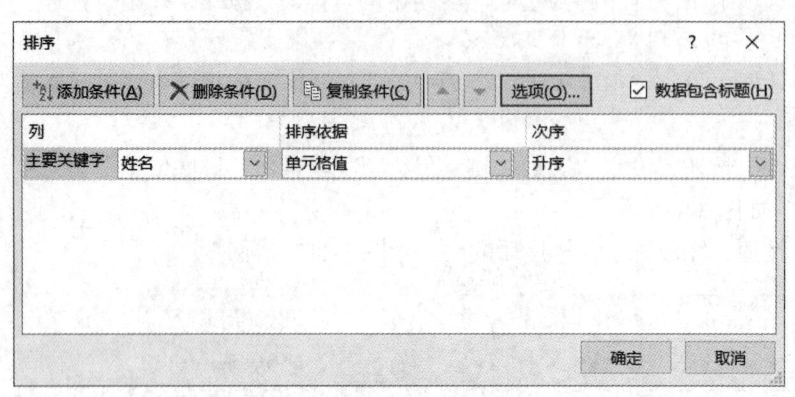

图3-118 “排序”对话框

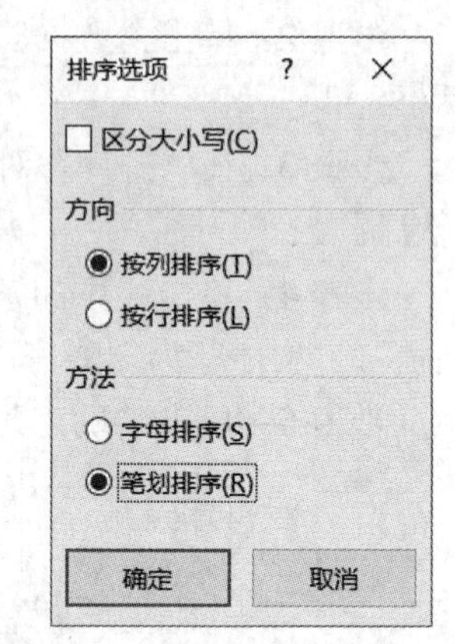

图3-119 “排序选项”对话框

步骤6：单击“确定”按钮完成排序，排序后的结果如图3-120所示。

	A	B	C	D	E	F	G	H	I
1	学号	姓名	性别	出生日期	民族	政治面貌	专业	奖学金	贷款情况
2	20190539	丁一	男	1997/12/11	汉	团员	新闻学	1,500.0	
3	20190537	丁俊	男	1998/8/26	汉	团员	新闻学	1,500.0	3000
4	20190334	丁晓燕	女	1999/12/2	汉	党员	传媒经济	1,000.0	
5	20192024	王会森	男	1998/2/9	汉	团员	广告学	1,500.0	
6	20190535	王艳珍	女	1999/8/3	汉	群众	新闻学	2,000.0	
7	20191931	王海燕	女	1998/6/23	汉	团员	数字媒体技术	2,000.0	
8	20192326	王琳	女	2000/1/3	汉	团员	国际文化贸易	1,500.0	
9	20191024	王菁	女	1998/12/26	汉	团员	编辑出版学	2,000.0	
10	20191935	朴正英	女	1998/7/29	朝鲜	团员	数字媒体技术	1,000.0	3000
11	20192025	李建东	男	1998/11/26	汉	团员	广告学	1,000.0	
12	20190536	李艳	女	1998/7/19	汉	群众	新闻学	1,000.0	
13	20192023	李琦	女	1999/2/3	汉	群众	广告学	1,000.0	

图3-120 按“姓名”笔画排序部分结果

步骤7：按<Ctrl+S>组合键保存文档。

任务5 数据的自动筛选1

数据的自动筛选：性别为女性的党员学生。

步骤1：在工作表“自动筛选1”中，选定数据表中任意一个单元格（如单元格C5）。

步骤2：单击“数据”选项卡下“排序和筛选”功能组中的“筛选”按钮，如图3-121所示，数据清单进入“自动筛选”状态，此时标题行中每个列字段的右侧会出现筛选按钮▾，如图3-122所示。

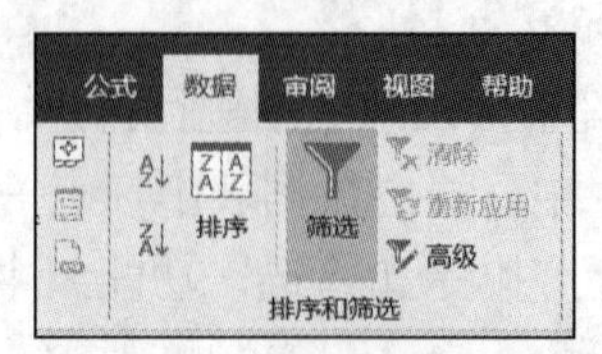

图3-121 单击“筛选”按钮

	A	B	C	D	E	F	G	H	I
1	学号	姓名	性别	出生日期	民族	政治面貌	专业	奖学金	贷款情况
2	20190336	陈燕	女	1998/5/14	汉	群众	传媒经济	2,000.0	

图 3-122　自动筛选状态

步骤 3：单击“性别”字段的筛选按钮，在弹出的下拉菜单的条件列表中选定“女”复选框（其他不选），如图 3-123 所示。

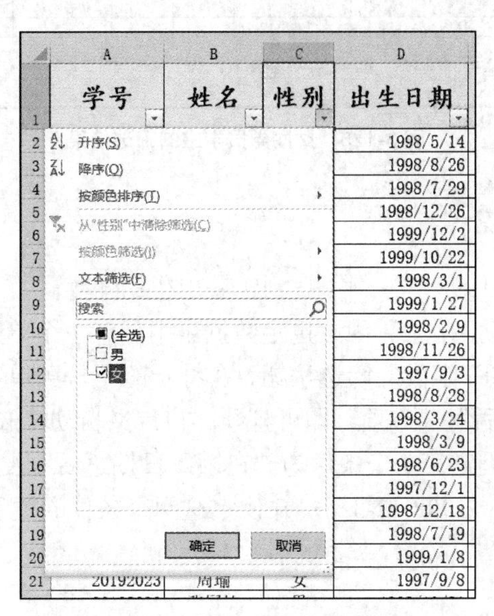

图 3-123　“自动筛选”下拉菜单

步骤 4：单击“确定”按钮，则原数据清单只显示符合指定筛选条件（性别为“女”的学生）的信息，此时在窗口下方的状态栏中会显示提示信息“在 36 条记录中找到 20 个”，筛选后的结果如图 3-124 所示。

	A	B	C	D	E	F	G	H	I
1	学号	姓名	性别	出生日期	民族	政治面貌	专业	奖学金	贷款情况
2	20190336	陈燕	女	1998/5/14	汉	群众	传媒经济	2,000.0	
4	20191935	朴正英	女	1998/7/29	朝鲜	团员	数字媒体技术	1,000.0	3000
5	20191024	王霄	女	1998/12/26	汉	团员	编辑出版学	2,000.0	
6	20190334	丁晓燕	女	1999/12/2	汉	党员	传媒经济	1,000.0	
7	20191932	张吉	女	1999/10/22	汉	团员	数字媒体技术	1,000.0	
8	20191023	韩东	女	1998/3/1	汉	团员	编辑出版学	1,500.0	
13	20192329	楚原蓝	女	1998/8/28	汉	团员	国际文化贸易	1,500.0	
16	20191931	王海燕	女	1998/6/23	汉	团员	数字媒体技术	2,000.0	
18	20190538	赵华	女	1998/12/18	汉	党员	新闻学	1,000.0	
19	20190536	李艳	女	1998/7/19	汉	群众	新闻学	1,000.0	
20	20190337	郑智慧	女	1999/1/8	汉	群众	传媒经济	1,500.0	
21	20192023	周瑜	女	1997/9/8	汉	团员	广告学	2,000.0	
26	20190540	赵逸	女	2000/3/31	汉	群众	新闻学	1,000.0	
28	20190535	王艳珍	女	1999/8/3	汉	群众	新闻学	2,000.0	
29	20192327	韩玲玲	女	1997/1/20	汉	群众	国际文化贸易	1,000.0	
30	20192328	张惠	女	1999/11/24	汉	群众	国际文化贸易	1,000.0	
31	20192326	王琳	女	2000/1/3	汉	团员	国际文化贸易	1,500.0	
35	20192023	李琦	女	1999/2/3	汉	群众	广告学	1,000.0	
36	20190335	陈吉慧	女	1998/11/18	汉	群众	传媒经济	1,500.0	
37	20191053	赵晶	女	1997/11/3	汉	团员	编辑出版学	1,000.0	

日期排序 | 专业排序 | 姓名排序 | 自动筛选1 | 自动筛选2 | 自动 …

在 36 条记录中找到 20 个

图 3-124　女学生的筛选结果

步骤 5：单击“政治面貌”字段的筛选按钮，在弹出的下拉菜单的条件列表中选定“党员”复选框（其他不选）。

步骤 6：单击“确定”按钮，原数据清单只显示符合指定筛选条件（性别为“女”、政治面貌为“党员”的学生）的信息，如图 3-125 所示，状态栏中显示提示信息“在 36 条记录中找到 2 个”。

	学号	姓名	性别	出生日期	民族	政治面貌	专业	奖学金	贷款情况
6	20190334	丁晓燕	女	1999/12/2	汉	党员	传媒经济	1,000.0	
18	20190538	赵华	女	1998/12/18	汉	党员	新闻学	1,000.0	
38									

图 3-125　女性党员学生的筛选结果

任务 6　数据的自动筛选 2

数据的自动筛选：筛选 1998 年 9 月 1 日到年底出生的学生。

步骤 1：在工作表“自动筛选 2”中，选定数据表中任意一个单元格（如单元格 D7）。

步骤 2：单击“出生日期”字段的筛选按钮，在打开的下拉菜单中选择“日期筛选”菜单项，并在下一级菜单中选择“之后”菜单项，即可打开“自定义自动筛选方式”对话框。

步骤 3：在该对话框中设定第 1 个条件为“在以下日期之后”及“1998-9-1”；设定第 2 个条件为“在以下日期之前”及“1998-12-31”；并设定这两个条件的关系为“与”，即单击“与”单选按钮，如图 3-126 所示。

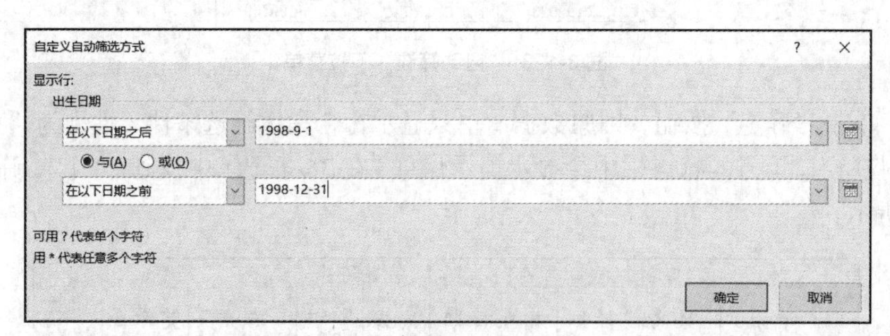

图 3-126　“自定义自动筛选方式”对话框

步骤 4：单击“确定”按钮，则原数据清单只会显示符合指定筛选条件（1998 年 9 月 1 日以后至 1998 年 12 月 31 日之前出生的学生）的信息，筛选后的结果如图 3-127 所示。

	学号	姓名	性别	出生日期	民族	政治面貌	专业	奖学金	贷款情况
5	20191024	王霄	女	1998/12/26	汉	团员	编辑出版学	2,000.0	
11	20192025	李建东	男	1998/11/26	汉	团员	广告学	1,000.0	
18	20190538	赵华	女	1998/12/18	汉	党员	新闻学	1,000.0	
22	20192330	张国栋	男	1998/10/21	白	群众	国际文化贸易	2,000.0	
36	20190335	陈吉慧	女	1998/11/18	汉	群众	传媒经济	1,500.0	
38									

专业排序　姓名排序　自动筛选1　自动筛选2　自动 ...

在 36 条记录中找到 5 个　100%

图 3-127　自定义自动筛选结果

步骤 5：按<Ctrl+S>组合键保存工作表“自动筛选 2”。

任务 7 数据的自动筛选 3

数据的自动筛选：筛选新闻学和传媒经济专业姓“丁”的学生。

步骤 1：在工作表“自动筛选 3”中，选定数据表中任意一个单元格（如单元格 H8）。

步骤 2：单击“专业”字段的筛选按钮，在弹出的下拉菜单中选择“文本筛选”菜单项并在下一级菜单中选择“等于”菜单项，即可打开“自定义自动筛选方式”对话框。

步骤 3：在该对话框中设定第 1 个条件为“等于”及“新闻学”；设定第 2 个条件为“等于”及“传媒经济”；设定两个条件的关系为“或”，如图 3-128 所示。

图 3-128 “自定义自动筛选方式”对话框

步骤 4：单击“确定”按钮，则原数据清单只显示符合指定筛选条件（新闻学和传媒经济专业的学生）的信息。

步骤 5：单击“姓名”字段的筛选按钮，在弹出的下拉菜单中选择“文本筛选”菜单项并在下一级菜单中选择“等于”菜单项，即可打开“自定义自动筛选方式”对话框。

步骤 6：在该对话框中设定条件为“等于”及“丁*”，如图 3-129 所示。

图 3-129 “自定义自动筛选方式”对话框的设置

步骤 7：单击“确定”按钮，则原数据清单只显示符合指定筛选条件（新闻学和传媒经济专业姓丁的学生）的信息，筛选后的结果如图 3-130 所示。

	A	B	C	D	E	F	G	H	I
1	学号	姓名	性别	出生日期	民族	政治面貌	专业	奖学金	贷款情况
3	20190537	丁俊	男	1998/8/26	汉	团员	新闻学	1,500.0	3000
6	20190334	丁晓燕	女	1999/12/2	汉	党员	传媒经济	1,000.0	
33	20190539	丁一	男	1997/12/11	汉	团员	新闻学	1,500.0	
38									
39									

姓名排序 | 自动筛选1 | 自动筛选2 | 自动筛选3

在 36 条记录中找到 3 个　100%

图 3-130 自定义自动筛选结果

步骤8：按<Ctrl+S>组合键保存文档。

任务8　数据的高级筛选1

数据的高级筛选：筛选出奖学金为2000元或者有贷款的学生。

步骤1：选定工作表“高级筛选1”，使其成为当前工作表。

步骤2：在数据清单的下方隔一行处建立高级筛选条件区域B39:C41，并输入筛选条件，如图3-131所示。

	A	B	C	D	E	F
34	20192328	张惠	女	1999/11/24	汉	群众
35	20190334	丁晓燕	女	1999/12/2	汉	党员
36	20192326	王琳	女	2000/1/3	汉	团员
37	20190540	赵逸	女	2000/3/31	汉	群众
38						
39		奖学金	贷款情况			
40		2000				
41			>0			

… 自动筛选2 | 自动筛选3 | 高级筛选1 | 高级筛选2 | …

图3-131　高级筛选条件区域

步骤3：选定数据表中任意一个单元格，单击“数据”选项卡下“排序和筛选”功能组中的“高级”按钮 高级，弹出“高级筛选”对话框。

步骤4：在该对话框中的“列表区域”文本框中输入整个数据清单区域A1:I37，在“条件区域”文本框中输入高级筛选条件区域B39:C41，单击“将筛选结果复制到其他位置”单选按钮并在“复制到”文本框中输入筛选结果的放置区域（结果区域的左上角单元格）A43，如图3-132所示。

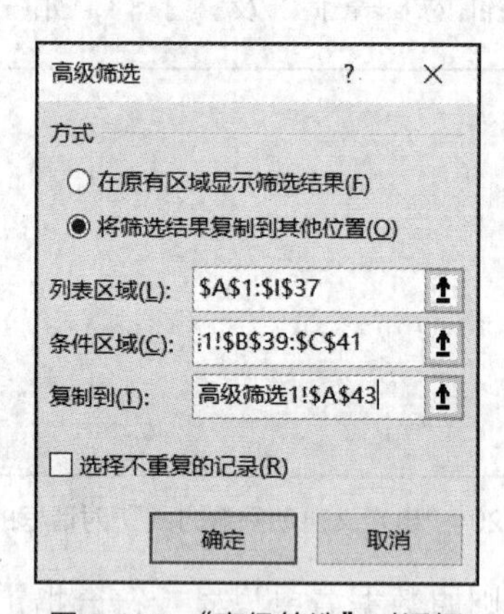

图3-132　“高级筛选”对话框

步骤5：单击“确定”按钮，得到高级筛选结果数据清单，如图3-133所示。

步骤6：按<Ctrl+S>组合键保存文档。

高级筛选条件区域与源数据表格在同一个工作表中，所以建立条件区域时至少要与数据清单之间有一个空行或空列。

条件区域中“列”与“列”的关系是“与”的关系，即筛选出来的数据同时满足在同一行的条件；条件区域中“行”与“行”的关系是“或”的关系，即筛选出来的数据只要满足其中一行的条件即可。

	A	B	C	D	E	F	G	H	I
36	20192326	王琳	女	2000/1/3	汉	团员	国际文化贸易	1,500.0	
37	20190540	赵逸	女	2000/3/31	汉	群众	新闻学	1,000.0	
38									
39		奖学金	贷款情况						
40		2000							
41			>0						
42									
43	学号	姓名	性别	出生日期	民族	政治面貌	专业	奖学金	贷款情况
44	20192023	周瑜	女	1997/9/8	汉	团员	广告学	2,000.0	
45	20190336	陈燕	女	1998/5/14	汉	群众	传媒经济	2,000.0	
46	20191931	王海燕	女	1998/6/23	汉	团员	数字媒体技术	2,000.0	
47	20191935	朴正英	女	1998/7/29	朝鲜	团员	数字媒体技术	1,000.0	3000
48	20190537	丁俊	男	1998/8/26	汉	团员	新闻学	1,500.0	3000
49	20192330	张国栋	男	1998/10/21	白	群众	国际文化贸易	2,000.0	
50	20191024	王霄	女	1998/12/26	汉	团员	编辑出版学	2,000.0	
51	20191041	陈敬东	男	1999/1/27	汉	团员	编辑出版学	1,000.0	4000
52	20190535	王艳珍	女	1999/8/3	汉	群众	新闻学	2,000.0	
53	20192325	韩少林	男	1999/8/29	汉	党员	国际文化贸易	1,000.0	2000

自动筛选2　自动筛选3　高级筛选1　高级筛选2

图 3-133　筛选出奖学金为 2000 元或者有贷款的学生

任务 9　数据的高级筛选 2

数据的高级筛选：筛选出传媒经济、数字媒体技术和新闻学 3 个专业的男学生。

步骤 1：选定工作表“高级筛选 2”，使其成为当前工作表。

步骤 2：在单元格区域 D39:E42 建立高级筛选条件区域，内容如表 3-1 所示。

表 3-1　　数据的高级筛选

专业	性别
传媒经济	男
数字媒体技术	男
新闻学	男

步骤 3：选定数据表中任意一个单元格，单击“数据”选项卡下“排序和筛选”功能组中的“高级”按钮 高级，在弹出的“高级筛选”对话框里设置“列表区域”为“A1:I37”，“条件区域”为“D39:E42”，“复制到”为“A44”，如图 3-134 所示。单击“确定”按钮后得出筛选结果如图 3-135 所示。

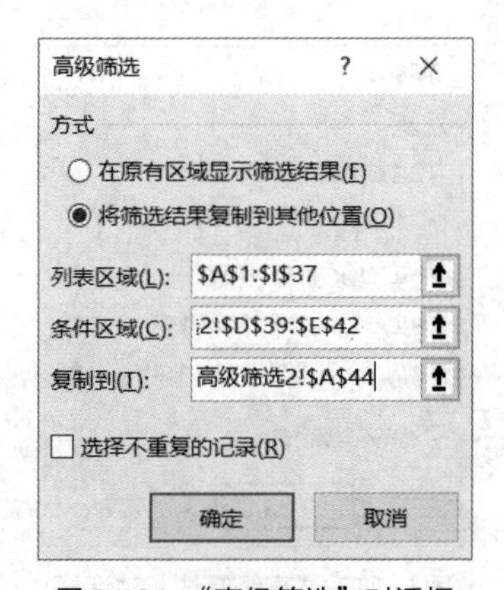

图 3-134　“高级筛选”对话框

	A	B	C	D	E	F	G	H	I
36	20192326	王琳	女	2000/1/3	汉	团员	国际文化贸易	1,500.0	
37	20190540	赵逸	女	2000/3/31	汉	群众	新闻学	1,000.0	
38									
39				专业	性别				
40				传媒经济	男				
41				数字媒体技术	男				
42				新闻学	男				
43									
44	学号	姓名	性别	出生日期	民族	政治面貌	专业	奖学金	贷款情况
45	20191930	秦少游	男	1997/9/3	汉	团员	数字媒体技术	1,500.0	
46	20191933	陈华	男	1997/12/1	汉	团员	数字媒体技术	1,000.0	
47	20190539	丁一	男	1997/12/11	汉	团员	新闻学	1,500.0	
48	20190332	徐茂	男	1998/1/1	汉	团员	传媒经济	1,000.0	
49	20191934	周文广	男	1998/4/12	汉	团员	数字媒体技术	1,500.0	
50	20190537	丁俊	男	1998/8/26	汉	团员	新闻学	1,500.0	3000
51	20190333	陈凯	男	1999/11/10	汉	团员	传媒经济	1,000.0	

自动筛选3 | 高级筛选1 | 高级筛选2 | 高级筛选3

图 3-135　筛选出 3 个专业的男生

步骤 4：按<Ctrl+S>组合键保存文档。

任务 10　数据的高级筛选 3

数据的高级筛选：筛选出出生日期为 7 月 23 日～8 月 22 日的女生。

步骤 1：选定工作表“高级筛选 3”，使其成为当前工作表。

步骤 2：在单元格区域 G39:I43 建立高级筛选条件区域，内容如表 3-2 所示。

表 3–2　**数据的高级筛选**

出生日期	出生日期	性别
>=1997-7-23	<=1997-8-22	女
>=1998-7-23	<=1998-8-22	女
>=1999-7-23	<=1999-8-22	女
>=2000-7-23	<=2000-8-22	女

步骤 3：按如上操作，在“高级筛选”对话框里设置“列表区域”为“A1:I37”，“条件区域”为“G39:I43”，“复制到”为“A45”，如图 3-136 所示。单击“确定”按钮后得出筛选结果如图 3-137 所示。

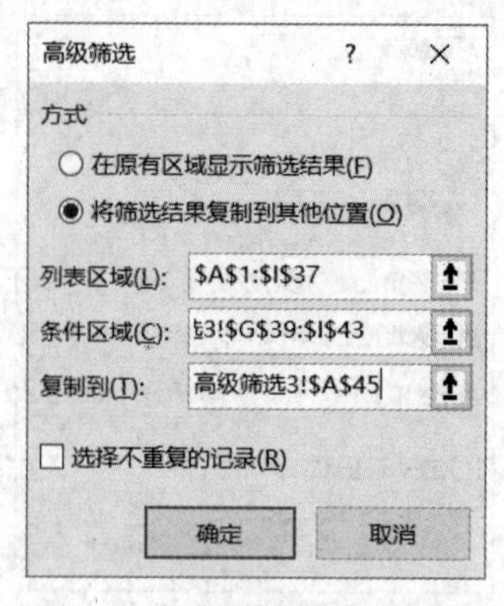

图 3-136　“高级筛选”对话框

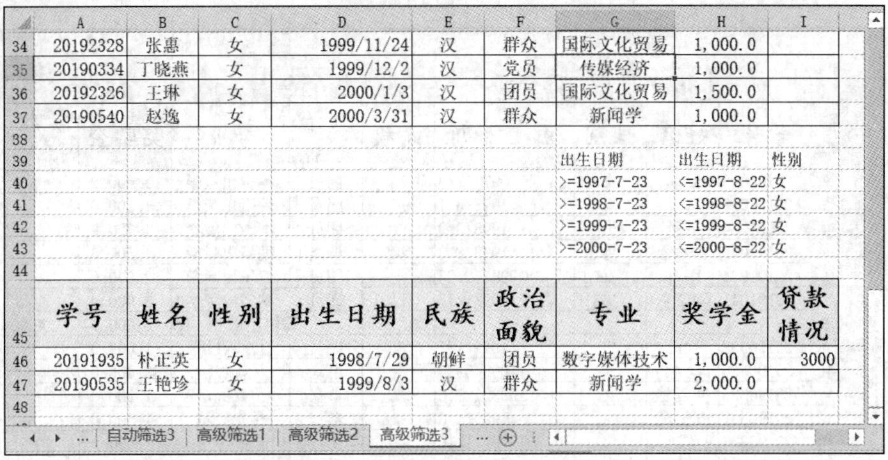

	A	B	C	D	E	F	G	H	I
34	20192328	张惠	女	1999/11/24	汉	群众	国际文化贸易	1,000.0	
35	20190334	丁晓燕	女	1999/12/2	汉	党员	传媒经济	1,000.0	
36	20192326	王琳	女	2000/1/3	汉	团员	国际文化贸易	1,500.0	
37	20190540	赵逸	女	2000/3/31	汉	群众	新闻学	1,000.0	
38									
39							出生日期	出生日期	性别
40							>=1997-7-23	<=1997-8-22	女
41							>=1998-7-23	<=1998-8-22	女
42							>=1999-7-23	<=1999-8-22	女
43							>=2000-7-23	<=2000-8-22	女
44									
45	学号	姓名	性别	出生日期	民族	政治面貌	专业	奖学金	贷款情况
46	20191935	朴正英	女	1998/7/29	朝鲜	团员	数字媒体技术	1,000.0	3000
47	20190535	王艳珍	女	1999/8/3	汉	群众	新闻学	2,000.0	
48									

自动筛选3　高级筛选1　高级筛选2　高级筛选3

图 3-137　高级筛选出女生的结果

步骤 4：按<Ctrl+S>组合键保存文档。

任务 11　数据的分类汇总

数据的分类汇总：按专业汇总并求各专业的奖学金总数和贷款总额。

步骤 1：选定工作表“分类汇总 1”，使其成为当前工作表。

步骤 2：按分类字段“专业”进行升序排序（方法同前）。

步骤 3：选定数据清单内任意一个单元格，单击“数据”选项卡“分级显示”功能组中的“分类汇总”按钮，弹出“分类汇总”对话框。

步骤 4：在“分类汇总”对话框中设置“分类字段”为“专业”，“汇总方式”为“求和”，“选定汇总项”选择“奖学金”和“贷款情况”，选中“替换当前分类汇总”与“汇总结果显示在数据下方”复选框，如图 3-138 所示。

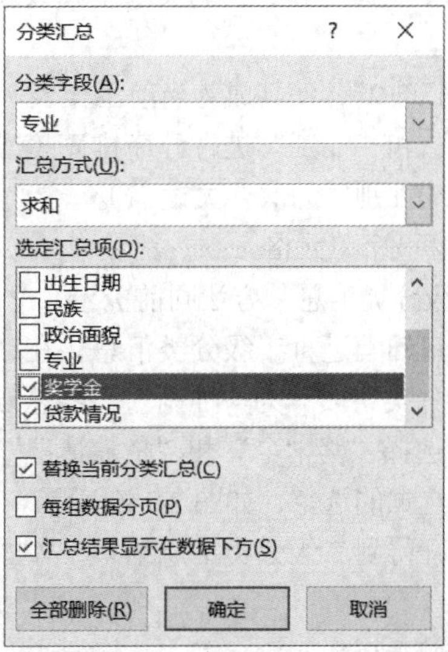

分类汇总
分类字段(A): 专业
汇总方式(U): 求和
选定汇总项(D):
☐ 出生日期
☐ 民族
☐ 政治面貌
☐ 专业
☑ 奖学金
☑ 贷款情况
☑ 替换当前分类汇总(C)
☐ 每组数据分页(P)
☑ 汇总结果显示在数据下方(S)
全部删除(R)　确定　取消

图 3-138 “分类汇总”对话框

步骤5：单击“确定”按钮得到分类汇总结果，如图3-139所示。

G6

	A	B	C	D	E	F	G	H	I
1	学号	姓名	性别	出生日期	民族	政治面貌	专业	奖学金	贷款情况
2	20191053	赵晶	女	1997/11/3	汉	团员	编辑出版学	1,000.0	
3	20191023	韩东	女	1998/3/1	汉	团员	编辑出版学	1,500.0	
4	20191004	周天	男	1998/3/9	汉	团员	编辑出版学	1,000.0	
5	20191002	秦木强	男	1998/8/3	汉	群众	编辑出版学	1,500.0	
6	20191024	王霄	女	1998/12/26	汉	团员	编辑出版学	2,000.0	
7	20191041	陈敬东	男	1999/1/27	汉	团员	编辑出版学	1,000.0	4000
8							编辑出版学 汇	8,000.0	4000
9	20190332	徐茂	男	1998/1/1	汉	团员	传媒经济	1,000.0	
10	20190336	陈燕	女	1998/5/14	汉	群众	传媒经济	2,000.0	
11	20190335	陈吉慧	女	1998/11/18	汉	群众	传媒经济	1,500.0	
12	20190337	郑智慧	女	1999/1/8	汉	群众	传媒经济	1,500.0	
13	20190333	陈凯	男	1999/11/10	汉	团员	传媒经济	1,000.0	
14	20190334	丁晓燕	女	1999/12/2	汉	党员	传媒经济	1,000.0	
15							传媒经济 汇总	8,000.0	0
16	20192023	周瑜	女	1997/9/8	汉	团员	广告学	2,000.0	
17	20192024	王会森	男	1998/2/9	汉	团员	广告学	1,500.0	
18	20192024	郑杰	男	1998/3/24	汉	团员	广告学	1,500.0	

高级筛选3 | 分类汇总1 | 分类汇总2 | 分类汇总3 | Shee ...

图3-139　分类汇总部分结果

分类汇总之前需按分类的字段排序，即先分类。另外对分类的字段可以进行求和、求平均值、最大值、最小值、计数等汇总计算，使大量的数据分析起来更简便。

步骤6：按<Ctrl+S>组合键保存文档。

任务12　数据的多级分类汇总

数据的多级分类汇总：求各专业男生和女生的奖学金总数及贷款总额。

步骤1：选定工作表“分类汇总2”，使其成为当前工作表。

步骤2：按分类字段“专业”和“性别”进行升序排序（方法同前，“专业”为主要关键字，“性别”为次要关键字）。

步骤3：选定数据清单内任意一个单元格。

步骤4：按“专业”进行一级分类汇总（方法同前）。

步骤5：在一级分类汇总的基础上进行二级分类汇总，在二级“分类汇总”对话框中设置“分类字段”为“性别”，“汇总方式”为“求和”，“选定汇总项”选择“奖学金”和“贷款情况”并取消“替换当前分类汇总”复选框的选定，如图3-140所示。

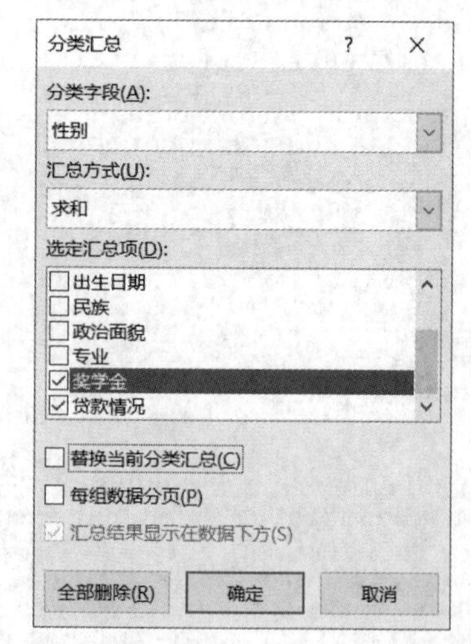

图3-140　设置“分类汇总”对话框

步骤6：单击“确定”按钮，得到二级分类汇总结果，如图3-141所示。

步骤7：按<Ctrl+S>组合键保存文档。

	A	B	C	D	E	F	G	H	I
1	学号	姓名	性别	出生日期	民族	政治面貌	专业	奖学金	贷款情况
2	20191004	周天	男	1998/3/9	汉	团员	编辑出版学	1,000.0	
3	20191002	秦木强	男	1998/8/3	汉	群众	编辑出版学	1,500.0	
4	20191041	陈敬东	男	1999/1/27	汉	团员	编辑出版学	1,000.0	4000
5			男 汇总					3,500.0	4000
6	20191053	赵晶	女	1997/11/3	汉	团员	编辑出版学	1,000.0	
7	20191023	韩东	女	1998/3/1	汉	团员	编辑出版学	1,500.0	
8	20191024	王霄	女	1998/12/26	汉	团员	编辑出版学	2,000.0	
9			女 汇总					4,500.0	0
10							编辑出版学 汇	8,000.0	4000
11	20190332	徐茂	男	1998/1/1	汉	团员	传媒经济	1,000.0	
12	20190333	陈凯	男	1999/11/10	汉	团员	传媒经济	1,000.0	
13			男 汇总					2,000.0	0
14	20190336	陈燕	女	1998/5/14	汉	群众	传媒经济	2,000.0	
15	20190335	陈吉慧	女	1998/11/18	汉	群众	传媒经济	1,500.0	
16	20190337	郑智慧	女	1999/1/8	汉	群众	传媒经济	1,500.0	
17	20190334	丁晓燕	女	1999/12/2	汉	党员	传媒经济	1,000.0	
18			女 汇总					6,000.0	0
19							传媒经济 汇总	8,000.0	0
20	20192024	王会森	男	1998/2/9	汉	团员	广告学	1,500.0	
21	20192024	郑杰	男	1998/3/24	汉	团员	广告学	1,500.0	

图 3-141 二级分类汇总部分结果

任务 13 查看分级显示数据

在工作表“分类汇总 2”中查看分级数据的步骤如下。

在分类汇总数据表中，若要分级显示数据，可以单击分级显示按钮 1 2 3 4 或使用展开按钮 + 和折叠按钮 -。

步骤 1：选定工作表“分类汇总 2”，使其成为当前工作表。

步骤 2：单击 3 级按钮，结果如图 3-142 显示。

步骤 3：单击 2 级按钮，结果如图 3-143 显示。

步骤 4：单击 1 级按钮，结果如图 3-144 显示。

	A	B	C	D	E	F	G	H	I
1	学号	姓名	性别	出生日期	民族	政治面貌	专业	奖学金	贷款情况
5			男 汇总					3,500.0	4000
9			女 汇总					4,500.0	0
10							编辑出版学 汇	8,000.0	4000
13			男 汇总					2,000.0	0
18			女 汇总					6,000.0	0
19							传媒经济 汇总	8,000.0	0
24			男 汇总					5,000.0	0
27			女 汇总					3,000.0	0
28							广告学 汇总	8,000.0	0
31			男 汇总					3,000.0	2000
36			女 汇总					5,000.0	0
37							国际文化贸易 汇总	8,000.0	2000
41			男 汇总					4,000.0	0
45			女 汇总					4,000.0	3000
46							数字媒体技术 汇总	8,000.0	3000
49			男 汇总					3,000.0	3000
54			女 汇总					5,000.0	0
55							新闻学 汇总	8,000.0	3000
56							总计	48,000.0	12000

图 3-142 “3 级”显示

	A	B	C	D	E	F	G	H	I
1	学号	姓名	性别	出生日期	民族	政治面貌	专业	奖学金	贷款情况
10							编辑出版学 汇总	8,000.0	4000
19							传媒经济 汇总	8,000.0	0
28							广告学 汇总	8,000.0	0
37							国际文化贸易 汇总	8,000.0	2000
46							数字媒体技术 汇总	8,000.0	3000
55							新闻学 汇总	8,000.0	3000
56							总计	48,000.0	12000
57									

图 3-143 “2 级”显示

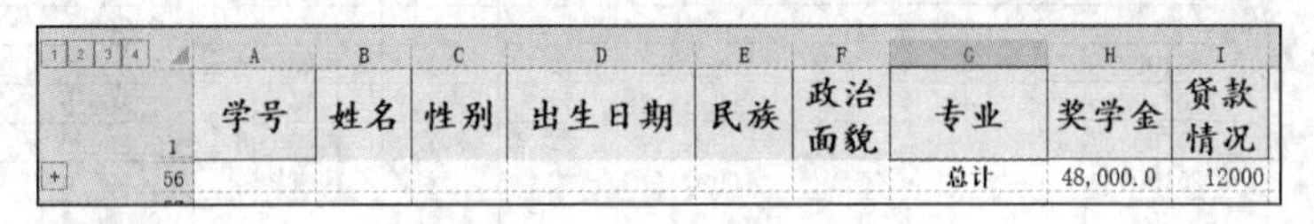

	A	B	C	D	E	F	G	H	I
1	学号	姓名	性别	出生日期	民族	政治面貌	专业	奖学金	贷款情况
56							总计	48,000.0	12000

图 3-144 “1 级”显示

任务 14　删除分类汇总

步骤 1：选定工作表“分类汇总 3”，使其成为当前工作表。

步骤 2：对数据清单进行分类汇总（方法同前）。

步骤 3：选定汇总数据表中任意一个单元格，选择“数据”选项卡，在“分级显示”功能组里单击“分类汇总”按钮，弹出“分类汇总”对话框。

步骤 4：在“分类汇总”对话框中单击“全部删除”按钮，则所有分类汇总被删除。

步骤 5：按<Ctrl+S>组合键保存文档。

任务 15　数据透视表

步骤 1：选定工作表“数据透视表”，使其成为当前工作表。

步骤 2：选定数据清单内任意一个单元格，单击“插入”选项卡下“表格”功能组中的“数据透视表”下拉按钮，在弹出的下拉菜单中选择“数据透视表”菜单项，弹出“创建数据透视表”对话框，如图 3-145 所示。

步骤 3：单击“确定”按钮，将新建的工作表命名为“数据透视表 1”。

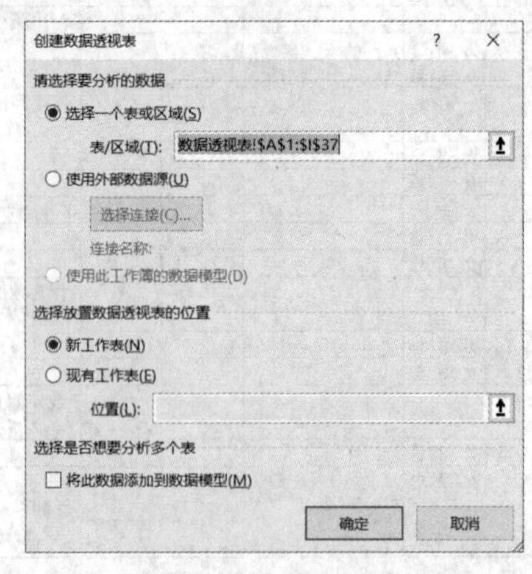

图 3-145 “创建数据透视表”对话框

步骤 4：在右侧“数据透视表字段”任务窗格中将“性别”字段拖曳至“筛选”区域，将“专业”字段拖曳至“行”字段区域，将“奖学金”字段和“贷款情况”字段拖曳至“值”字段区域，将“学号”字段拖曳至“值”字段区域。

步骤 5：单击“值”字段区域的“求和项：学号”选项，在弹出的菜单中选择“值字段设置”菜单项，如图 3-146 所示，弹出“值字段设置”对话框。

步骤 6：在“值字段设置”对话框中的“计算类型”列表框中选择“计数”选项，单击“确定”按钮，如图 3-147 所示。

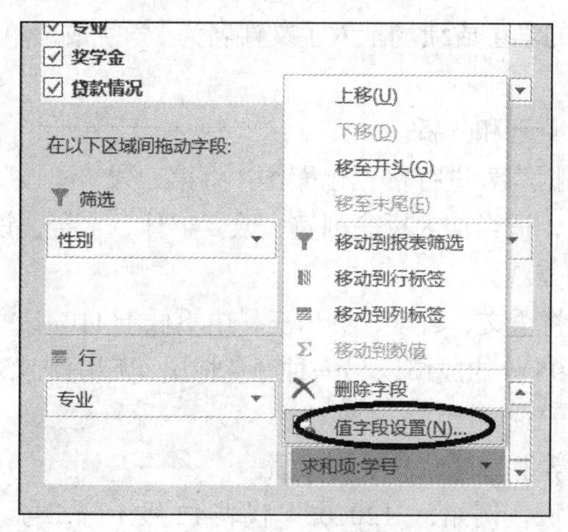

图 3-146　菜单中选择“值字段设置”菜单项

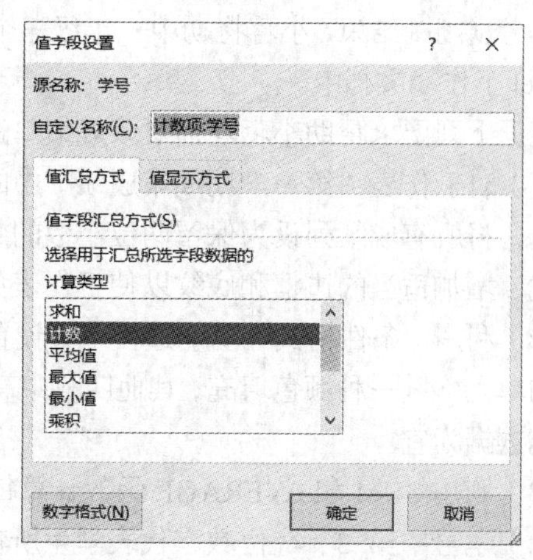

图 3-147　“值字段设置”对话框

步骤 7：单击“数据透视表工具/设计”选项卡“布局”功能组中的“报表布局”下拉按钮，在弹出的下拉列表中选择“以大纲形式显示”选项，数据透视表的结果如图 3-148 所示。

步骤 8：按<Ctrl+S>组合键保存文档。

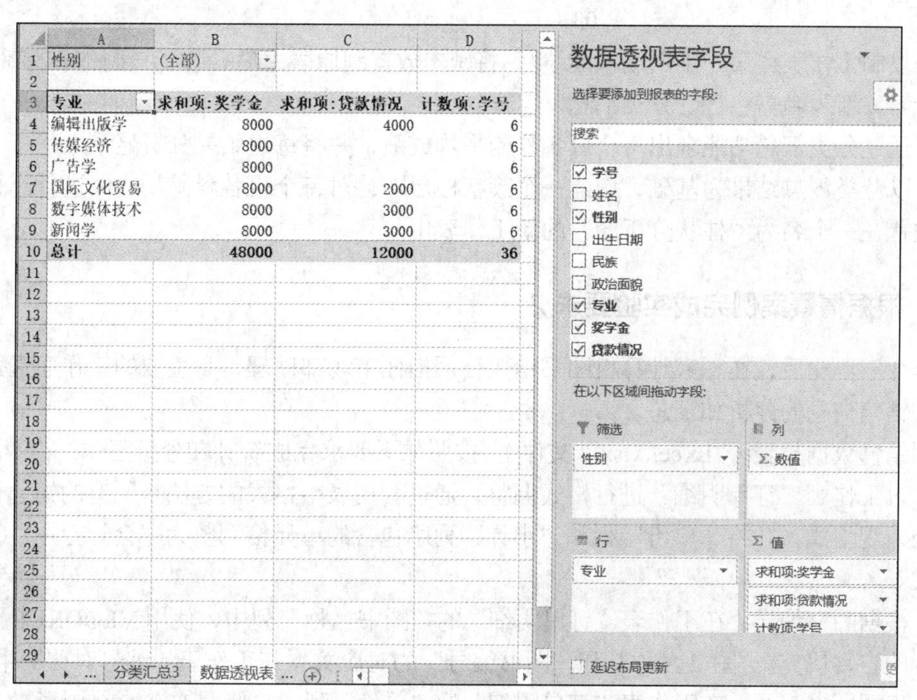

图 3-148　数据透视表的结果

实验5　提高实验

任务1　根据情景案例完成实验要求1

小蒋是一位中学教师，在教务处负责初中一年级学生的成绩管理。由于学校地处偏远地区，缺乏必要的教学设施，只有一台配置不太高的PC可以使用。他在这台计算机中安装了Microsoft Office，决定使用Excel来管理学生成绩，以弥补学校缺少数据库管理系统的不足。现在，第一学期期末考试刚刚结束，小蒋将初中一年级三个班的学生成绩均录入了文件名为“学生成绩单.xlsx”的Excel工作簿文档中。

根据下列要求帮助小蒋老师对该成绩单进行整理和分析。

（1）对工作表“第一学期期末成绩”中的数据列表进行格式化操作：将第一列“学号”列设为文本，将所有成绩列设为保留两位小数的数值，适当加大行高列宽，改变字体、字号，设置对齐方式，增加适当的边框和底纹以使工作表更加美观。

（2）利用“条件格式”功能进行下列设置：将语文、数学、英语三科中不低于110分的成绩所在的单元格以一种颜色填充，其他四科中高于95分的成绩以另一种颜色标出，所用颜色深浅以不遮挡数据为宜。

（3）利用SUM和AVERAGE函数计算每位学生的总分及平均成绩。

（4）学号中第3、4位数字代表学生所在的班，例如，“120105”代表12级1班5号。通过函数提取每位学生所在的班级，并按下列对应关系填写在“班级”列中。

“学号”的3、4位	对应班级
01	1班
02	2班
03	3班

（5）复制工作表“第一学期期末成绩”，将副本放置到原表之后，改变该副本表标签的颜色，并重新命名，新表名需包含“分类汇总”字样。

（6）通过分类汇总功能求出每个班各科的平均成绩，并将每组结果分页显示。

（7）以分类汇总结果为基础，创建一个簇状柱形图，对每个班各科平均成绩进行比较，并将该图表放置在一个名为“柱状分析图”的新工作表中。

任务2　根据情景案例完成实验要求2

小李今年毕业后，在一家计算机图书销售公司担任市场部助理，其主要的工作职责是为部门经理提供销售信息的分析和汇总。

根据销售数据报表（“Excel.xlsx”文件），按照如下要求完成统计和分析工作。

（1）对工作表“订单明细”进行格式调整，通过套用表格格式的方法将所有的销售记录调整为一致的外观格式，并将“单价”列和“小计”列所包含的单元格调整为“会计专用”（人民币）数字格式。

（2）根据图书编号，在工作表“订单明细”的“图书名称”列中，使用VLOOKUP函数完成图书名称的自动填充。“图书名称”和“图书编号”的对应关系在工作表“编号对照”中。

（3）根据图书编号，在工作表“订单明细”的“单价”列中，使用VLOOKUP函数完成图书单价的自动填充。“单价”和“图书编号”的对应关系在工作表“编号对照”中。

（4）在工作表“订单明细”的“小计”列中，计算每笔订单的销售额。

（5）根据工作表“订单明细”中的销售数据，统计所有订单的总销售金额，并将其填写在工作表“统计报告”的单元格 B3 中。

（6）根据工作表“订单明细”中的销售数据，统计《MS Office 高级应用》图书在 2012 年的总销售额，并将其填写在工作表“统计报告”的单元格 B4 中。

（7）根据工作表“订单明细”中的销售数据，统计隆华书店在 2011 年第 3 季度的总销售额，并将其填写在工作表“统计报告”的单元格 B5 中。

（8）根据工作表“订单明细”中的销售数据，统计隆华书店在 2011 年的每月平均销售额（保留两位小数），并将其填写在工作表“统计报告”的单元格 B6 中。

（9）保存“Excel.xlsx”文件。

04 第4章 演示文稿制作软件 PowerPoint

实验1 演示文稿的创建与修饰

【实验目的】

- 掌握新建演示文稿以及保存演示文稿的方法。
- 掌握在演示文稿中插入图片的方法。
- 掌握将模板应用在演示文稿上的方法。
- 掌握设置字体、字号、字体颜色以及加粗文本的方法。
- 掌握插入日期和幻灯片编号的方法。

【实验内容与步骤】

任务1 新建与保存演示文稿

新建与保存演示文稿的操作步骤如下。

步骤1：启动 PowerPoint 2016，单击窗口左上角的“文件”按钮，在弹出的菜单中选择“新建”菜单项，系统会显示“新建”对话框，如图4-1所示。然后单击“空白演示文稿”选项。

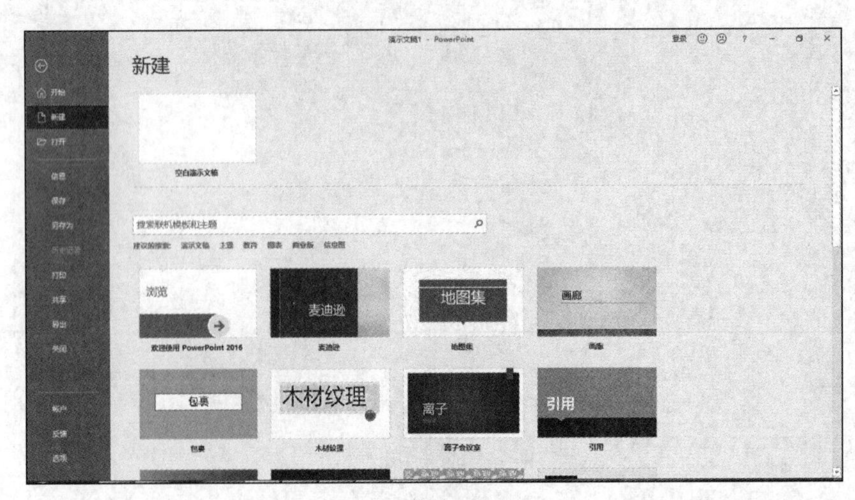

图4-1 新建演示文稿

步骤 2：此时程序将根据前面的文档序号自动新建空白演示文稿“演示文稿 1”。单击快速访问工具栏中的“保存”按钮，如图 4-2 所示。

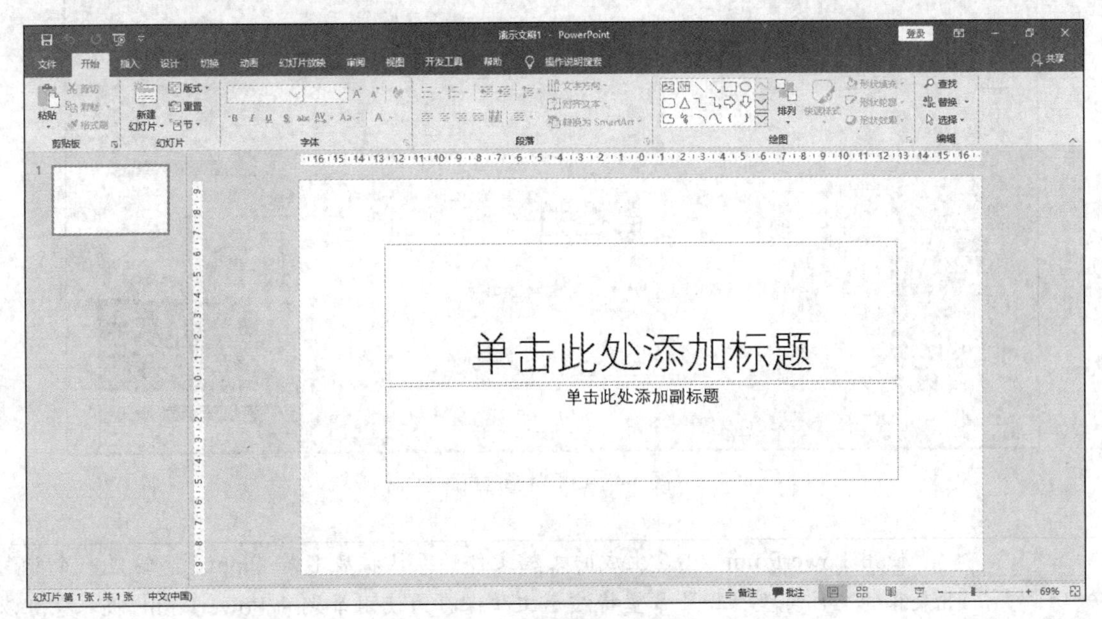

图 4-2　保存新建的演示文稿

步骤 3：打开“另存为”对话框，在“文件名”下拉列表框中输入文件名“自控力”，单击“保存”按钮，如图 4-3 所示。

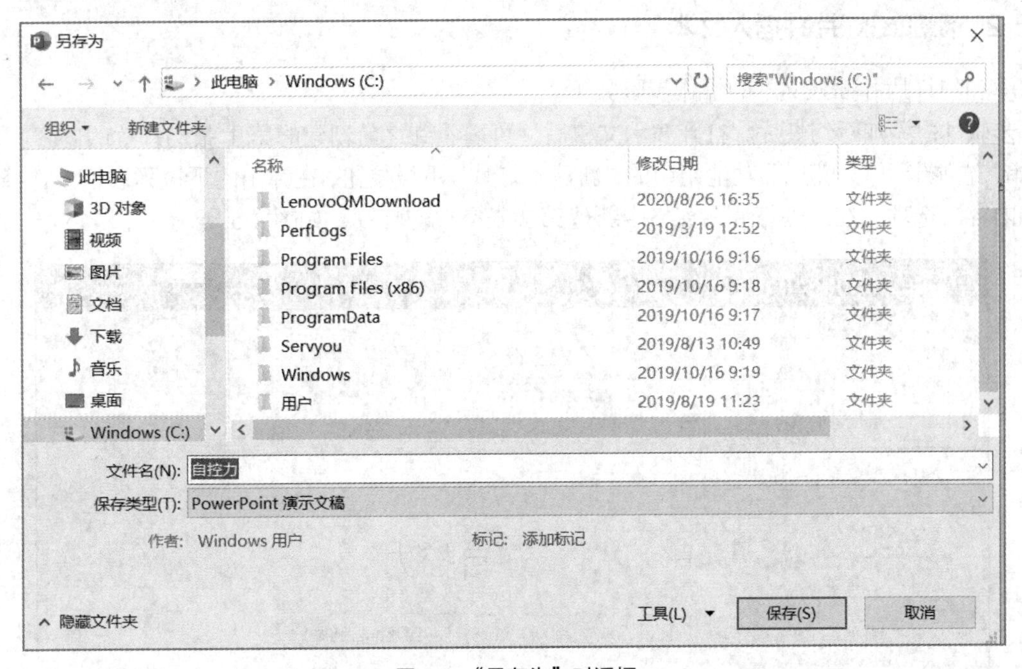

图 4-3　“另存为”对话框

步骤 4：在标题文本框中添加文本“自控力”，在副标题文本框中添加“---克服拖延的秘密”，单击快速访问工具栏中的“保存”按钮，如图 4-4 所示。

图 4-4　幻灯片标题页面

使用 PowerPoint 2016 生成的文档文件的默认扩展名是“.pptx”。这是一个非向下兼容的文件类型，如果希望将演示文稿保存为使用早期的 PowerPoint 版本也可以打开的文件，可以选择“文件”→“另存为”命令，然后在弹出的对话框中的“保存类型”下拉列表中选择“PowerPoint 97-2003 演示文稿”选项。

任务 2　添加幻灯片并插入文本

添加幻灯片并插入文本的操作步骤如下。

步骤 1：添加新幻灯片。打开演示文稿后，可以看到之前创建的第 1 张幻灯片的内容。单击“开始”选项卡下“幻灯片”功能组中的“新建幻灯片”下拉按钮，在弹出的下拉列表框中选择“标题和内容”选项，在“幻灯片”窗格中新建第 2 张空白幻灯片，如图 4-5 所示。

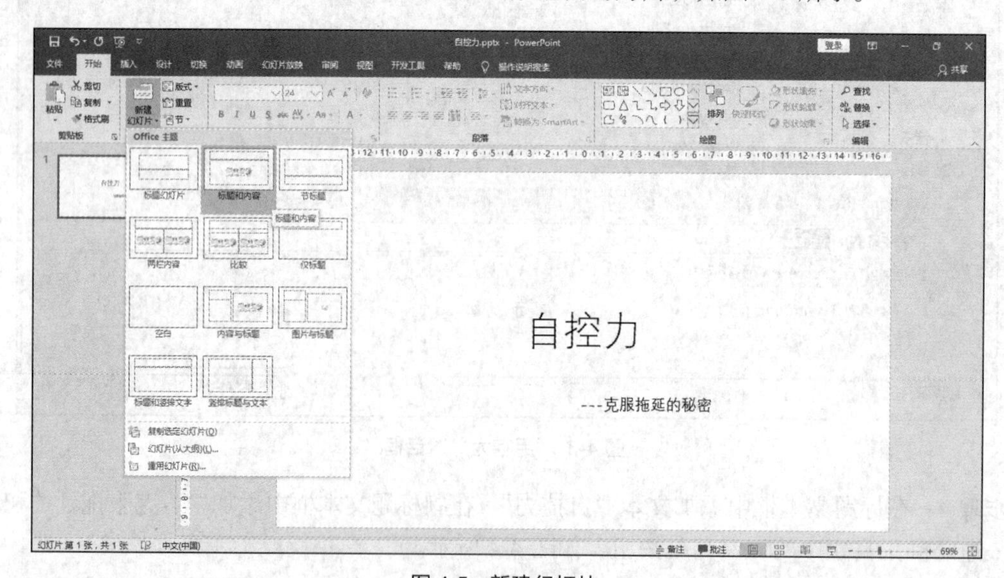

图 4-5　新建幻灯片

步骤 2：选择第 2 张幻灯片，该张幻灯片由上、下两个文本框组成。在下文本框中输入文本“小刚昨晚先玩了会手机游戏，本想玩了半小时就下来，没想到来了劲儿，快 10 点半才结束。也不知时间怎么过得这么快!开始做作业，没想到作业比预料中的困难许多，本该回去温习书本，可实在没有时间和精力了，就依照例题大概做了做。还有些画图作业明天也不得不交，一直弄到将近夜里两点才弄完，疲惫不堪地上了床。早上醒来的时候已经快 8 点了，小刚赶紧冲到教室，也没来得及吃早饭。一个上午小刚都昏昏沉沉的，挨到中午吃了饭休息了一下。下午……”，如图 4-6 所示。

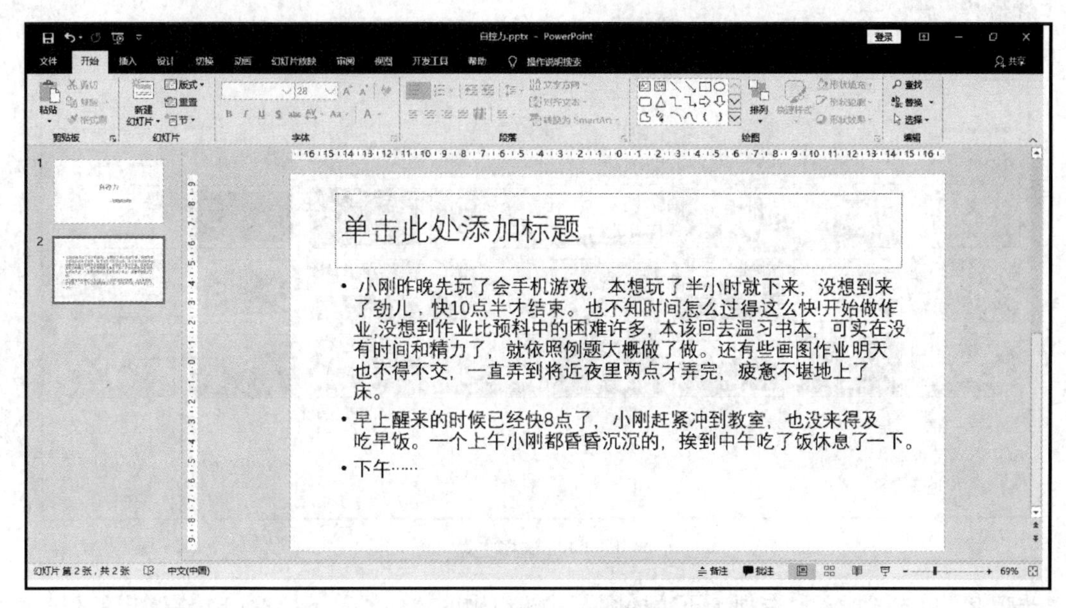

图 4-6 输入文本内容

步骤 3：在第 2 张幻灯片中选中文本框，单击“开始”选项卡下“段落”功能组中的“项目符号与编号”下拉按钮，在弹出的下拉列表框中选择菱形项目符号，如图 4-7 所示。

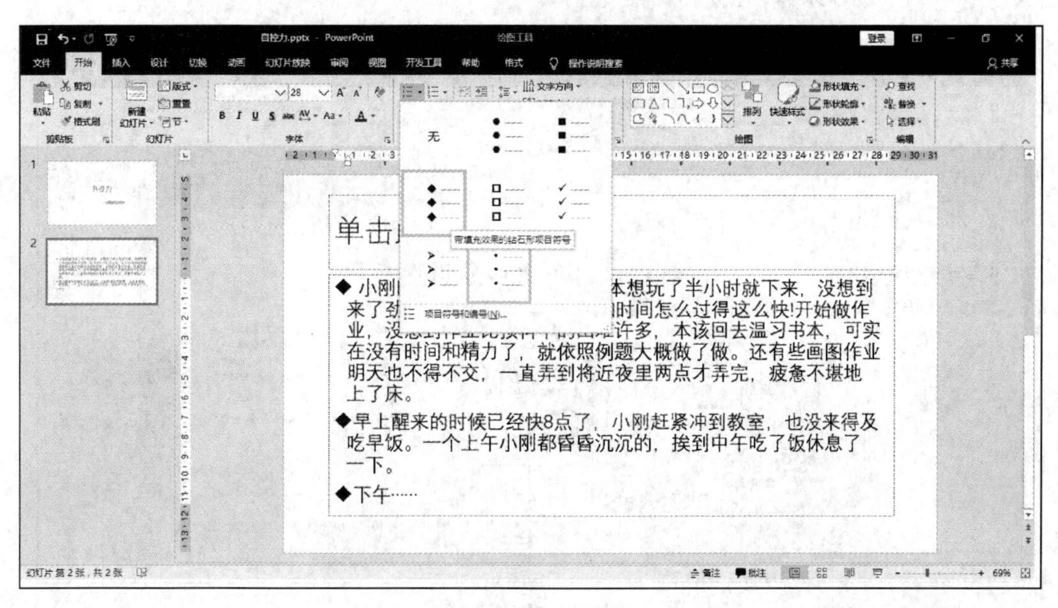

图 4-7 选择项目符号

任务 3　设置幻灯片模板及插入图片

设置幻灯片模板及插入图片的操作步骤如下。

步骤 1：打开“自控力”演示文稿，单击“设计”选项卡下“主题”功能组中的“其他”下拉按钮，选择“环保”选项，如图 4-8 所示。

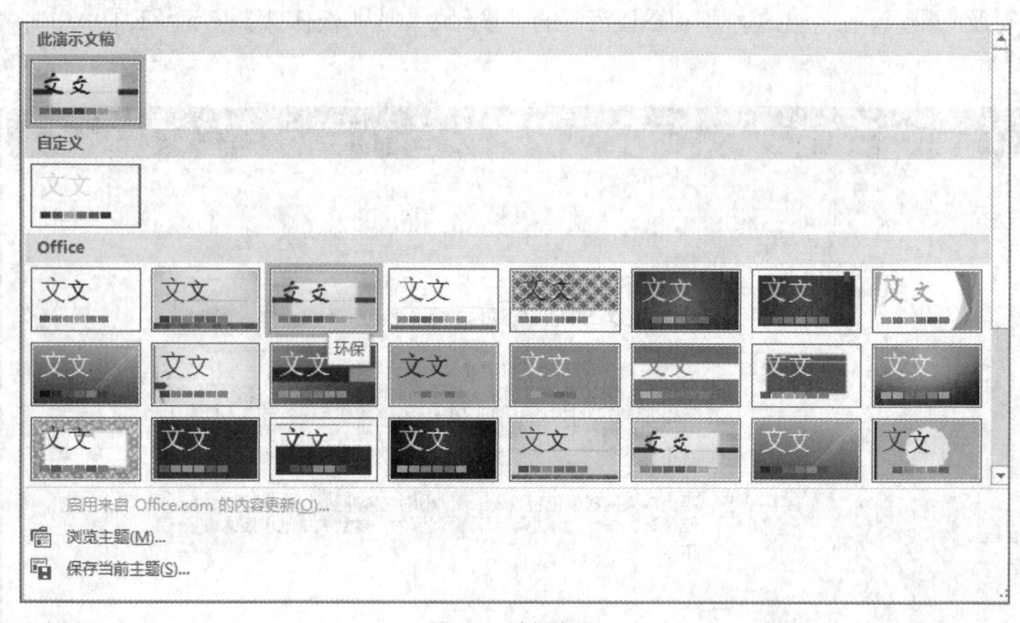

图 4-8　选择主题

步骤 2：单击“插入”选项卡下“插图”功能组中的“形状”下拉按钮，在弹出的列表框中选择“矩形”选项，插入矩形形状，如图 4-9 所示，修改矩形形状并将之填充为橙色，单击“绘图工具/格式”选项卡下的“形状效果”下拉按钮，添加阴影效果，添加文字“你是小刚吗”，并设置文字字体为“28，宋体，白色”。

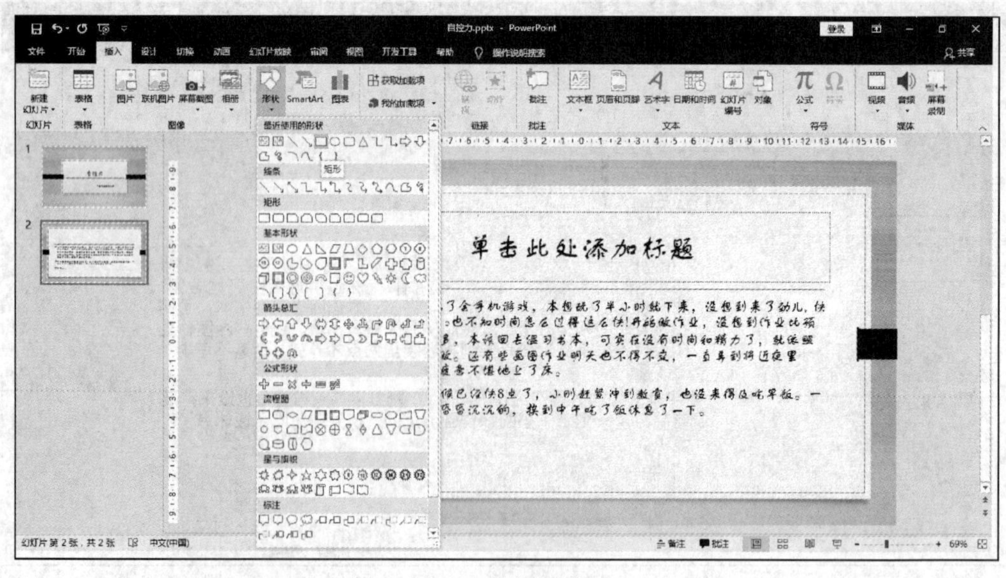

图 4-9　插入矩形框

步骤 3：插入第 3 张空白幻灯片，单击“插入”选项卡下“图像”功能组中的“图片”按钮，在弹出的对话框中选择“图片 1.bmp”插入幻灯片。

步骤 4：插入第 4 张空白幻灯片，单击“插入”选项卡下“图像”功能组中的“图片”按钮，在弹出的对话框中选择“图片 2.bmp”插入幻灯片，如图 4-10 所示。

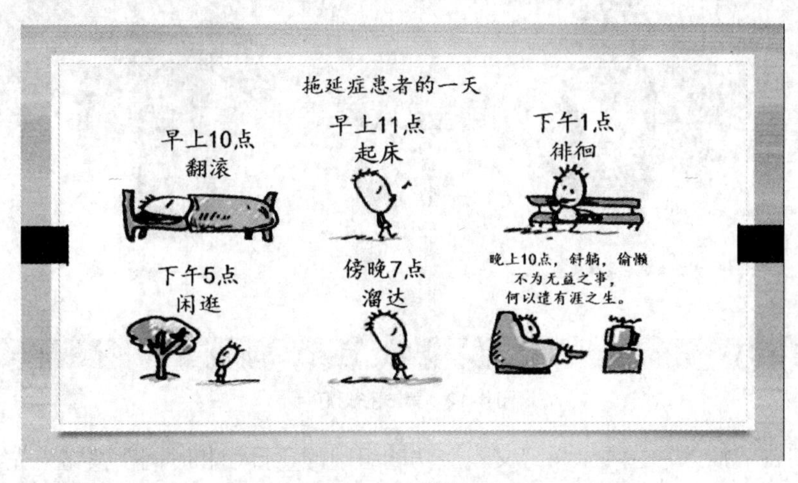

图 4-10　插入图片 2

步骤 5：保存文件“自控力.pptx”。

任务 4　添加日期及编号

添加日期及编号的操作步骤如下。

步骤 1：打开“自控力.pptx”演示文稿，插入第 5 张空白幻灯片，单击“插入”选项卡下“图像”功能组中的“图片”按钮，在弹出的对话框中选择“图片 3.bmp”和“图片 4.bmp”插入幻灯片，并输入文本“平时不好好学习，期末前才煎熬苦读？今天的衣服和明天一起洗吧？图书馆复习，先玩会儿手机再开始吧？……”“如果你中枪了，没关系！没有人能躲过拖延症！”，如图 4-11 所示。

步骤 2：插入第 6 张空白幻灯片，单击“插入”选项卡下“图像”功能组中的“图片”按钮，在弹出的对话框中选择“图片 5.bmp”和“图片 6.bmp”插入幻灯片，并输入文本“克服冲动、深谋远虑”“任意妄为、及时行乐”，如图 4-12 所示。

图 4-11　第 5 张幻灯片

图 4-12　第 6 张幻灯片

步骤 3：单击“插入”选项卡下“文本”功能组中的“日期和时间”按钮，先在打开的“页眉和页脚”对话框的“幻灯片”选项卡中选中“日期和时间”复选框，并单击“自动更新”单选按钮，然后在下方的下拉列表框中选择日期格式，选中“幻灯片编号”和“标题幻灯片中不显示”复选框，单击“全部应用”按钮应用设置，如图 4-13 所示。

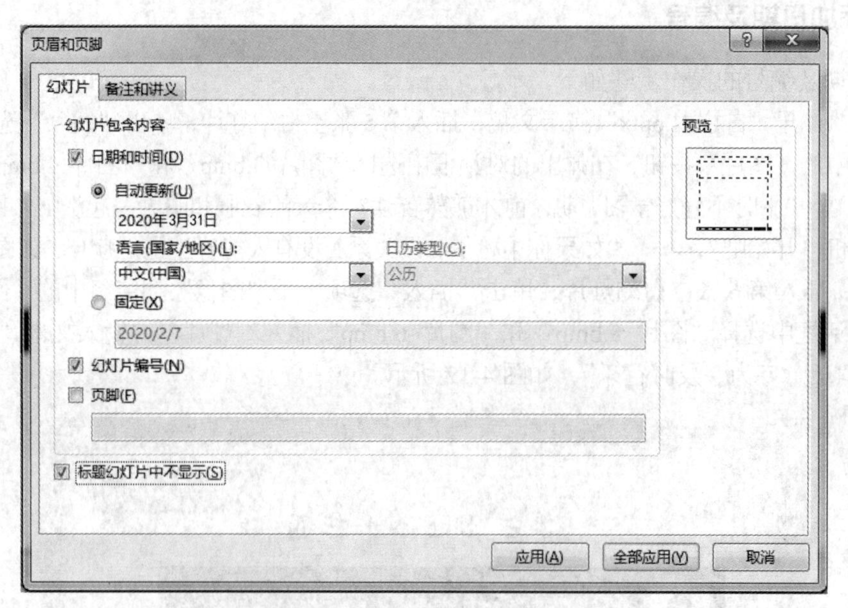

图 4-13　“页眉和页脚”对话框

步骤 4：在“普通视图”中选择第 6 张幻灯片，可以看到其右下方显示了日期，左下方显示了幻灯片编号，如图 4-14 所示。

步骤 5：插入第 7 张幻灯片，输入文字“忍受不适、压力，坚持做正在做的事情；当你困到不行，它会让你继续待在计算机前做 PPT”“克制一时的冲动，抵制诱惑；它会帮助你克制在做 PPT 的时候想刷微信的冲动”“牢记长远目标，不为短期诱惑所控；它会让你知道你真正想要的是完成一份好的 PPT，而不是懒觉”，如图 4-15 所示。

图 4-14　插入日期和编号的幻灯片

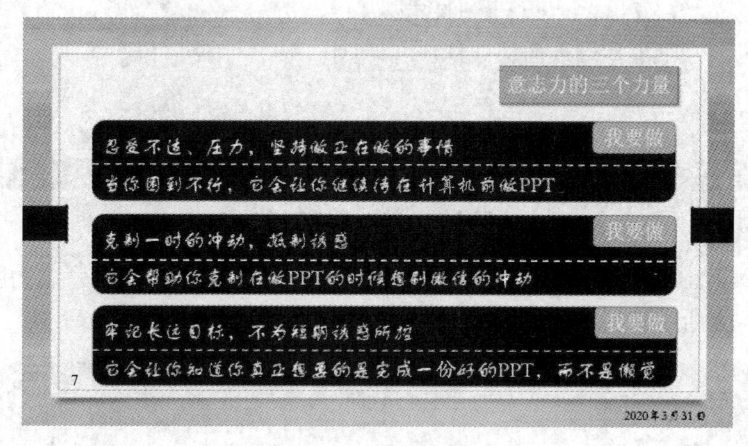

图 4-15　第 7 张幻灯片

步骤 6：插入第 8 张空白幻灯片，单击“插入”选项卡下“图像”功能组中的“图片”按钮，在弹出的对话框中选择“图片 7.bmp”插入幻灯片，并输入文字“在接下来的 2 分钟内”“别想香蕉”“能做到吗？”，如图 4-16 所示。

图 4-16　第 8 张幻灯片

步骤7：插入第9张空白幻灯片，单击“插入”选项卡下“图像”功能组中的“图片”按钮，在弹出的对话框中选择“图片 9.bmp”插入幻灯片，并输入文字“现在你的脑子里是不是都是香蕉？讽刺性反弹”“当人们试着不去想某件事的时候，反而比没有控制自己的思维时想得更多。”“我不要”的力量一旦用在控制思维上就失效了。”“我不要的力量要用在控制行为上”，如图4-17所示。

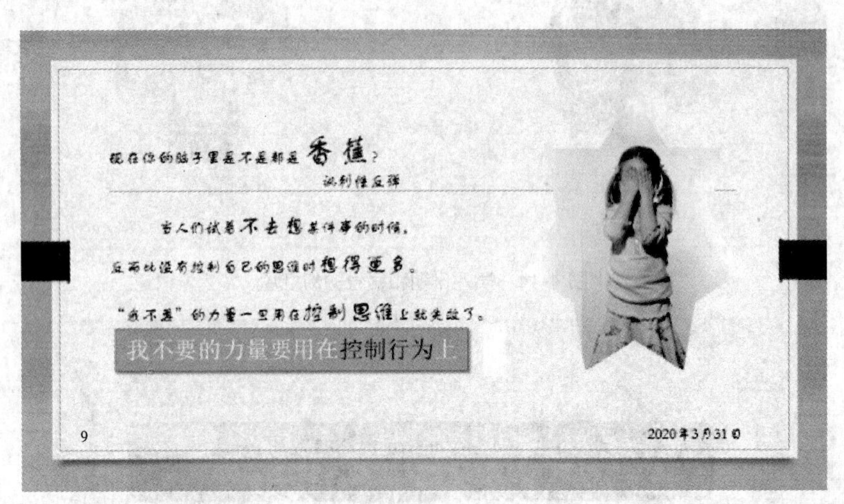

图4-17　第9张幻灯片

步骤8：插入第10张空白幻灯片，并输入文字“如何自控”“训练‘意志力肌肉’”“训练你的身心”，如图4-18所示。

图4-18　第10张幻灯片

步骤9：插入第11张空白幻灯片，单击“插入”选项卡下“图像”功能组中的“图片”按钮，在弹出的对话框中选择“图片 11.bmp”插入幻灯片，并输入文字“训练‘意志力肌肉’”“养成习惯，关注自己正在做的事情、选择更难而不是最简单的事情。”“增强我不要的力量”“不随便发誓、坐下时不跷脚、用不常用的手进行日常活动”“增强我想要的力量”“每天做一件事情（不是你已经在做的事）”“增强自我监控能力”“认真记录一件你平常不关注的事情”，如图4-19所示。

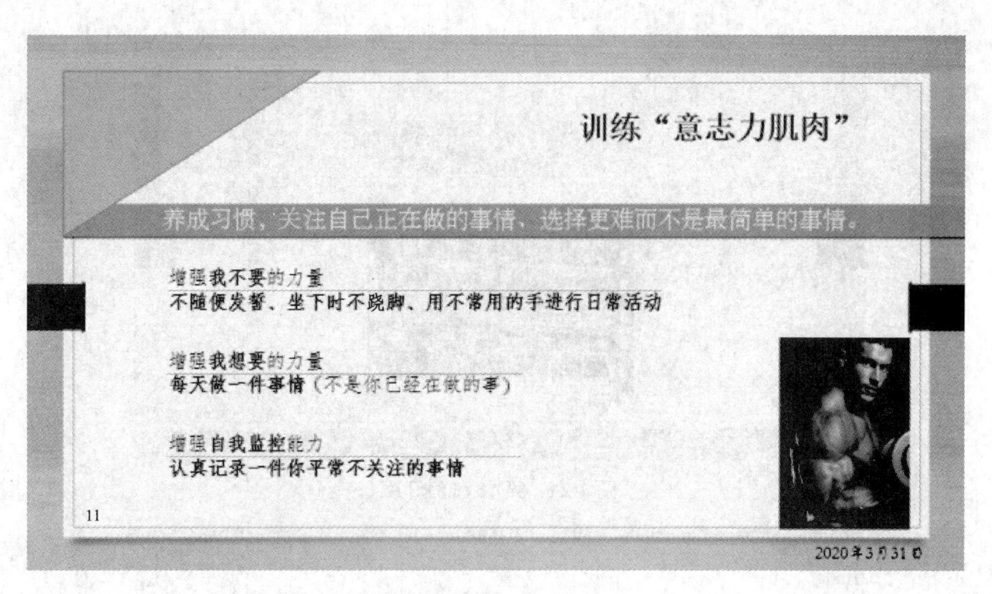

图 4-19　第 11 张幻灯片

步骤 10：插入第 12 张空白幻灯片，并输入文字“训练你的身体”“锻炼：每天固定的锻炼不仅能保持身体健康，而且能显著提高自控力”“睡眠：良好的睡眠可以帮助大脑恢复到最佳状态，使注意力集中，使意志力得到恢复”，如图 4-20 所示。

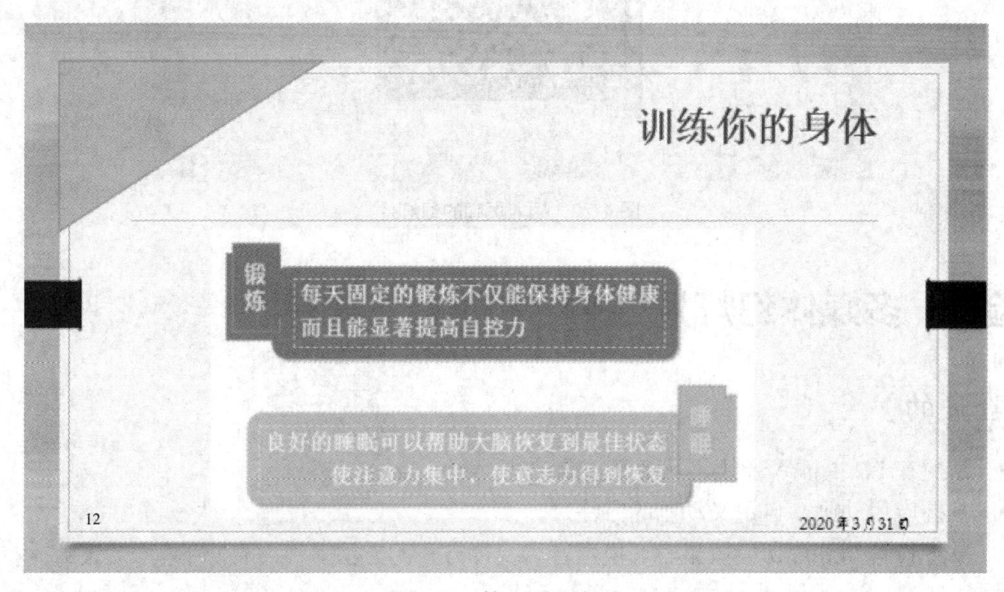

图 4-20　第 12 张幻灯片

步骤 11：插入第 13 张空白幻灯片，单击“插入”选项卡下“图像”功能组中的“图片”按钮，在弹出的对话框中选择“图片 8.bmp”插入幻灯片，并输入文字“自控力=成功”，如图 4-21 所示。

步骤 12：单击“插入”选项卡下“文本”功能组中的“页眉和页脚”按钮，在打开的“页眉和页脚”对话框的“幻灯片”选项卡下选中“页脚”复选框，在下面的文本框中输入“心理学课程”文本，然后单击“全部应用”按钮。在幻灯片母版中选中页脚内容，将其字体格式设置为“华文楷体、20、加粗、倾斜、深蓝”，如图 4-22 所示。完成后保存演示文稿，完成本例的制作。

图 4-21　第 13 张幻灯片

图 4-22　插入页脚的幻灯片

实验 2　多媒体幻灯片

【实验目的】

- 掌握在 PC 上插入音频、录制音频的方法。
- 掌握应用动画、自定义动画的方法。
- 掌握设置幻灯片切换效果、切换声音和换片方式的方法。

【实验内容与步骤】

任务 1　插入声音

插入声音的操作步骤如下。

步骤 1：打开“自控力”演示文稿，选择第 4 张幻灯片，单击“插入”选项卡下“媒体”功能组中的“音频”下拉按钮，在弹出的下拉菜单中选择“录制音频”菜单项，在弹出的“录制声音”对话框的“名称”文本框中输入录制声音的名称，默认名称为“已录下的声音”，如图 4-23 所示。单击“录制”按钮，声音总长度会显示已录制声音的时间长度。

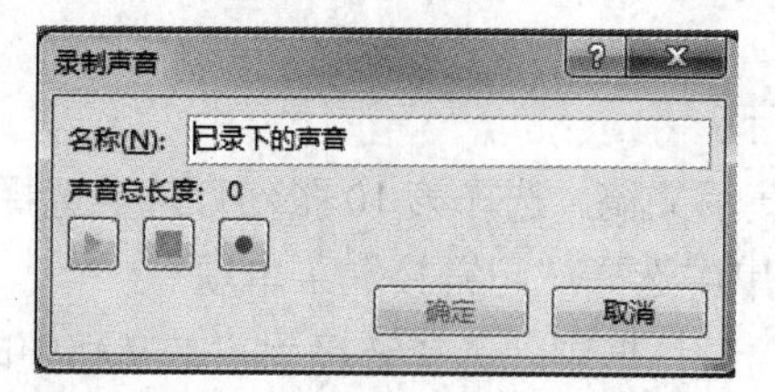

图 4-23　“录制声音”对话框

步骤 2：单击中间的“停止”按钮，再单击对话框中的“确定”按钮，即可完成录制声音的插入，回到幻灯片中。在幻灯片上显示图 4-24 所示的声音图标和播放控制条。

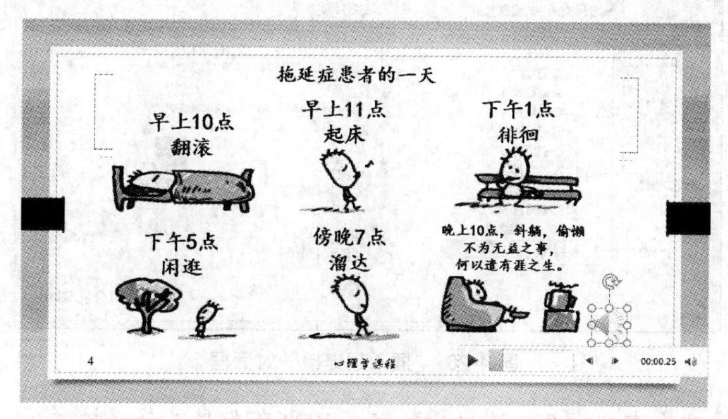

图 4-24　插入录制音频

步骤 3：选择第 5 张幻灯片，单击“插入”选项卡下“媒体”功能组中的“音频”下拉按钮，在弹出的下拉菜单中选择“PC 上的声音”菜单项。在弹出的“插入音频”对话框中选择音乐文件的位置，并在列表框中选择需插入的声音文件，单击“插入”按钮，如图 4-25 所示。

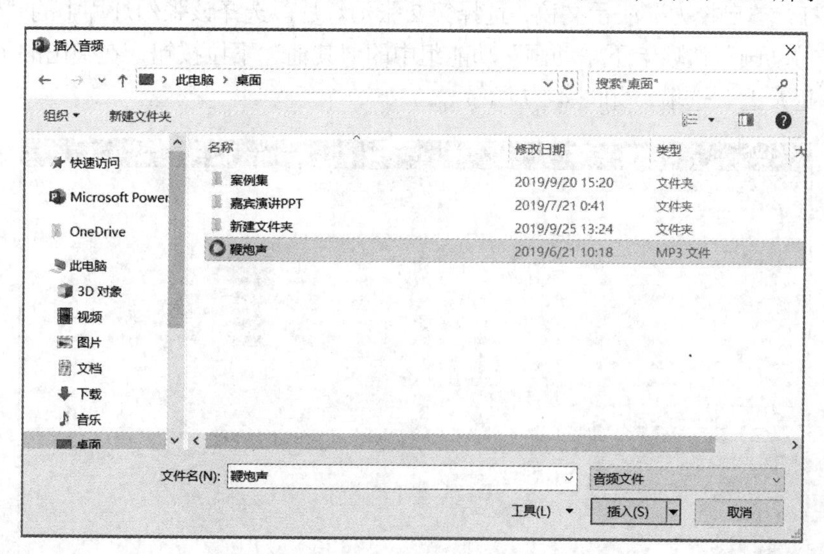

图 4-25　“插入音频”对话框

插入声音文件后，单击“音频工具/播放”选项卡，可以在“音频选项”功能组中设置播放的相关选项，如“放映时隐藏”。

任务 2　添加超链接

添加超链接的操作步骤如下。

步骤 1：打开“自控力”演示文稿，选择第 10 张幻灯片。选择文字“训练意志力肌肉”并单击鼠标右键，在弹出的快捷菜单中选择“超链接”菜单项。

步骤 2：在“插入超链接”对话框中，选择链接到“本文档中的位置”，在“请选择文档中的位置”列表框中选择“11.训练‘意志力肌肉’”选项，单击“确定”按钮，如图 4-26 所示。

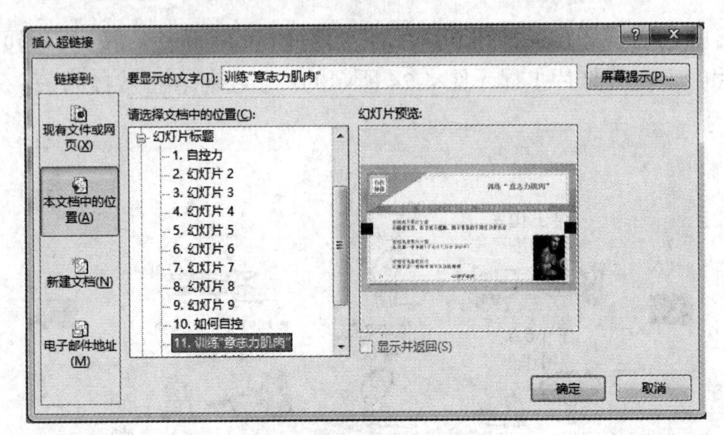

图 4-26　“插入超链接”对话框

步骤 3：继续完成文本“训练你的身心”与第 12 张幻灯片的超链接关系。

任务 3　应用动画

应用动画的操作步骤如下。

步骤 1：打开“自控力”演示文稿，选择第 2 张幻灯片。选择该张幻灯片中的“你是小刚吗”文本框，单击“动画”选项卡下“动画”功能组中的“其他”下拉按钮，在弹出的下拉菜单中选择“翻转式由远及近”选项，如图 4-27 所示。

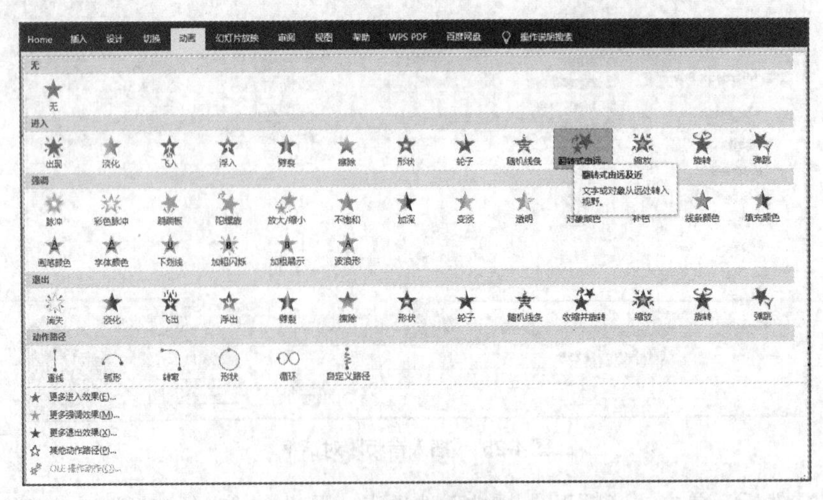

图 4-27　给文本框应用动画

步骤 2：选择幻灯片中的文本，单击“动画”选项卡下“动画”功能组中的“其他”下拉按钮，在弹出的下拉列表框中选择“飞入”选项，单击“效果选项”下拉按钮，在弹出的下拉列表中选择“自左侧”选项，在“计时”功能组中修改“持续时间”为 2 秒，如图 4-28 所示。

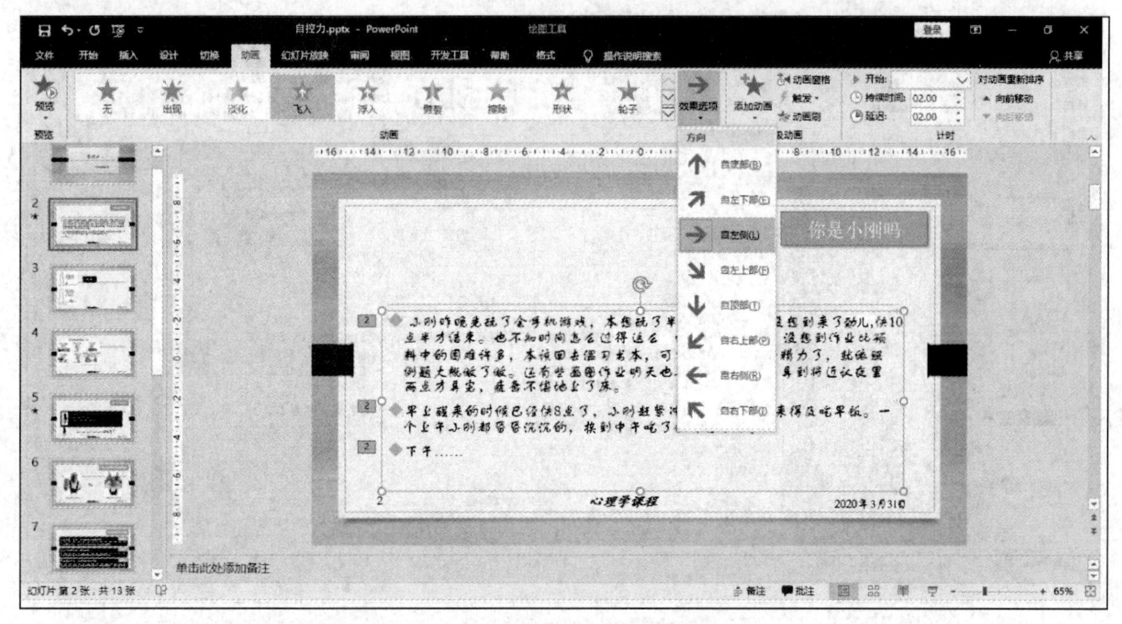

图 4-28　给文本应用动画

步骤 3：更多动画相关选项的设置可以通过单击“动画”选项卡下“动画”功能组中的“显示其他效果选项”按钮，然后在弹出的对话框中进行更多的设置，如图 4-29 所示。

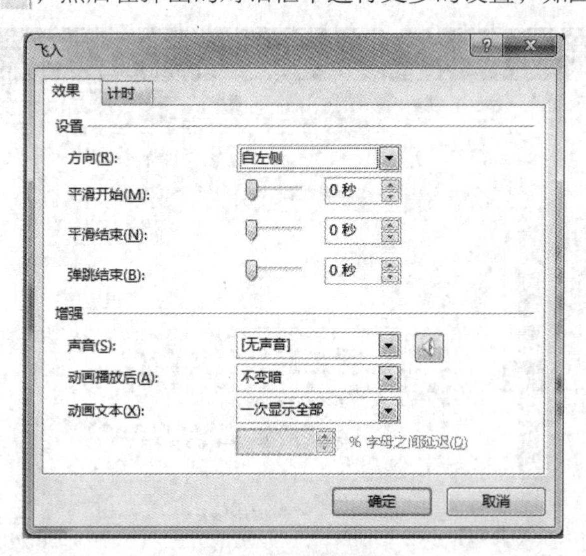

图 4-29　设置动画效果

步骤 4：给其他幻灯片的内容添加合适的动画效果。

任务 4　设置幻灯片切换效果

设置幻灯片切换效果的操作步骤如下。

步骤1：打开“自控力”演示文稿，选择第2张幻灯片。单击“切换”选项卡下“切换到此幻灯片”功能组中的“其他”下拉按钮，在弹出的下拉列表中选择“棋盘”选项，单击“效果选项”下拉按钮，在弹出的下拉列表中选择“自左侧”选项，如图4-30所示。

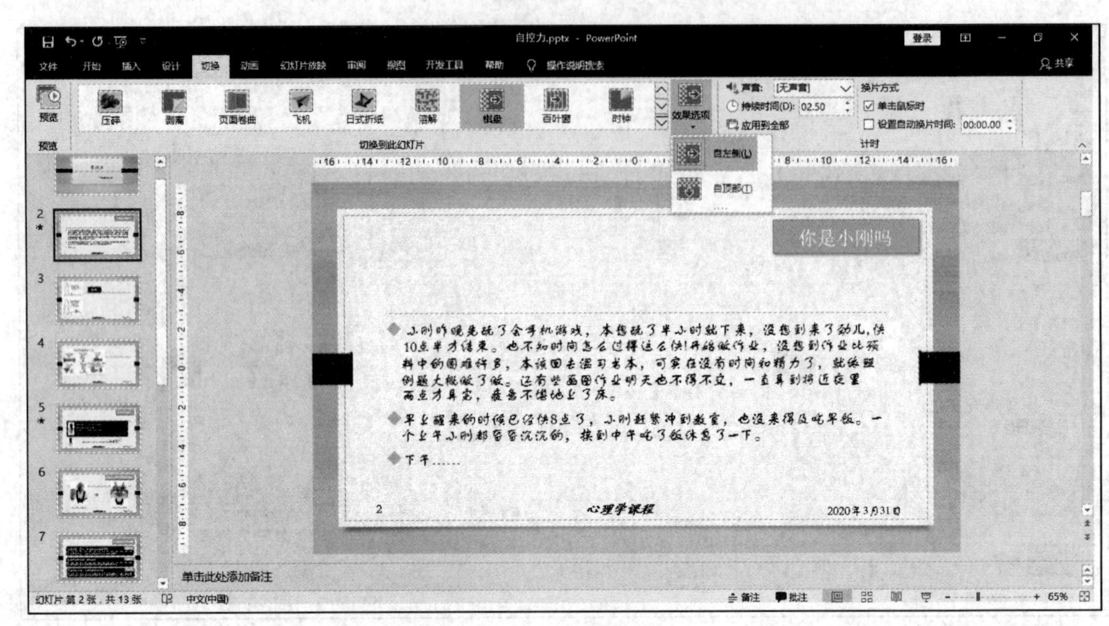

图4-30 选择切换方案

步骤2：在“切换”选项卡下“计时”功能组中的“声音”下拉列表中选择“鼓声”选项，如图4-31所示。

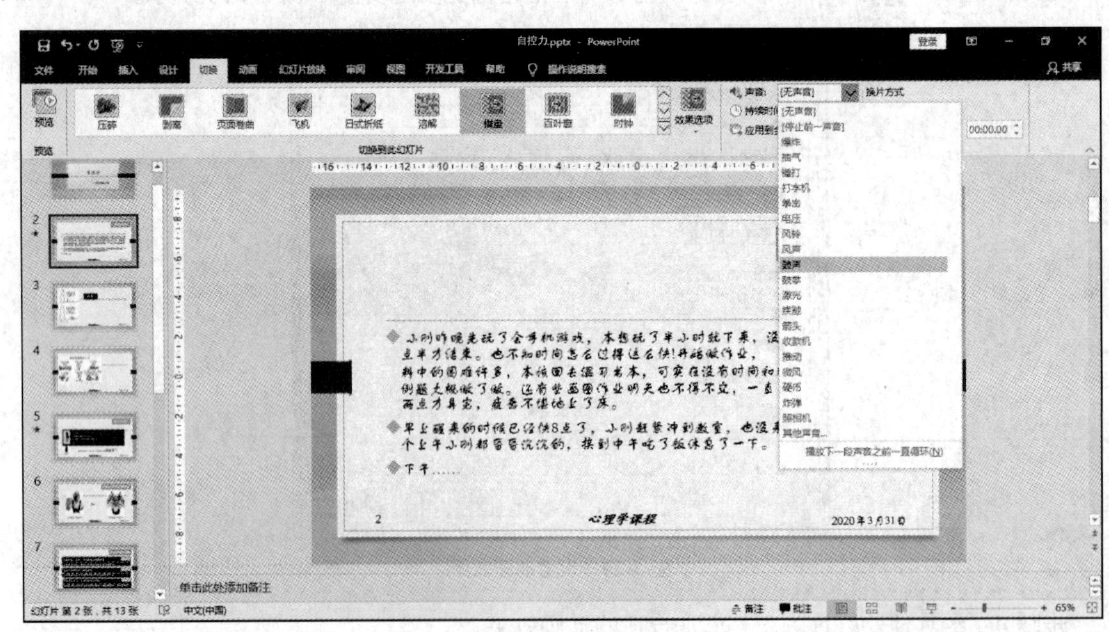

图4-31 选择切换声音

步骤3：选择需设置切换效果的幻灯片，除了设置切换声音，还可以根据需要设置切换的持续时间以及幻灯片的换片方式，如图4-32所示。

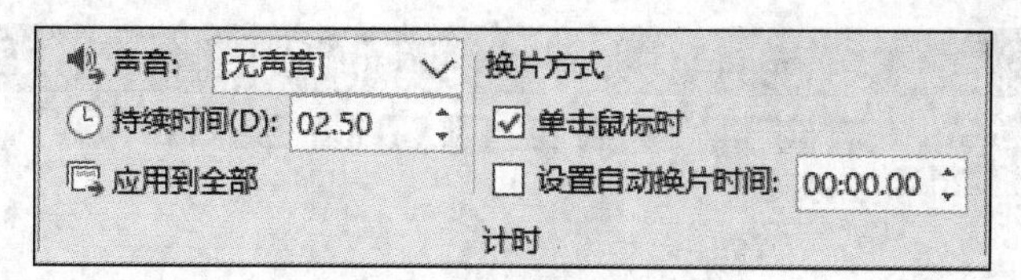

图 4-32　设置切换其他效果

步骤 4：保存演示文稿，完成本例的制作。

实验 3　幻灯片母版设置

【实验目的】

- 掌握幻灯片母版的创建的方法。
- 掌握标题格式的更改的方法。
- 掌握制作带 Logo 的母版的方法。

【实验内容与步骤】

任务 1　创建幻灯片母版

创建幻灯片母版的操作步骤如下。

步骤 1：单击“视图”选项卡下“母版视图”功能组中的“幻灯片母版”按钮，进入幻灯片母版的编辑模式。其左侧列表中显示了当前演示文稿中的母版和各种版式的幻灯片缩略图，如图 4-33 所示。

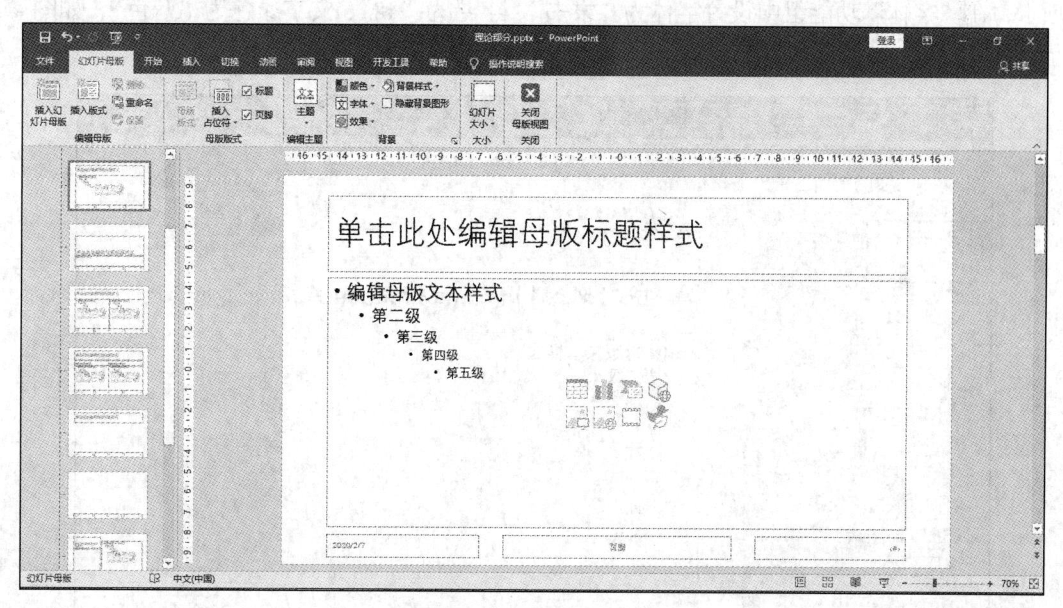

图 4-33　幻灯片母版视图

步骤 2：选中第 1 页，并插入图片作为背景图，如图 4-34 所示。

图 4-34　插入背景

任务 2　设置母版格式

设置母版格式的操作步骤如下。

步骤 1：单击“视图”选项卡下“母版视图”功能组中的“幻灯片母版”按钮，进入幻灯片母版的编辑模式。

步骤 2：单击“幻灯片母版”选项卡下“编辑母版”功能组中的“插入幻灯片母版”按钮。在其左侧母版缩略图窗格原母版及版式下方就出现了自定义的母版缩略图及其控制的母版版式。

步骤 3：单击插入的新母版缩略图，该母版进入幻灯片窗格，选中标题占位符，单击“开始”选项卡，在“字体”功能组中设置字体为“隶书”、字号为“48”、文字颜色为“蓝色”，如图 4-35 所示。

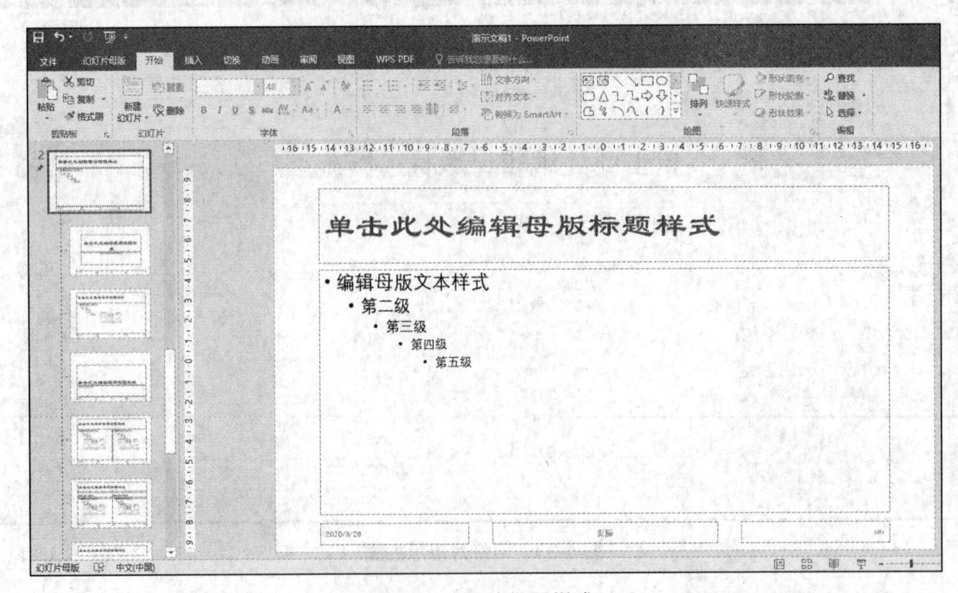

图 4-35　更改标题样式

步骤 4：在文本占位符中选中第一级的文字，设置字体为“华文隶书”，字号为“36”，文字颜色为“浅蓝”。

步骤 5：将光标插入文本占位符的第二级，单击“开始”选项卡下“段落”功能组中的“项目符号”下拉按钮，设置项目符号，如图 4-36 所示。

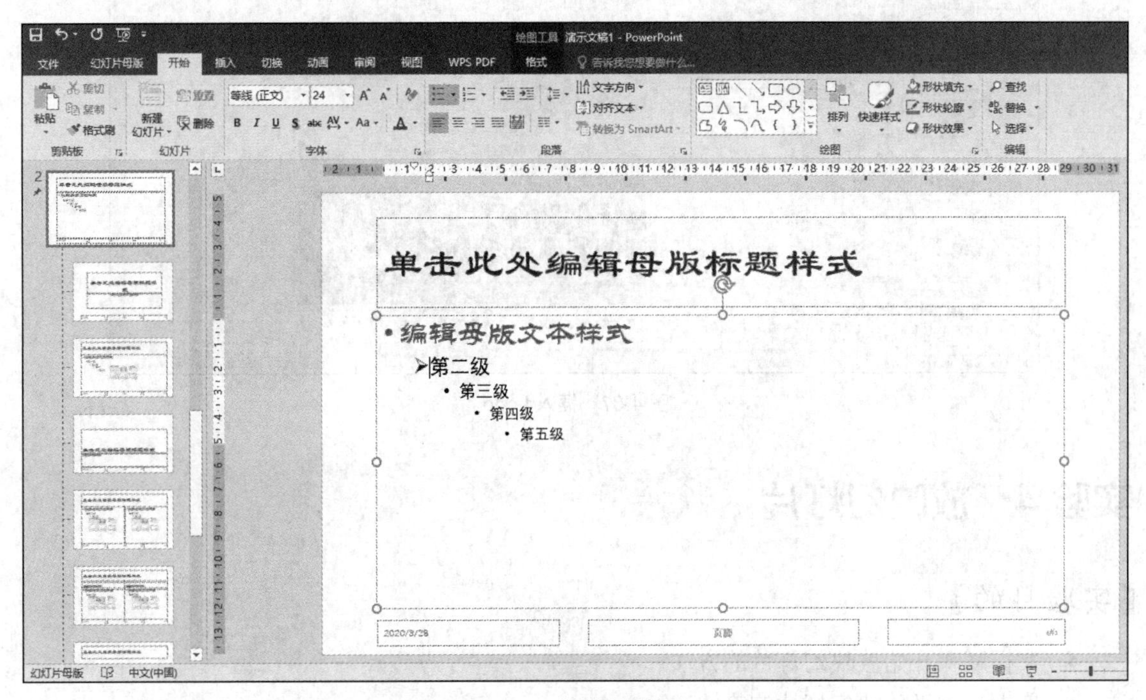

图 4-36　设置项目符号

步骤 6：设置完成后单击“幻灯片母版”选项卡下“关闭”功能组中的“关闭母版视图”按钮，返回到普通视图。

步骤 7：单击“开始”选项卡下“幻灯片”功能组中的“新建幻灯片”下拉按钮，在弹出的下拉列表框中选择“自定义方案设计”组中的版式应用即可。

任务 3　制作带 Logo 的母版

制作带 Logo 的母版的操作步骤如下。

步骤 1：打开 PowerPoint，单击“视图”选项卡下“母版视图”选项组中的“幻灯片母版”按钮，进入幻灯片母版的编辑模式。

步骤 2：选中第 1 页，插入 Logo。可以插入图片，也可以插入文字，这里以插入图片为例来进行介绍。单击“插入”选项卡下“图像”功能组中的“图片”按钮，在弹出的“插入图片”对话框中选择图片文件并插入幻灯片中，如图 4-37 所示。

步骤 3：调整好格式后单击“幻灯片母版”选项卡下“关闭”功能组中的“关闭母版视图”按钮。关闭母版视图后，呈现出了我们想要的带 Logo 的幻灯片，复制粘贴后，每张幻灯片都带有 Logo。

图 4-37　插入 Logo

实验 4　放映幻灯片

【实验目的】

- 掌握从头开始放映幻灯片的方法。
- 掌握自定义放映幻灯片的方法。
- 掌握打包演示文稿的方法。

【实验内容与步骤】

任务 1　放映幻灯片

放映幻灯片的操作步骤如下。

步骤 1：打开“自控力”演示文稿，单击“幻灯片放映”选项卡下“开始放映幻灯片”功能组中的“从头开始”按钮，如图 4-38 所示。演示文稿将从第 1 张幻灯片开始依次放映幻灯片，放映完最后一张幻灯片后单击任意处将退出幻灯片放映模式，返回普通视图。

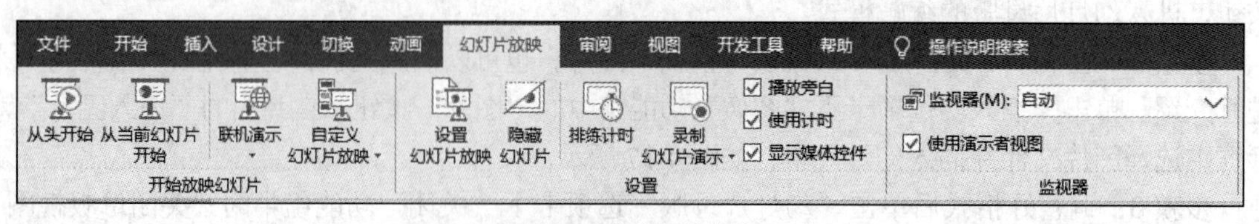

图 4-38　从头开始放映

步骤 2：单击“幻灯片放映”选项卡下“开始放映幻灯片”功能组中的“自定义幻灯片放映”下拉按钮，在弹出的下拉菜单中选择“自定义放映”菜单项，在弹出的“自定义放映”对话框中单击“新建”按钮，如图 4-39 所示。

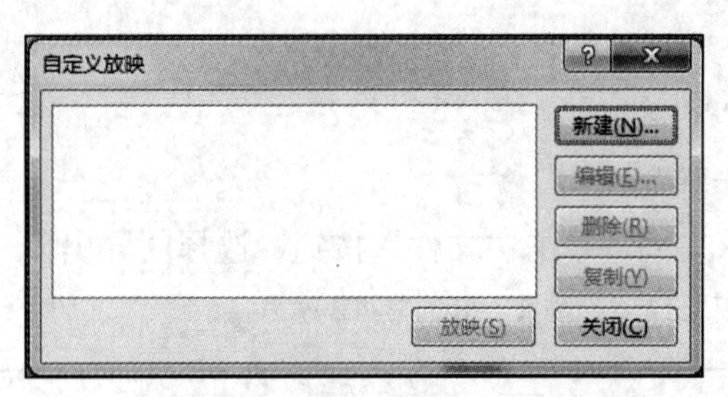

图 4-39　“自定义放映”对话框

步骤 3：在打开的“定义自定义放映”对话框中的“幻灯片放映名称”文本框中输入“自控力 2”文本。在“在演示文稿中的幻灯片”列表框中选择第 1、3、6、8 张幻灯片，然后单击“添加”按钮，并单击“确定”按钮，如图 4-40 所示。返回“自定义放映”对话框，然后单击“关闭”按钮。

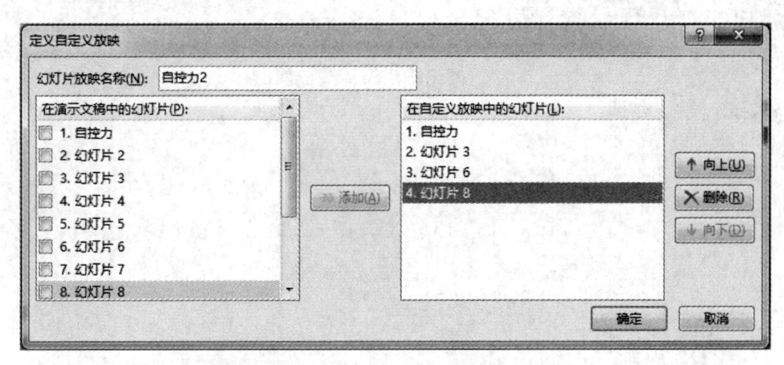

图 4-40　“定义自定义放映”对话框

步骤 4：单击“幻灯片放映”选项卡下“设置”功能组中的“设置幻灯片放映”按钮，会弹出图 4-41 所示的“设置放映方式”对话框，在该对话框中可以分别对放映类型、放映选项、放映幻灯片等进行设置。

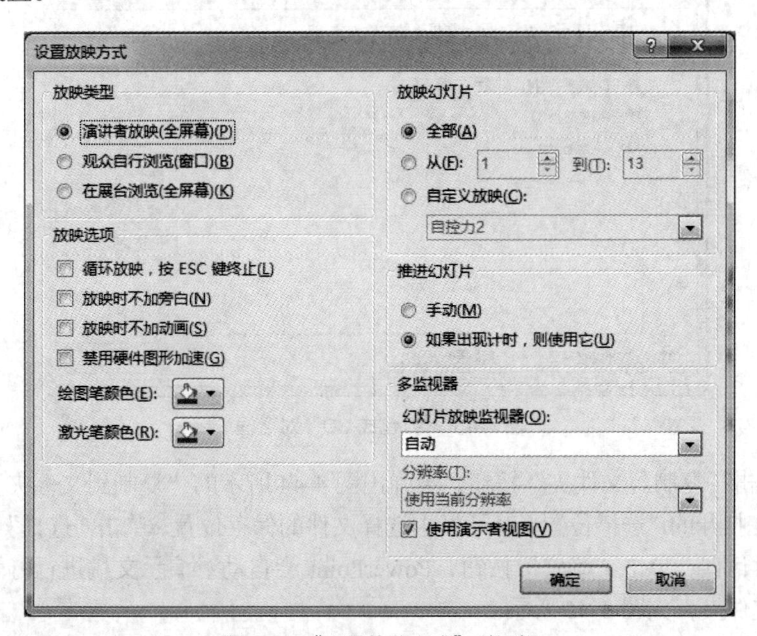

图 4-41　“设置放映方式”对话框

任务 2　打包演示文稿

打包演示文稿的操作步骤如下。

步骤 1：打开一个演示文稿，单击“文件”按钮，选择“导出”→“将演示文稿打包成 CD”选项，单击右侧的“打包成 CD”按钮，如图 4-42 所示。

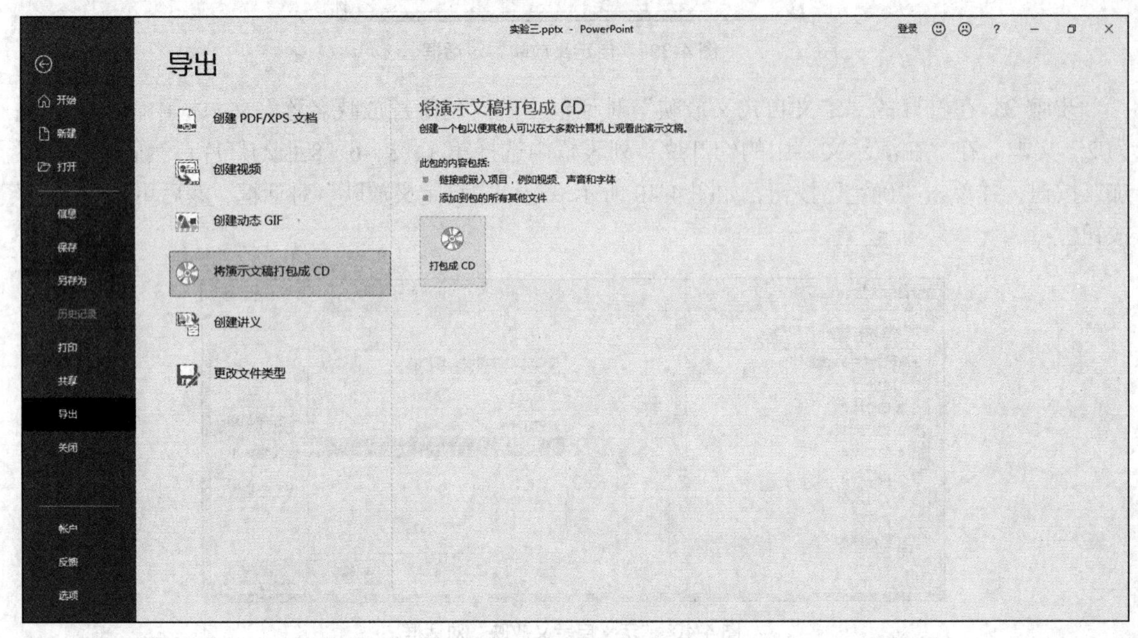

图 4-42　打包成 CD

步骤 2：弹出“打包成 CD”对话框，如图 4-43 所示。

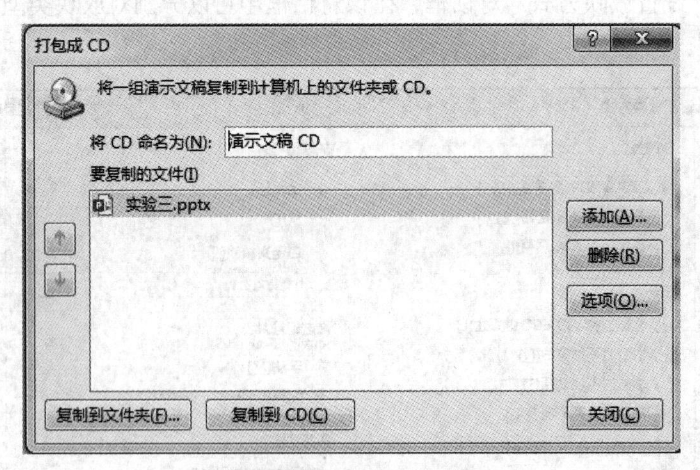

图 4-43　“打包成 CD”对话框

步骤 3：单击“复制到文件夹”按钮，会弹出图 4-44 所示的“复制到文件夹”对话框。单击“浏览”按钮，在打开的“选择位置”对话框中选择文件的保存位置，单击“选择”按钮，返回“复制到文件夹”对话框，单击“确定”按钮，PowerPoint 会自动对演示文稿进行打包，打包完成后弹出打包后的文件夹，如图 4-45 所示。

图 4-44　“复制到文件夹”对话框

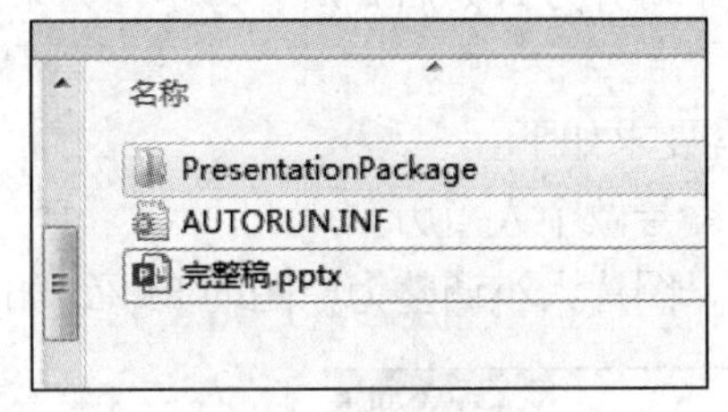

图 4-45　打包文件

实验 5　提高实验

任务 1　根据情景案例完成实验要求 1

打开素材库中的演示文稿“yswg.pptx”，按照下列要求完成对此文稿的制作。

（1）使用“暗香扑面”演示文稿设计主题修饰全文。

（2）将第 2 张幻灯片版式设置为“标题和内容”，并把这张幻灯片移为第 3 张幻灯片。

（3）为前 3 张幻灯片设置动画效果。

（4）要有 2 个超链接进行幻灯片之间的跳转。

（5）演示文稿播放的全程需要有背景音乐。

（6）将制作完成的演示文稿以“bx.pptx”为文件名进行保存。

任务 2　根据情景案例完成实验要求 2

文慧是新东方学校的人力资源培训讲师，负责对新入职的教师进行入职培训，其 PowerPoint 演示文稿的制作水平广受好评。最近，她应北京节水展馆的邀请，为展馆制作一份宣传水知识及节水工作重要性的演示文稿。

节水展馆提供的文字资料及素材参见素材库中的文件“水资源利用与节水（素材）.docx”，演示文稿的制作要求如下。

（1）标题页包含演示主题、制作单位（北京节水展馆）和日期（××××年×月×日）

（2）演示文稿需指定一个主题，幻灯片不少于 5 页，且版式不少于 3 种。

（3）演示文稿中除文字外要有 2 张以上的图片，并有 2 个以上的超链接进行幻灯片之间的跳转。

（4）动画效果要丰富，幻灯片切换效果要多样。

（5）演示文稿播放的全程需要有背景音乐。

（6）将制作完成的演示文稿以“水资源利用与节水.pptx”为文件名进行保存。

任务3 利用PowerPoint制作自我介绍

自我介绍演示文稿的制作要求如下。

（1）为演示文稿设置“丝状”应用设计模板。

（2）演示文稿第1页（封面）的内容要求如下。

① 标题为“个人简历”，文字对齐方式为分散对齐，字体为华文新魏、60号字、加粗。

② 副标题为本人姓名，文字对齐方式为居中对齐，字体为宋体、32号字、加粗，如图4-46所示。

（3）演示文稿第2页的内容要求如下。

① 在左侧使用项目符号和编号做个人简历。

② 右侧插入一张个人照片，图片大小调整为原图的85%，如图4-47所示。

图4-46 封面

图4-47 简历

（4）演示文稿第3页的内容要求如下。

① 制作一张个人的课程成绩单。

② 将表格第一行文字的字体加粗。

③ 将成绩单中不合格的成绩用蓝色字体表示，如图4-48所示。

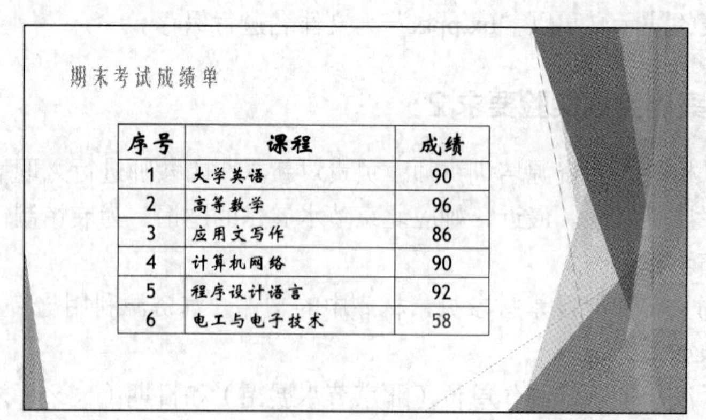
期末考试成绩单

序号	课程	成绩
1	大学英语	90
2	高等数学	96
3	应用文写作	86
4	计算机网络	90
5	程序设计语言	92
6	电工与电子技术	58

图4-48 成绩单

（5）播放此演示文稿，并以“个人简历”为文件名进行保存。

05

第5章　计算机网络

实验1　Microsoft Edge 的基本设置

【实验目的】

- 掌握浏览器“常规”选项卡的设置方法。
- 掌握浏览器“隐私和安全性”选项卡的设置方法。
- 掌握浏览器“密码和自动填充”选项卡的设置方法。

【实验内容与步骤】

在使用 Microsoft Edge 上网“冲浪”之前，为了让 Microsoft Edge 更好地发挥其强大的功能，需要对 Microsoft Edge 进行必要的设置。

在 Microsoft Edge 浏览器中对 Microsoft Edge 的属性，如常规、隐私和安全性、密码和自动填充等选项的内容进行设置。

启动 Microsoft Edge 后，单击右上角的“设置及其他”按钮 ···，会弹出图 5-1 所示的下拉菜单，选择“设置”菜单项 设置 进入设置窗格中。

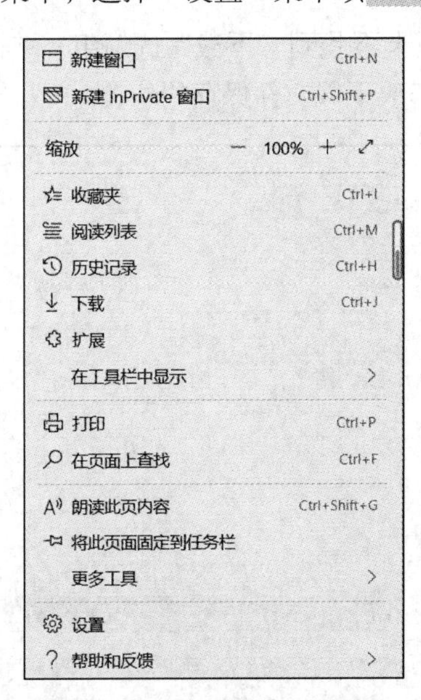

图 5-1 “设置及其他”下拉菜单

任务 1　设置“常规”选项卡

将用户要访问的主页设置为“http://www.163.com”（即每次启动 Microsoft Edge 后默认打开的网页）；设置 Microsoft Edge 浏览器主题；设置“下载”文件保存位置。

设置“常规”选项卡的操作步骤如下。

步骤 1：在设置窗格中选择“常规”选项卡，在“Microsoft Edge 打开方式”下拉列表框中选择“特定页”选项，在 Microsoft Edge 下方的文本框中输入“http://www.163.com”，如图 5-2 所示。

步骤 2：在“选择主题”下拉列表框中可以设置“亮”或“暗”的主题，如图 5-3 所示。

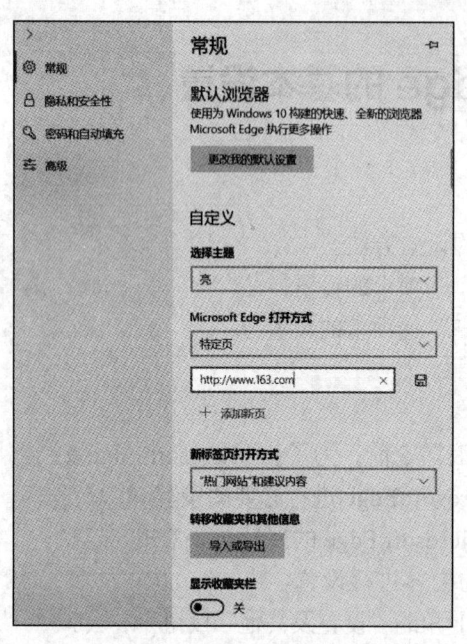

图 5-2　“特定页”设置

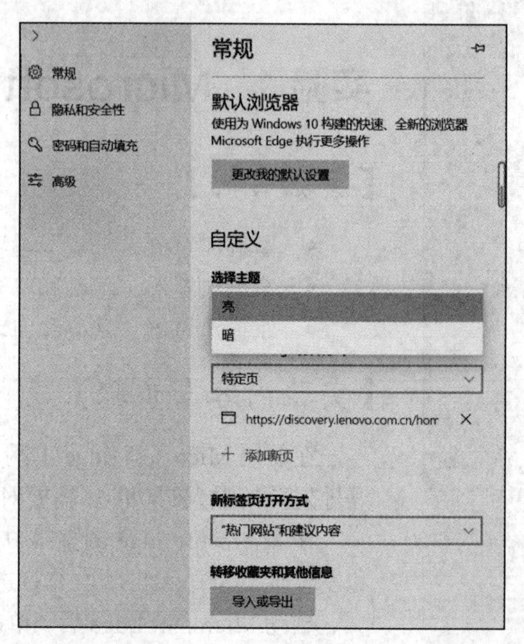

图 5-3　“选择主题”对话框

步骤 3：在“常规”选项卡下找到“下载”选项组，单击“更改”按钮后会弹出图 5-4 所示的“选择文件夹”对话框，修改下载文件保存的位置。

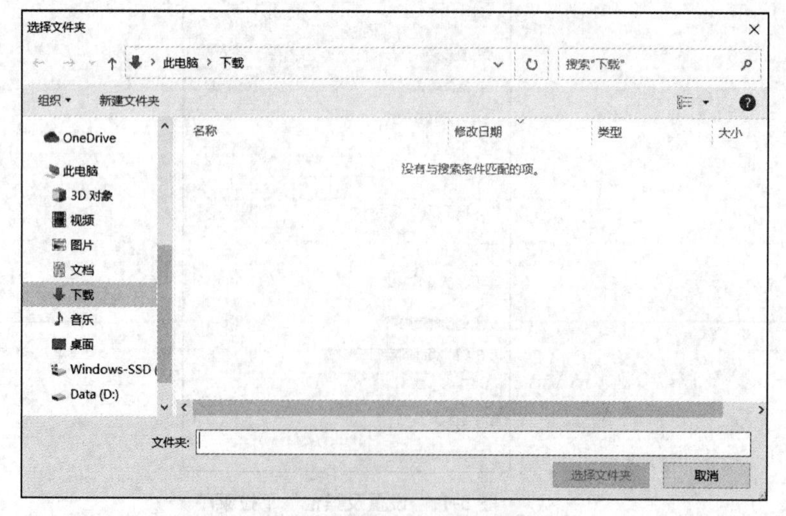

图 5-4　“选择文件夹”对话框

步骤 4：在“常规”选项卡下找到“转移收藏夹和其他信息”选项组，单击“导入或导出”按钮可以导入或导出 HTML 文件。

步骤 5：如果不进行其他设置，可以单击除“设置”外浏览器的任意处，返回浏览器界面。

任务 2 设置“隐私和安全性”选项卡

设置“隐私和安全性”选项卡的操作步骤如下。

步骤 1：在设置窗格中选择“隐私和安全性”选项卡，如图 5-5 所示。

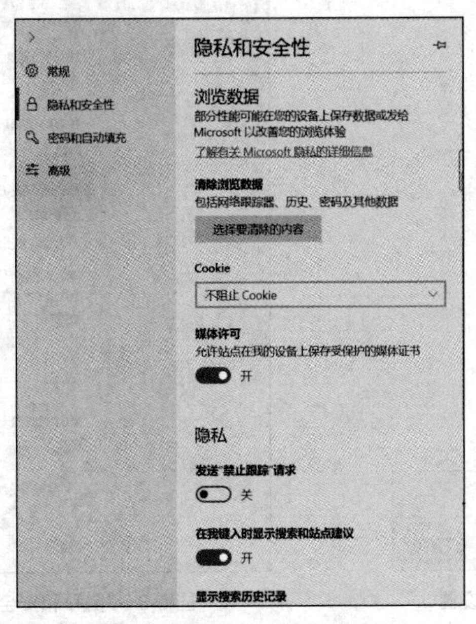

图 5-5 “隐私和安全性”选项卡

步骤 2：找到“清除浏览数据”选项组，单击“选择要清除的内容”按钮，进入“清除浏览数据”页面，选中图 5-6 所示的复选框后，单击“清除”按钮即可清除选中的项目的数据。

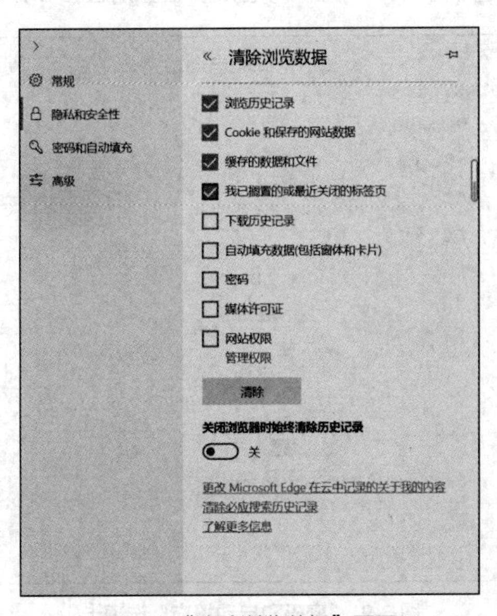

图 5-6 “清除浏览数据”页面

步骤 3：返回“隐私和安全性”选项卡下设置“Cookie”，选择“Cookie”下拉列表框中的选项，如图 5-7 所示。

步骤 4：单击“隐私”和“安全性”选项组中的开关按钮  ，对“隐私”和“安全性”进行开关设置。此外，用户也可以对“在我键入时显示搜索和站点建议”“显示搜索历史记录”“使用页面预测”“阻止弹出窗口”等选项进行开关设置，如图 5-8 所示。

阻止所有 Cookie
仅阻止第三方 Cookie
不阻止 Cookie

图 5-7　Cookie 设置

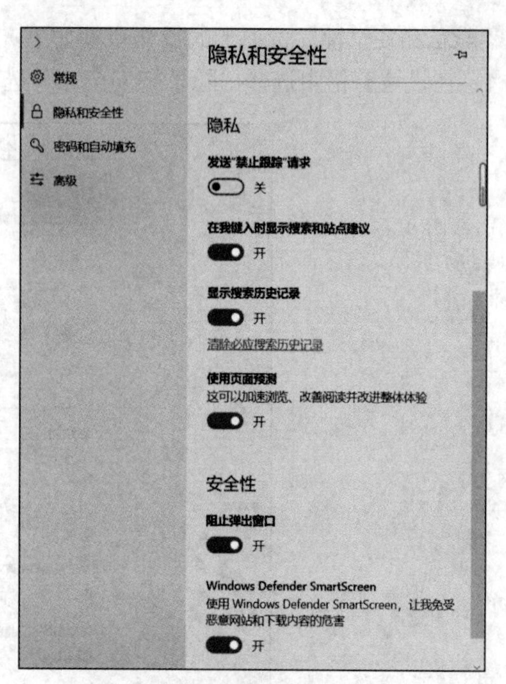

图 5-8　“隐私和安全性”开关设置

任务 3　设置“密码和自动填充”选项卡

在“密码和自动填充”选项卡下，单击开关按钮  对图 5-9 所示选项进行设置。

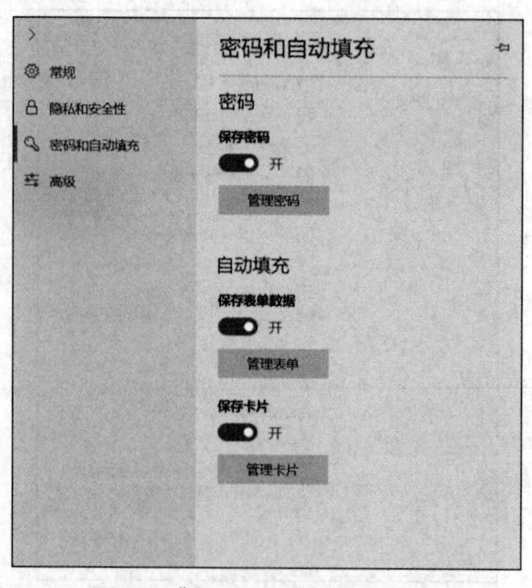

图 5-9　“密码和自动填充”选项卡

实验 2　网络浏览与文件下载

【实验目的】

- 了解浏览器 Microsoft Edge 的基本操作方法。
- 掌握上网搜索信息和下载信息的方法。
- 熟悉保存与管理有价值的信息的方法。

【实验内容与步骤】

任务 1　认识 Microsoft Edge 窗口

认识 Microsoft Edge 的窗口组成的操作步骤如下。

步骤 1：启动 Microsoft Edge。

在启动 Microsoft Edge 之前，应该先将用户的计算机与 Internet 相连接。然后，按以下操作方法熟悉 Microsoft Edge 的界面。

① 用以下方法启动 Microsoft Edge。

- 双击 Windows 10 桌面上的“Microsoft Edge”图标 e 。
- 单击任务栏上快速启动工具栏中的“Microsoft Edge”图标 e 。
- 选择“开始”菜单中的“Microsoft Edge”菜单项。

② 如果用户的计算机与 Internet 尚未连接，则会显示“未连接到网络”页面，如图 5-10 所示。

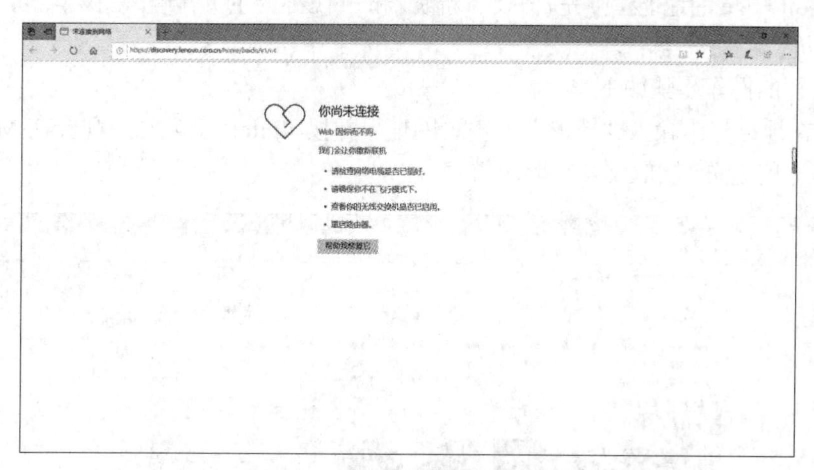

图 5-10 “未连接到网络”页面

③ 如果计算机与 Internet 正常连接，则可以打开用户设置的默认页面（如网易），如图 5-11 所示。

步骤 2：认识工具栏的组成。

在 Microsoft Edge 的窗口中进行如下操作，认识并熟悉 Microsoft Edge 工具栏的组成及主要按钮的应用。

① 标准按钮：包括“后退”“前进”“刷新”“主页”4 个控制浏览网页的按钮和“添加备注”“收藏夹”等管理浏览器栏的按钮。

图 5-11　Microsoft Edge 设置的默认页面

② 单击“收藏夹”按钮，弹出的窗格中包含“收藏夹”“阅读列表”“历史记录”“下载”4个选项卡，再次单击“收藏夹”按钮（或在浏览器的空白处单击鼠标），即可关闭该窗格。

③ 单击“链接”左侧的“前进”/“后退”按钮 → ←，可以对当前网页进行前进/后退的操作。

④ 单击“添加备注”按钮，可以对当前页面添加备注。

任务 2　地址栏的使用

在 Microsoft Edge 的地址栏中先后输入“新浪”和“百度”的主页，再重复操作，以了解 Microsoft Edge 的记忆功能。

使用地址栏的操作步骤如下。

步骤 1：在地址栏中输入“新浪”的主页网址，并按<Enter>键确认，则会在 Microsoft Edge 中打开“新浪”的主页，如图 5-12 所示。

图 5-12　“新浪”的主页

步骤 2：在地址栏中输入“百度”的主页网址，并按<Enter>键确认，则会在 Microsoft Edge 中打开图 5-13 所示的“百度”的主页。

图 5-13 “百度”的主页

步骤 3：再次在地址栏中输入“新浪”的主页网址，可以发现，地址还未输入完毕，“新浪”的主页网址就会自动出现在地址栏的下方，单击选中它即可打开“新浪”的主页，这就是 Microsoft Edge 的记忆功能。

步骤 4：单击“后退”按钮，返回“百度”的主页，单击“前进”按钮，则又返回“新浪”的主页。

步骤 5：在地址栏中输入“华军软件园”的主页网址后按<Enter>键确认，可打开“华军软件园”的主页，该网页中提供了大量的供用户免费下载使用的软件资料，如图 5-14 所示。能够提供下载资源的网站比较多，除了华军软件园外，还有天空软件站、中关村在线等。当然，一般的网站都提供了一些常用软件的下载功能。

图 5-14 “华军软件园”的主页

任务 3　浏览器栏的使用

浏览器栏常用的有“搜索”“收藏夹”“历史记录”和“文件夹”等 4 种管理功能。

（1）使用搜索栏

使用搜索栏搜索有关“南广学院”的网页，并查找网页中的有关“中国传媒大学南广学院”的内容。

使用搜索栏的操作为：先在地址栏输入“南广学院”的网页，然后单击“搜索”按钮，在弹出的下拉框中再次按“搜索”按钮，浏览器自动选择预先设置的搜索工具对地址栏的文字进行搜索，在浏览器显示区域内会显示搜索结果。

（2）使用收藏夹

收藏夹是保存和组织常用站点的捷径，如果发现一个很好的网站或网页，可以将其网址添加到收藏夹中保存以便于以后的访问。以下操作将“中国传媒大学南广学院”的网页保存在收藏夹的“教育信息”文件夹中，并自定义收藏夹，设置浏览收藏网页所需要的密码。

使用收藏夹的操作步骤如下。

步骤 1：单击“收藏夹”按钮，在浏览器窗口的右侧窗格中打开“收藏夹”选项卡，可以看到 Microsoft Edge 在收藏夹中创建的文件夹及收藏的网页名，如图 5-15 所示。

图 5-15　收藏夹

步骤 2：单击地址栏后面的“添加到收藏夹”图标☆，将地址栏中“中国传媒大学南广学院”的网址添加进收藏夹。

步骤 3：查看收藏夹，可看到其中增添了“中国传媒大学南广学院”的网址，下次再浏览该网页时，只需单击收藏夹中该网页的图标就可以打开该网页。

步骤 4：单击“创建新的文件夹”按钮，其下方会显示“新建文件夹”文件夹，如图 5-16 所示。将“新建文件夹”文件夹的名称修改为“教育信息”。

步骤 5：将收藏的“中国传媒大学南广学院”网页图标选中并拖进“教育信息”文件夹中，如图 5-17 所示。

步骤 6：右键单击收藏夹中的“中国传媒大学南广学院”网页图标，在弹出的快捷菜单中选择“删除”菜单项，可以将该网页从收藏夹中删除。

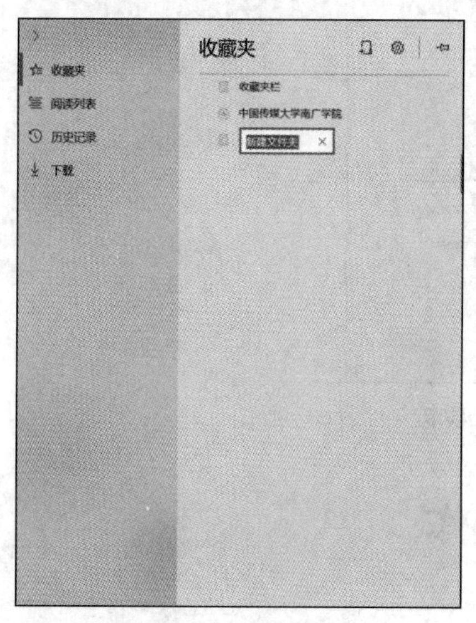

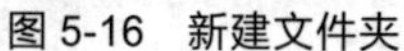
图 5-16 新建文件夹

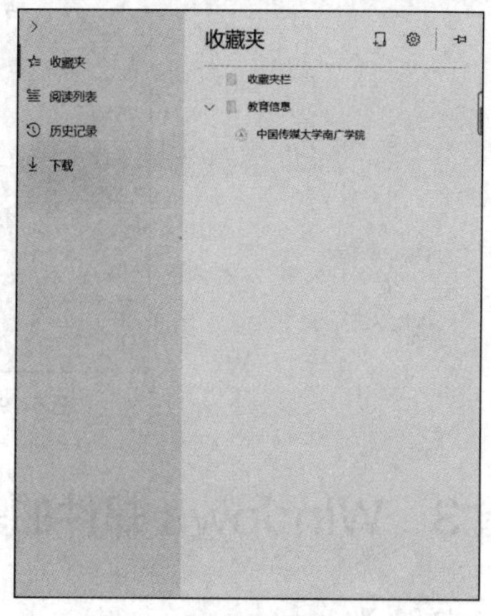

图 5-17 “教育信息”文件夹

（3）使用历史记录栏

历史记录栏中保留了用户曾经浏览过网页的网址，下面介绍查看历史记录的方法。

使用历史记录栏的操作步骤如下。

步骤 1：单击工具栏中的“收藏夹”按钮 ☆，在浏览器窗口的右侧窗格中选择“历史记录”选项卡，将显示图 5-18 所示的“历史记录”信息。

步骤 2：依次单击“过去 1 小时”“今天早些时候”等扩展按钮，会显示不同时间段的历史记录。

步骤 3：单击某个网页图标的超链接，则会直接跳转到该网页。

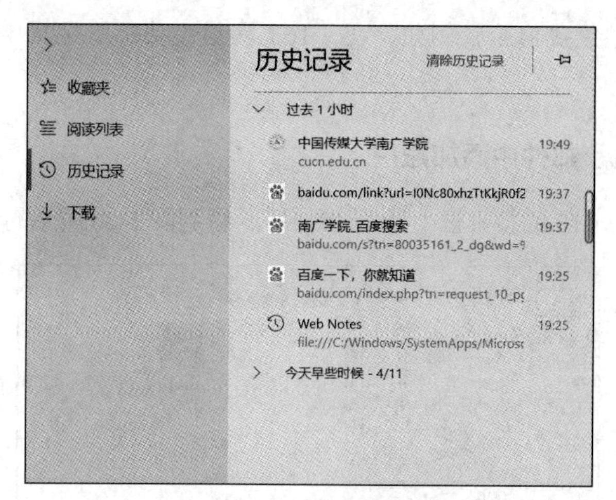

图 5-18 “历史记录”选项卡

任务 4 文件下载

单击工具栏中的“收藏夹”按钮 ☆，在浏览器窗口的右侧窗格中选择“下载”选项卡，可以看到下载的列表，如图 5-19 所示。

单击“选择保存下载的位置”按钮可以在弹出的窗格中选择下载文件的存储位置。

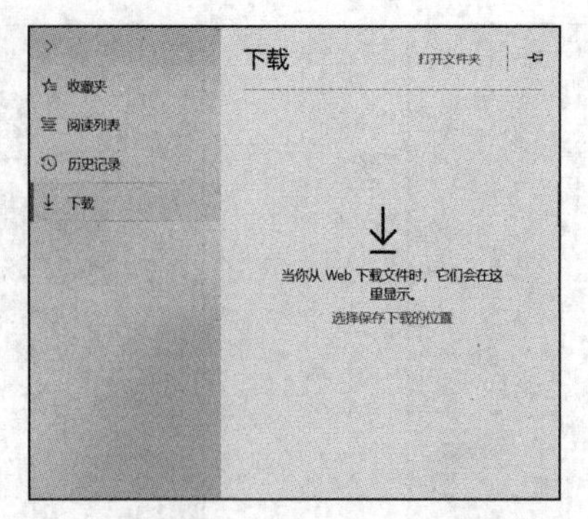

图 5-19 “下载”选项卡

实验 3　Windows 邮件的基本操作

【实验目的】

- 掌握申请邮箱的方法。
- 掌握设置邮件相关功能的方法。
- 掌握管理联系人的方法。
- 熟练掌握编辑、发送邮件的方法。

【实验内容与步骤】

任务 1　申请免费邮箱

有一些网站会提供免费信箱，例如，在“163 网易免费邮”主页申请一个免费邮箱，如×××@163.com。

任务 2　在 Windows 邮件中添加账户

步骤 1：在 Windows 10 的搜索框中搜索“邮件”，得到图 5-20 所示的界面。

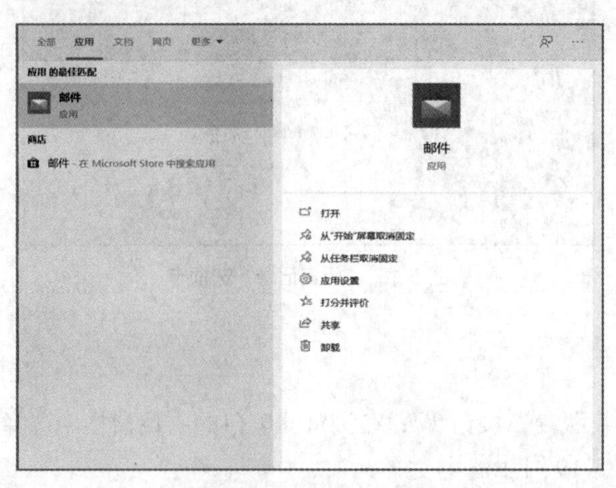

图 5-20　搜索“邮件”结果

步骤2：单击“打开”按钮，启动“邮件”程序，弹出图5-21所示的“添加账户”界面，在“添加账户”界面中，单击“添加账户”按钮，弹出图5-22所示的对话框，选择邮箱类型。

图5-21 “添加账户”界面

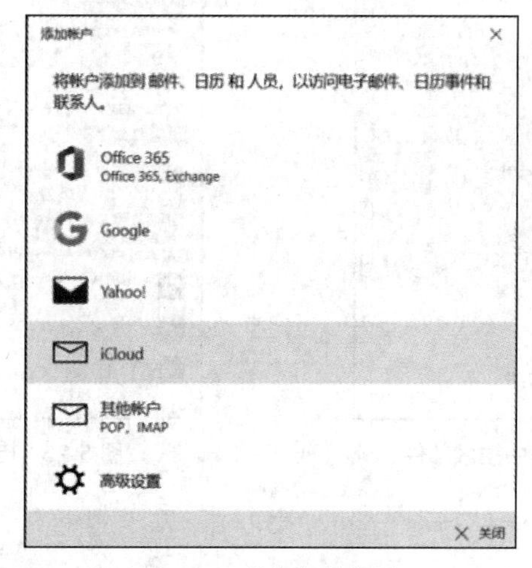

图5-22 选择邮箱类型

步骤3：在图5-22中选择对应的邮箱类型，弹出图5-23所示的对话框，输入电子邮件地址、发送名称、密码后即完成邮件的账户添加。

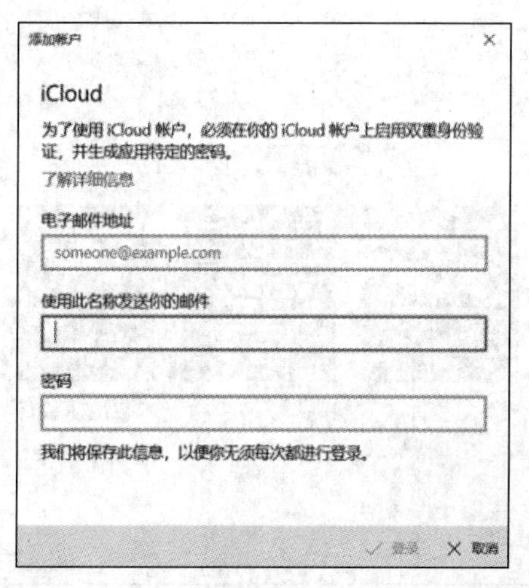

图5-23 输入电子邮件地址、发送名称、密码

任务 3　设置邮件相关功能

为了便于邮件的接收与发送操作，可以对邮件的相关功能进行设置。操作方法如下。

步骤 1：在 Windows 10 开始菜单中选择“设置”选项。

步骤 2：在打开的“Windows 设置”页面搜索“邮件”，即可弹出与邮件功能相关的所有项目，如图 5-24 所示。

步骤 3：例如选择“电子邮件隐私设置”，如图 5-25 所示，可以对访问电子邮件的设备和应用的权限进行设置。

步骤 4：完成设置，关闭对话框。

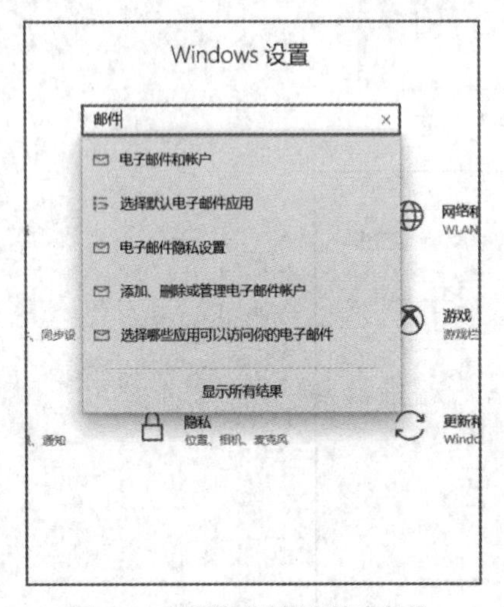

图 5-24　设置对话框中搜索邮件

图 5-25　电子邮件隐私设置

任务 4　管理联系人

Windows 10 使用“人脉”应用管理联系人。具体操作步骤如下。

步骤 1：在 Windows 10 的搜索框中搜索“人脉”，打开图 5-26 所示的界面。

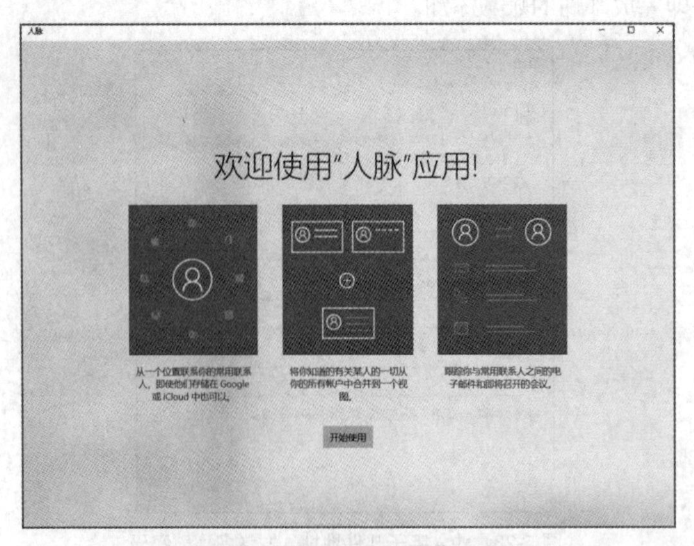

图 5-26　Windows“人脉”应用

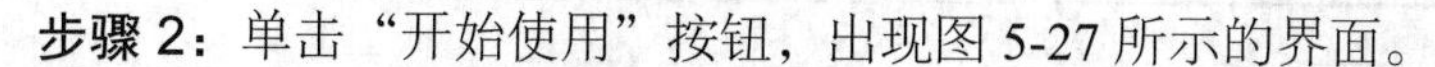

步骤 2：单击“开始使用”按钮，出现图 5-27 所示的界面。

图 5-27 开始使用“人脉”

步骤 3：单击“导入联系人”按钮，打开“添加账户”对话框，如图 5-28 所示。添加账户后，该邮箱的联系人会同步到“人脉”中，方便以后的调用。

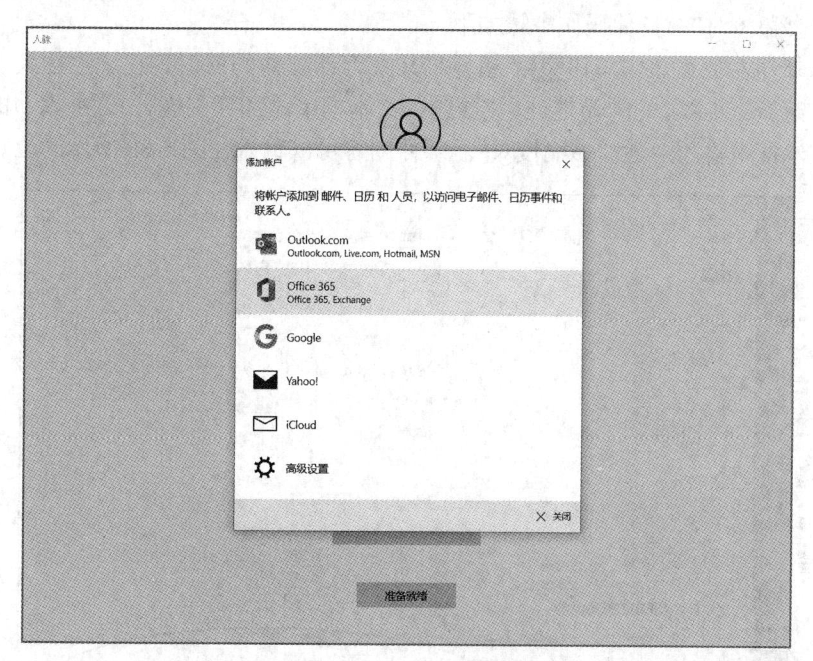

图 5-28 在“人脉”中添加账户

步骤 4：在“人脉”里也可以手动添加联系人，如图 5-29 所示，可以添加照片、姓名、手机号、电子邮件等信息。

Windows 邮件可调用“人脉”里的联系人作为邮件的联系人。

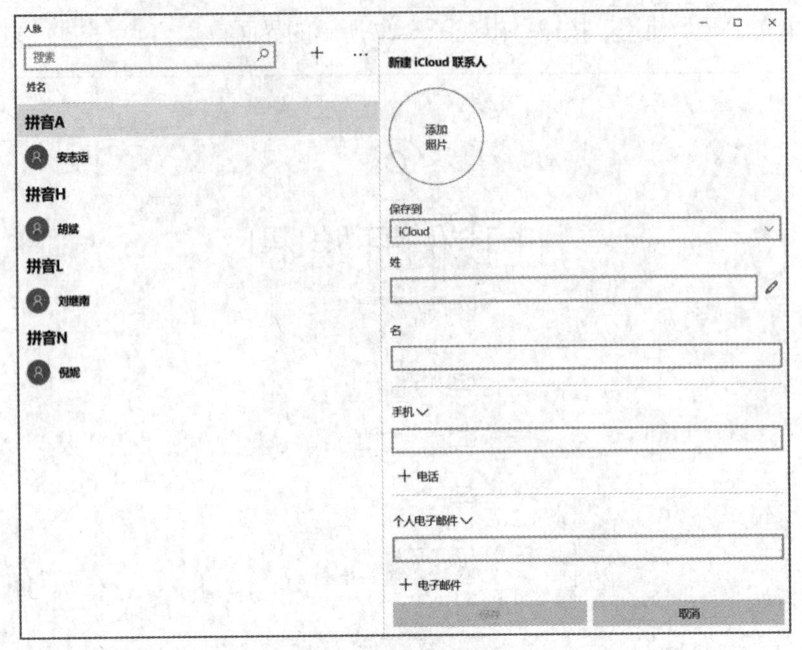

图 5-29　添加联系人

任务 5　编辑电子邮件

给“人脉”联系人中的“安志远”“胡斌”发一封信，抄送给联系人“倪妮”和“刘继南”。邮件主题为“书稿校对”。具体操作步骤如下。

步骤 1：邮件左侧窗口中单击 按钮，打开撰写新邮件的窗口，在“收件人”文本框添加收件人“安志远”“胡斌”的邮箱地址，“抄送”文本框中添加“倪妮”“刘继南”的邮箱地址，在“主题”文本框中输入主题“书稿校对”。邮件内容可以输入在图 5-30 所示的位置中。

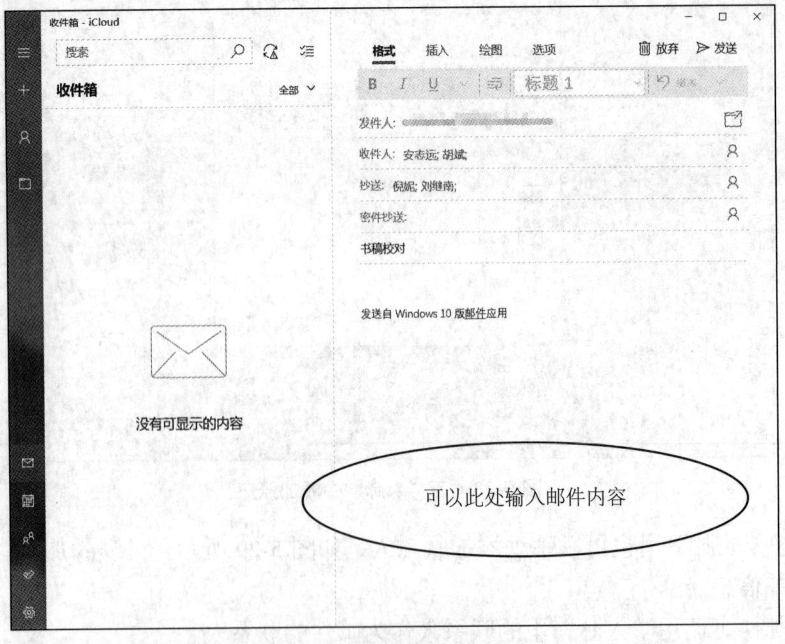

图 5-30　撰写邮件的正文区域

新的邮件地址可以手动输入，各地址之间用英文逗号“,”或分号“;”隔开。对于已有的邮件地址，可以单击收件人后的“选择联系人”按钮，打开图 5-31 所示的“人脉”对话框，选择栏内的联系人，可以同时添加多个联系人，最后单击“完成”按钮。

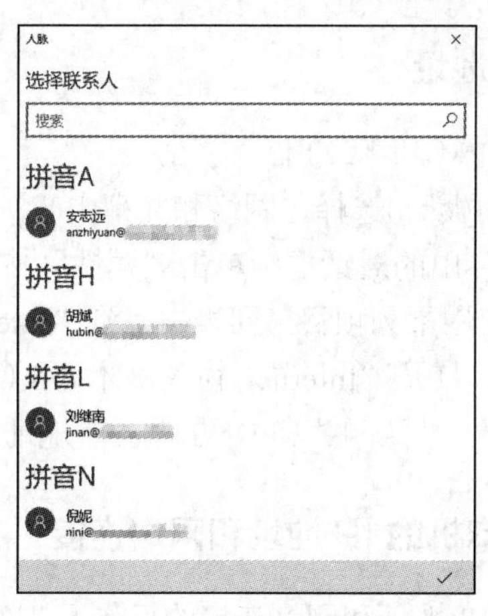

图 5-31 “人脉”对话框

步骤 2：编辑邮件正文。单击“格式”按钮，在选项中可以编辑邮件正文的字体格式、段落格式等。

步骤 3：设置待发邮件的优先级为“高优先级”。单击选项可以看到“优先级”按钮 ! ↓，从中选择“高优先级”，在工具栏的下方将显示邮件级别 !（系统默认为“普通优先级”，此时没有级别状态标记。低优先级的标记为 ↓）。

另外，若有需要还可以在正文中插入图片。具体方法是选择“插入”→“图片”命令，打开“图片”对话框，从计算机中搜索需插入邮件的图片，选择该图片文件，再单击“确定”按钮即可。

任务 6　发送邮件

对任务 5 编辑好的邮件采用以下方法可以发送出去。

方法 1：选择“文件”→“发送邮件”命令，或单击“发送”按钮 ⊳ 发送，可以将撰写的邮件立即发送。

立即发送方式要求计算机在联机状态，否则只能将邮件发送到发件箱中。

方法 2：直接关闭新邮件，撰写好的邮件会保存在“草稿”中，需要时打开草稿，选中其中的邮件，单击“发送”按钮 ⊳ 发送，即可发送邮件。

实验 4　设置本机的 IP 地址和常见网络命令

【实验目的】

- 掌握设置本机的 IP 地址的方法。

• 了解常用的网络命令，掌握 ipconfig 和 ping 命令的使用方法。

【实验内容与步骤】

任务1 设置本机的IP地址

设置本机的IP地址的操作步骤如下。

步骤1：打开“控制面板”，选择“网络和共享中心”选项，在“网络和共享中心”界面中单击“本地连接”按钮，在弹出的对话框中单击“属性”按钮，打开“本地连接 属性”对话框。

步骤2：在“此连接使用下列项目”列表中找到“Internet 协议版本 4/6（TCP/IP）”选项后选中它并单击“属性”按钮，打开“Internet 协议版本 4/6（TCP/IP）属性”对话框，可以手动设置本机的IP地址、子网掩码、默认网关和DNS服务器地址，也可以自动获得这些信息。

任务2 使用命令查看本机的IP地址和网络连接

使用命令查看本机的IP地址和网络连接的操作方法如下。

方法1：ipconfig 命令的使用方法。

使用 ipconfig 命令可显示计算机当前的TCP/IP配置的设置值。它可以让用户了解到自己的计算机当前的IP地址、子网掩码和默认网关，这些信息是进行测试和故障分析的必要项目。

ipconfig 命令中常用选项如下。

① ipconfig：当使用 ipconfig 命令不带任何参数选项时，那么它会为每个已经配置了的接口显示IP地址、子网掩码和默认网关值。

② ipconfig/all：显示本机TCP/IP配置的详细信息。当使用 all 选项时，ipconfig 命令能为DNS和WINS服务器显示它已配置且要使用的所有附加信息（如IP地址等），并且显示内置于本地网卡中的物理地址（MAC）。如果IP地址是从DHCP服务器租用的，ipconfig 命令将显示DHCP服务器的IP地址和租用地址预计失效的日期。

③ ipconfig/release：DHCP客户端手动释放IP地址。

④ ipconfig/renew：DHCP客户端手动向服务器刷新请求。

release 和 renew 是两个附加选项，只能在向 DHCP 服务器租用其 IP 地址的计算机上起作用。

⑤ ipconfig/flushdns：清除本地DNS缓存内容。

⑥ ipconfig/displaydns：显示本地DNS内容。

要查看总的参数简介，可以在DOS方式下输入 ipconfig/?进行参数查询。

方法2：ping 命令的使用方法。

在网络中，ping 命令主要用来检测网络的连通情况和分析网络速度。

首先初步了解 ping 命令的一些参数和返回信息。

（1）ping 命令的一些参数

ping [-t] [-a] [-n count] [-l length] [-f] [-i ttl] [-v tos] [-r count] [-s count] [-j computer-list] | [-k computer-list] [-w timeout] destination-list

- -t：ping 指定的计算机直到中断。
- -a：将地址解析为计算机名。
- -n count：发送 count 指定的 ECHO 数据包数，默认值为 4。
- -l length：发送包含由 length 指定的数据量的 ECHO 数据包，默认为 32 字节，最大值为 65527。
- -f：在数据包中发送不要分段标志，有此标志数据包就不会被路由上的网关分段。
- -i ttl：将生存时间字段设置为 ttl 指定的值。
- -v tos：将服务类型字段设置为 tos 指定的值。
- -r count：在记录路由字段中记录传出和返回数据包的路由。count 可以指定最少 1 台、最多 9 台计算机。
- -s count：count 指定的跃点数的时间戳。
- -j computer-list：利用 computer-list 指定的计算机列表路由数据包。连续计算机可以被中间网关分隔（路由稀疏源）IP 允许的最大数量为 9。
- -k computer-list：利用 computer-list 指定的计算机列表路由数据包。连续计算机不能被中间网关分隔（路由严格源）IP 允许的最大数量为 9。
- -w timeout：指定超时间隔，单位为毫秒。
- destination-list：指定要 ping 的远程计算机。

（2）ping 命令的返回信息

① Request Timed Out：这种情况通常是因为对方拒绝接收用户发给它的数据包而造成了数据包丢失。原因可能是对方装有防火墙或已下线。

② Destination Net Unreachable：这个信息表示对方主机不存在或者没有跟对方建立连接。这里要说明一下 Destination Net Unreachable 和 Request Timed Out 的区别。如果所经过的路由器的路由表中具有到达目标的路由，而目标因为其他原因不可到达，这时候会出现 Request Timed Out；如果路由表中连到达目标的路由都没有，则会出现 Destination Net Unreachable。

③ Bad IP Address：这个信息表示用户可能没有连接到 DNS 服务器，所以无法解析这个 IP 地址，也可能是 IP 地址不存在。

④ Source Quench Received：这个信息比较特殊，出现的概率很小，它表示对方或中途的服务器繁忙而无法回应。

（3）使用 ping 命令测试网络是否连通

网络连通出了问题可能是由许多原因引起的，如本地配置错误、远程主机协议失效等，当然还包括设备等造成的故障。

使用 ping 命令检查连通性有以下 5 个步骤。

① ipconfig/all：观察本地网络的设置是否正确。

② ping 127.0.0.1：127.0.0.1 为回送地址，ping 回送地址是为了检查本地的 TCP/IP 有没有设置好。

③ ping 本机 IP 地址：检查本机的 IP 地址是否设置有误。

④ ping 本网网关或本网 IP 地址：检查硬件设备是否有问题，或者检查本机与本地网络的连接是否正常（在非局域网中这一步骤可以忽略）。

⑤ ping 远程 IP 地址：检查本网或本机与外部的连接是否正常。

06 第6章 多媒体技术基础

实验 1 Windows 画图工具的使用实例

【实验目的】

- 了解 Windows 画图工具的基本用法。

【实验内容与步骤】

任务 Windows 画图工具画图

利用 Windows 画图工具画图。

步骤 1：利用 Windows 画图工具绘制一个简单的小房屋，并填充颜色，添加文字为“这是我的小屋”，绘制结果如图 6-1 所示。

步骤 2：选择“文件”→“另存为”命令，将处理好的图片存储为 1.jpg。

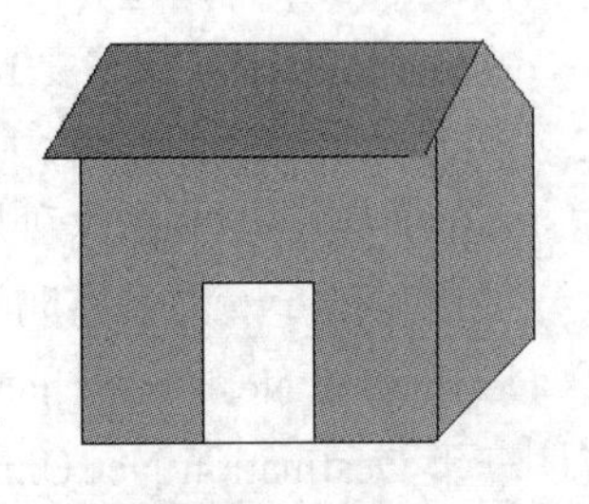

图 6-1 绘制小屋

实验 2 Photoshop CC 2019 画图

【实验目的】

- 掌握 Potoshop CC 2019 软件新建文件、打开文件、保存文件的用法。
- 掌握画笔、移动、渐变、选区、蒙版等工具的基本用法。
- 掌握图层控制面板的基本用法。
- 掌握变换、滤镜等功能的基本用法。

【实验内容与步骤】

任务 1 制作水滴效果

步骤 1：启动 Photoshop 软件，选择“文件”→“新建”命令，打开

“新建文档”对话框，在对话框右侧设置图 6-2 所示参数。

步骤 2：单击“创建”按钮，创建一个白色画布区域，然后设置前景色为黑色，背景色为白色，在“工具箱”里选择“渐变工具”，在选项栏里单击“点按可编辑渐变”按钮，如图 6-3 所示，弹出“渐变编辑器”对话框。

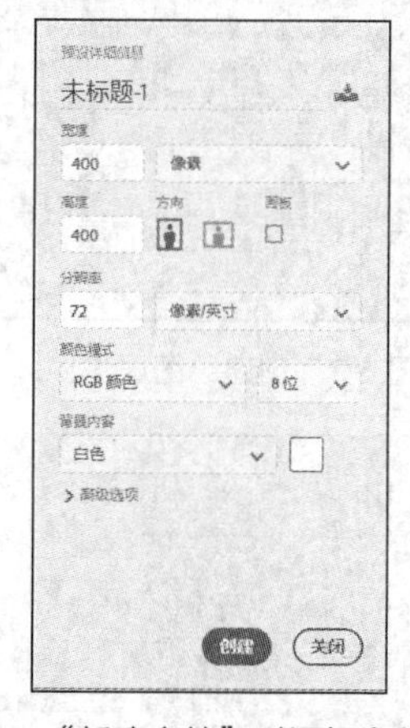

图 6-2　“新建文档”对话框参数设置

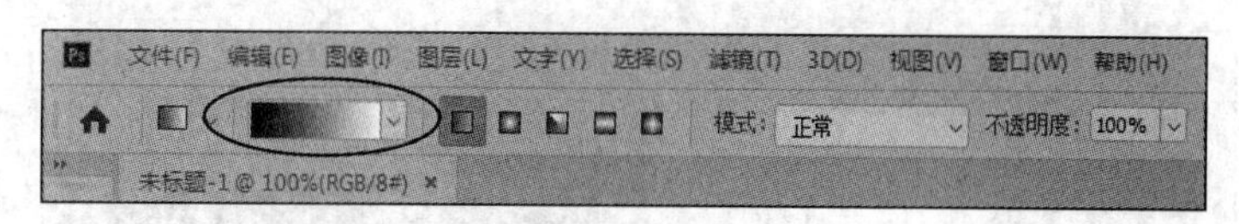

图 6-3　“点按可编辑渐变”按钮

步骤 3：在“渐变编辑器”对话框中选择“前景色到背景色渐变”预设，如图 6-4 所示，单击“确定”按钮。

步骤 4：在画布区域，从左上角开始，按住鼠标左键拖动到右下角，形成渐变路径，如图 6-5 所示，然后释放鼠标左键，完成由黑色前景色到白色背景色的渐变填充，效果如图 6-6 所示。

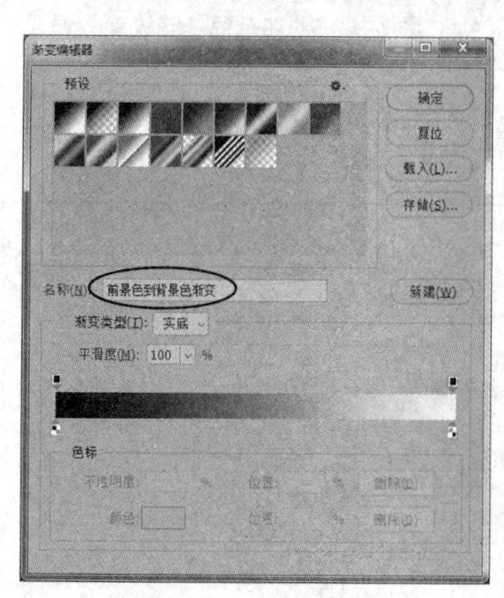

图 6-4　渐变预设设置

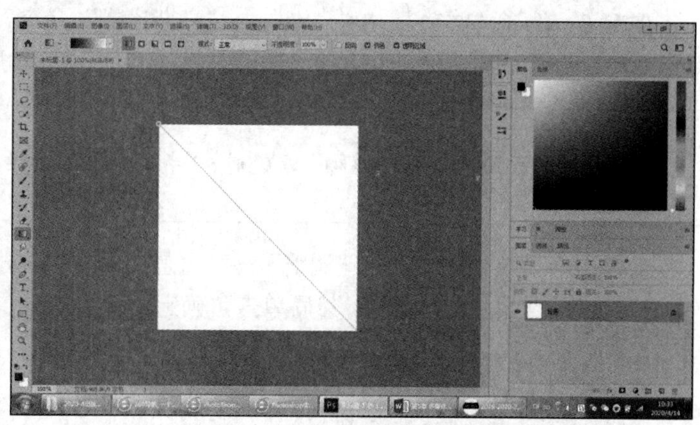

图 6-5　渐变路径

步骤 5：选择“窗口”→“图层”命令，打开图层控制面板，在图层控制面板底部单击“创建新图层”按钮，创建一个新的图层“图层 1”，如图 6-7 所示。

步骤 6：在图层控制面板里单击“图层 1”即可选中“图层 1”，按<Ctrl+A>组合键，即可将“图层 1”全部选中创建为选区，再按<Ctrl + Backspace>组合键将选区填充为白色，如图 6-8 所示。

步骤 7：按<Ctrl+D>组合键，去除选区，选择“滤镜”→“杂色”→“添加杂色”命令，打开“添加杂色”滤镜对话框，然后设置“添加杂色”滤镜参数，如图 6-9 所示，单击“确定”按钮。

图 6-6　渐变效果

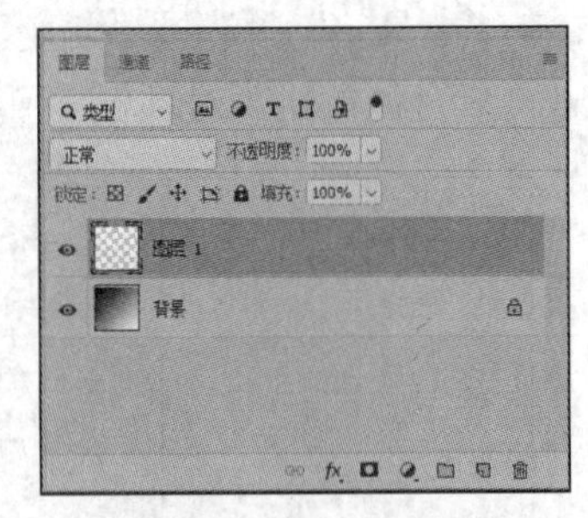

图 6-7　创建“图层 1”

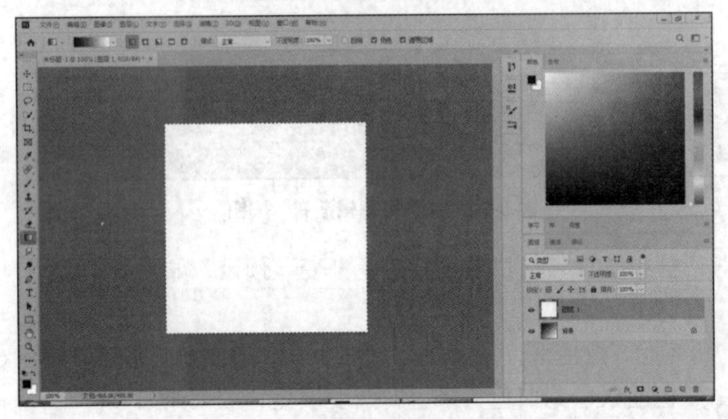

图 6-8　填充“图层 1”选区为白色

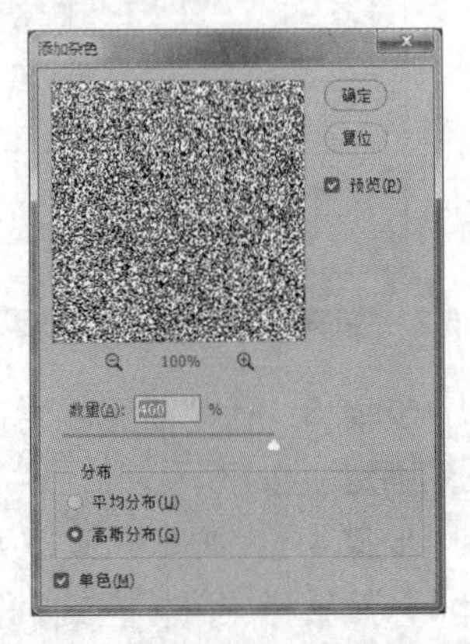

图 6-9　“添加杂色”滤镜参数设置

步骤 8：选择“滤镜”→“模糊”→“高斯模糊”命令，弹出“高斯模糊”滤镜对话框，在对话框中，设置“高斯模糊”滤镜参数，如图 6-10 所示，然后单击“确定”按钮。

使用“高斯模糊”滤镜时，“半径”的参数设置应根据图片尺寸的大小适当调整。

步骤 9：选择“图像”→“调整”→“阈值”命令，弹出“阈值”对话框，在对话框中设置“阈值”参数，如图 6-11 所示，然后单击“确定”按钮。

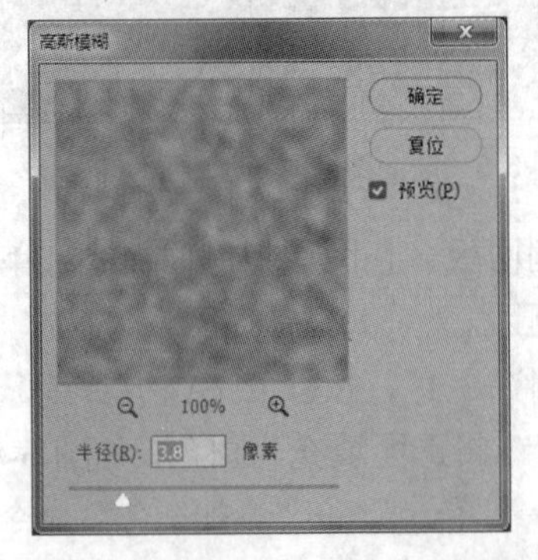

图 6-10　“高斯模糊”滤镜参数设置

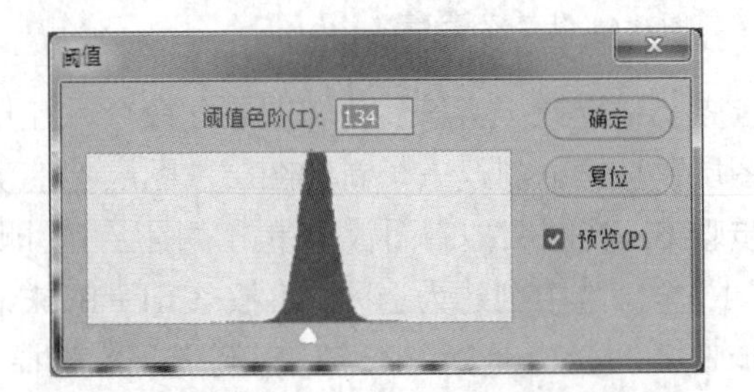

图 6-11　“阈值”参数设置

步骤 10：选择“选择”→“色彩范围”命令，弹出“色彩范围”对话框，然后在画布区域中单击黑色像素，拾取颜色，如图 6-12 所示，然后单击“确定”按钮，得到黑色区域选区。

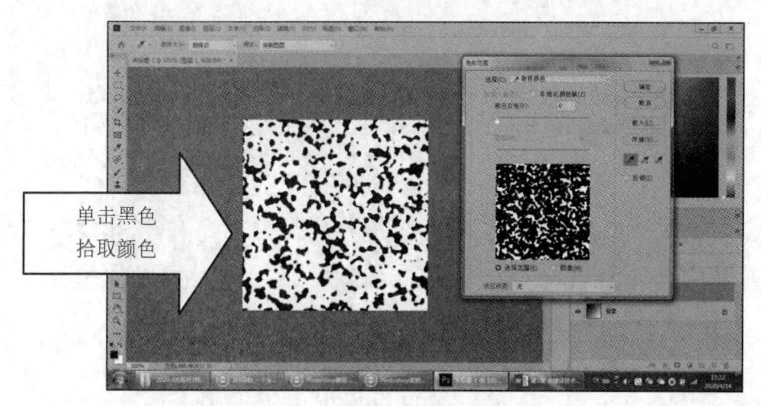

图 6-12　拾取颜色

步骤 11：在图层控制面板里单击“背景”图层即可选中背景图层，按<Ctrl+C>组合键复制，按<Ctrl+V>组合键粘贴，得到“图层 2”，然后删除“图层 1”，如图 6-13 所示。

步骤 12：选中“图层 2”，选择“图层”→“图层样式”→“斜面和浮雕”命令，打开“图层样式”对话框，设置“斜面和浮雕”参数，如图 6-14 所示，单击“确定”按钮。

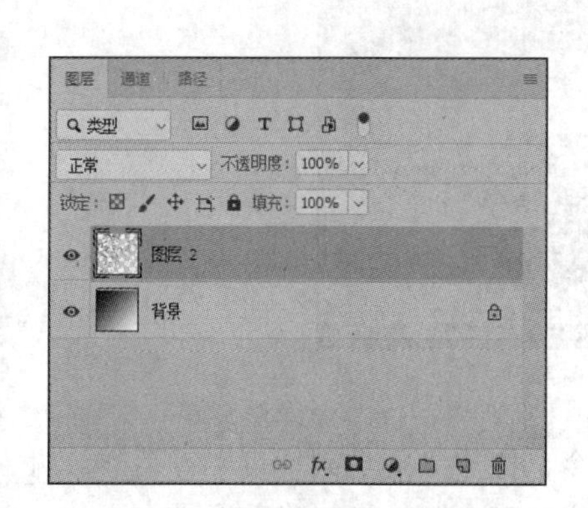

图 6-13　复制粘贴得到“图层 2”

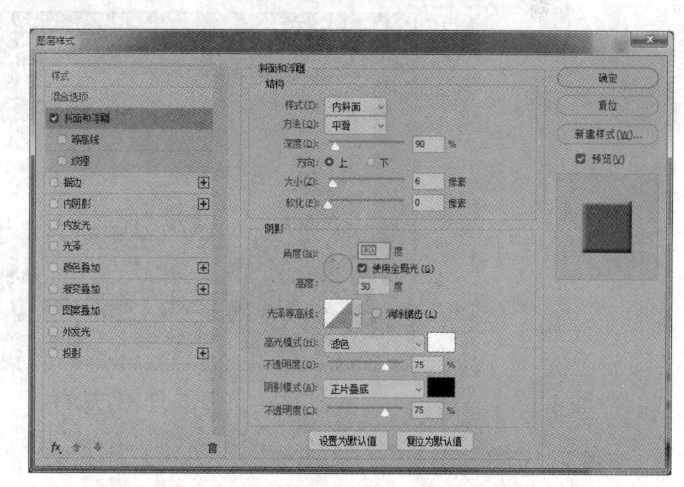

图 6-14　“斜面和浮雕”参数设置

步骤 13：选择“编辑”→“描边”命令，弹出“描边”对话框，设置描边参数，如图 6-15 所示，单击“确定”按钮，完成最终效果如图 6-16 所示。

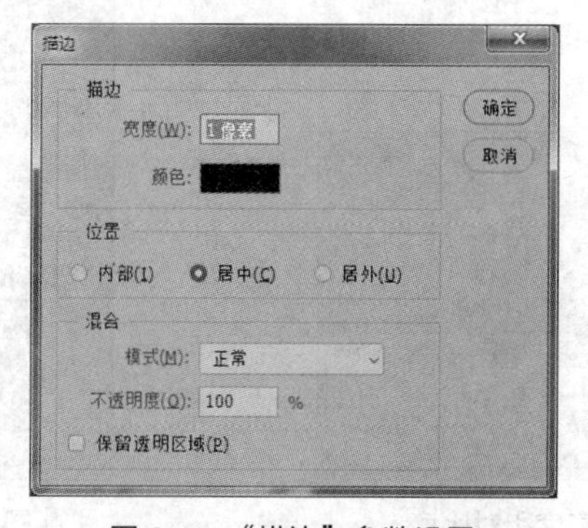

图 6-15　“描边”参数设置

步骤 14：选择“文件”→“存储为”命令，将处理好的图片存储为 2.psd。

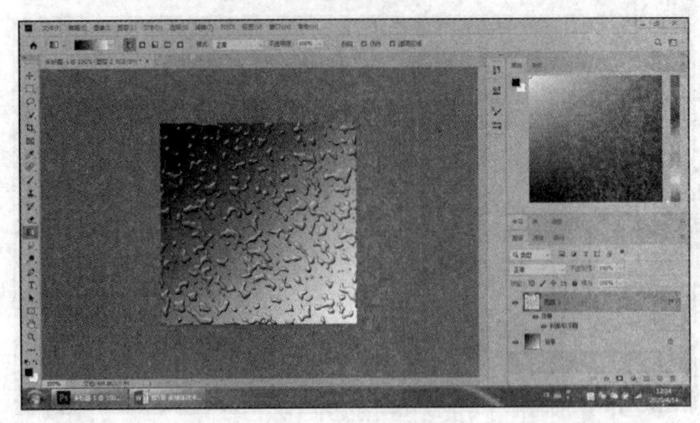

图 6-16　最终效果

任务 2　利用 Photoshop 软件处理图形 1

步骤 1：启动 Photoshop 软件，选择“文件”→“打开”命令，将实验 2 文件夹中的“1.jpg”和“2.jpg”打开，如图 6-17 所示。

图 6-17　打开文件

步骤 2：选择“图像”→“调整”→“亮度/对比度”命令，打开“亮度/对比度”对话框，调节亮度值为+20，如图 6-18 所示，使两张图片亮度相近，单击“确定”按钮，确定设置。

步骤 3：利用移动工具将“1.jpg”中的图像移动到“2.jpg”上，并得到图层 1，如图 6-19 所示。

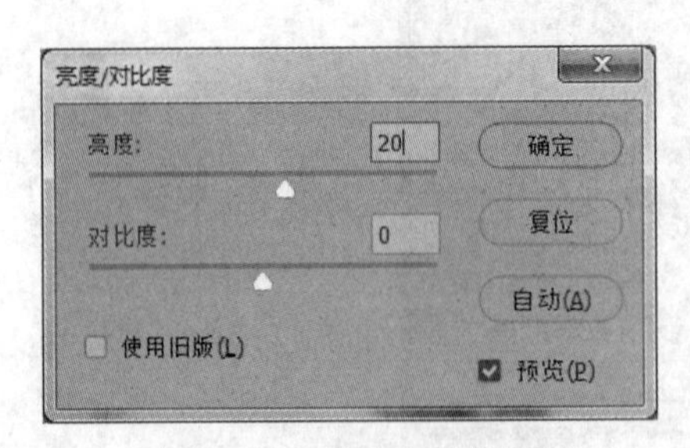

图 6-18　调整亮度和对比度

图 6-19　移动图层

步骤 4：单击图层控制面板底部的“添加矢量蒙版”按钮，给图层 1 添加白色的蒙版，如图 6-20 所示。

步骤 5：在工具箱里选择画笔工具，并通过属性栏设置画笔的笔触、画笔大小以及画笔的硬度，如图 6-21 所示。

图 6-20 添加图层蒙版

图 6-21 调整画笔参数

步骤 6：将前景色调成黑色，背景色调成白色，并利用画笔对图层 1 进行涂抹，得到图 6-22 所示效果。

图 6-22 蒙板处理效果

步骤 7：选择“文件”→“存储为”命令，将处理好的图片存储为 3.psd。

任务 3 利用 Photoshop 软件处理图形 2

步骤 1：启动 Photoshop 软件，选择“文件”→“打开”命令，将实验 3 文件夹中的“1.jpg”和“2.jpg”打开，如图 6-23 所示。

图 6-23 打开文件

步骤 2：在工具箱里选择魔棒工具，然后在属性栏里选择添加到选区，设置容差值为 50，同时选择消除锯齿、连续的选项，如图 6-24 所示。

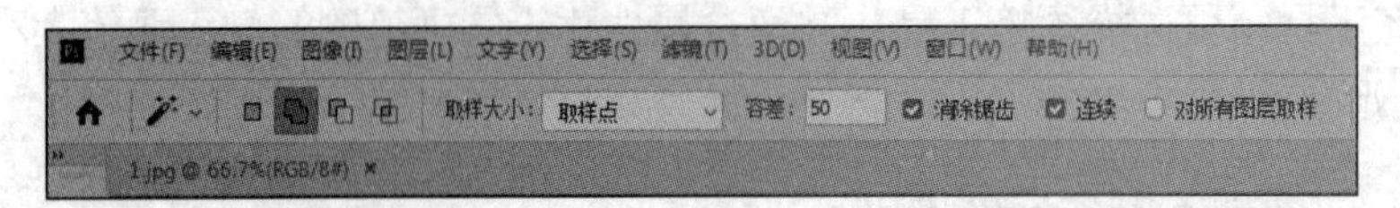

图 6-24　魔棒工具栏

步骤 3：单击 2.jpg 中的黑色背景，将黑色背景形成选区，如图 6-25 所示。

步骤 4：选择“选择”→“反选”命令，得到鸟的选区，如图 6-26 所示。

步骤 5：利用移动工具，将鸟移到 1.jpg 背景图层上，形成图层 1，如图 6-27 所示。

图 6-25　利用魔棒创建选区

图 6-26　反选选区

步骤 6：选中图层 1，选择“编辑”→“变换”→“缩放”命令，按住 Ctrl 键拖动角点将图层 1 图层缩小，按回车键确认缩放，将鸟移动到合适位置，得到图 6-28 所示效果。

图 6-27　移动选区

图 6-28　缩放图层

步骤 7：单击图层控制面板中的背景图层即可选中背景图层，如图 6-29 所示。

步骤 8：选择椭圆选框工具，在“背景”图层水面区域拖动鼠标，得到图 6-30 所示选区。

图 6-29　选中背景图层

图 6-30　创建椭圆选区

步骤 9：选择“滤镜”→“扭曲”→“水波”命令，打开水波滤镜对话框，并设置图 6-31 所示参数。

步骤 10：单击“确定”按钮，按<Ctrl+D>组合键去除选区，得到图 6-32 所示水波效果。

步骤 11：选择“文件”→“存储为”命令，将处理好的图片存储为 4.psd。

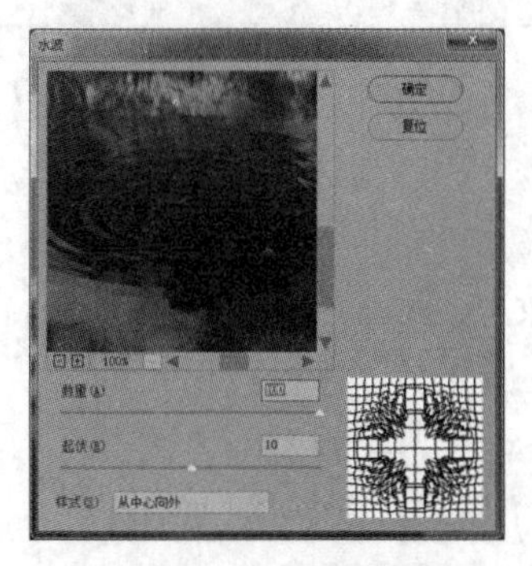

图 6-31　水波滤镜参数设置

图 6-32　水波滤镜效果

任务 4　利用 Photoshop 软件处理图形 3

步骤 1：启动 Photoshop 软件，选择“文件”→“打开”命令，将实验 4 文件夹中的“1.jpg”和“2.jpg”打开，如图 6-33 所示。

步骤 2：选择椭圆选框工具，在属性栏里设置羽化值为 50 像素，在 2.jpg 背景图层上创建图 6-34 所示选区，选中蝴蝶区域。

图 6-33　打开文件

图 6-34　创建椭圆选区

步骤 3：执行“复制”命令，打开 1.jpg 窗口，执行“粘贴”命令，通过选择“编辑”→“变换”→“缩放”命令以及移动工具命令，将蝴蝶处理成合适大小并移动到合适位置，最终效果如图 6-35 所示。

图 6-35　最终效果图

步骤 4：选择“文件”→“存储为”命令，将处理好的图片存储为 5.psd。

附录　全国计算机等级考试相关问题

全国计算机等级考试（National Computer Rank Examination，NCRE），是由教育部考试中心主办，面向社会，用于考查应试人员计算机应用知识与技能的全国性计算机水平考试体系。截至 2020 年 8 月，教育部考试中心公布的 NCRE 级别科目设置及证书体系如附表 1 所示。2019 年 12 月，教育部考试中心更新了“全国计算机等级考试考试大纲（2020 版）”，但这版考试大纲只更新了二级公共基础知识考试大纲，即“二级公共基础知识考试大纲（2020 年版）”，增加了“三级 Linux 应用与开发技术考试大纲（2020 年版）”，其余科目大纲内容不变。

附表 1　　NCRE 级别科目设置及证书体系（2018 年版）

级别	科目名称	科目代码	考试时长	考核课程代码	获证条件
一级	计算机基础及 WPS Office 应用	14	90 分钟	114	科目 14 考试合格
	计算机基础及 MS Office 应用	15	90 分钟	115	科目 15 考试合格
	计算机基础及 Photoshop 应用	16	90 分钟	116	科目 16 考试合格
	网络安全素质教育	17	90 分钟	117	科目 17 考试合格
二级	C 语言程序设计	24	120 分钟	201、224	科目 24 考试合格
	Visual Basic 语言程序设计	26	120 分钟	201、226	科目 26 考试合格
	Java 语言程序设计	28	120 分钟	201、228	科目 28 考试合格
	Access 数据库程序设计	29	120 分钟	201、229	科目 29 考试合格
	C++语言程序设计	61	120 分钟	201、261	科目 61 考试合格
	MySQL 数据库程序设计	63	120 分钟	201、263	科目 63 考试合格
	Web 程序设计	64	120 分钟	201、264	科目 64 考试合格
	MS Office 高级应用	65	120 分钟	201、265	科目 65 考试合格
	Python 语言程序设计	66	120 分钟	201、266	科目 66 考试合格
三级	网络技术	35	120 分钟	335	科目 35 考试合格
	数据库技术	36	120 分钟	336	科目 36 考试合格
	信息安全技术	38	120 分钟	338	科目 38 考试合格
	嵌入式系统开发技术	39	120 分钟	339	科目 39 考试合格
四级	网络工程师	41	90 分钟	401、403	获得科目 35 证书，科目 41 考试合格
	数据库工程师	42	90 分钟	401、404	获得科目 36 证书，科目 42 考试合格
	信息安全工程师	44	90 分钟	401、403	获得科目 38 证书，科目 44 考试合格
	嵌入式系统开发工程师	45	90 分钟	401、402	获得科目 39 证书，科目 45 考试合格

NCRE 实行百分制计分，但会以等第形式通知考生成绩。成绩等第分为“优秀”“良好”“及格”“不及格”4 等。90～100 分为“优秀”，80～89 分为“良好”，60～79 分为“及格”，0～59 分为“不及格”。

考试成绩优秀者，证书上会注明“优秀”字样；考试成绩良好者，证书上会注明“良好”字样；考试成绩及格者，证书上会注明“合格”字样。

自 1994 年开考以来，NCRE 适应了市场经济发展的需要，考生人数逐年递增，至 2017 年年底，累计考生人数超过 7600 万人，累计获证人数近 2900 万人。

1. 一级考试

一级考试为操作技能级。主要考核计算机基础知识及计算机基本操作能力，包括 Office 办公软件、图形图像软件、网络安全素质教育。一级考试科目有“计算机基础及 WPS Office 应用”“计算机基础及 MS Office 应用”“计算机基础及 Photoshop 应用”“网络安全素质教育”这 4 个科目，在这 4 个科目中选择一个参加考试并通过即可。

（1）一级考试形式

一级考试完全采取上机考试的形式，各科上机考试时间均为 90 分钟，满分 100 分。

（2）一级考试获证条件

总分不低于 60 分。

（3）一级考试考核内容

“计算机基础及 MS Office 应用”“计算机基础及 WPS Office 应用”“计算机基础及 Photoshop 应用”3 个科目的考核内容都包括计算机基础知识和操作技能两部分。各科目对基础知识的要求相同，以考查应知应会的知识为主，题型为选择题，分数占全卷的 20%（20 分）。办公软件类考试，操作技能部分包括汉字录入、Windows 系统使用、文字排版、电子表格、演示文稿、IE 的简单应用及电子邮件的收发。Photoshop 考试，要求了解数字图像的基本知识，熟悉 Photoshop 的界面与基本操作方法，掌握并熟练运用绘图工具进行图像的绘制、编辑、修饰，会使用图层蒙版、样式以及文字工具。网络安全素质教育考试，要求具有网络安全的基础知识、网络安全意识和网络行为安全规范；了解计算机网络和网络安全的基本概念及法律法规标准、网络攻击的步骤和安全模型；掌握 Windows 系统及移动智能系统和网络应用安全防护的措施、常见安全威胁的应对措施、恶意代码的基本概念及技术、典型网络安全工具的配置和使用。

（4）一级考试题型及分值比例

- “计算机基础及 MS Office 应用”考试题型及分值比例如下。

① 单项选择题，20 题，20 分。

② Windows 操作系统的使用，10 分。

③ Word 的操作，25 分。

④ Excel 的操作，20 分。

⑤ PowerPoint 的操作，15 分。

⑥ 浏览器（IE）的简单使用和电子邮件的收发，10 分。

- “计算机基础及 WPS Office 应用”考试题型及分值比例如下。

① 单项选择题，20 题，20 分。

② Windows 操作系统的使用，10 分。

③ WPS 文字的操作，25 分。

④ WPS 表格的操作，20 分。

⑤ WPS 演示软件的操作，15 分。

⑥ 浏览器（IE）的简单使用和电子邮件的收发，10 分。

- “计算机基础及 Photoshop 应用”考试题型及分值比例如下。

① 单项选择题，55 题，55 分（含计算机基础知识部分 20 分，Photoshop 知识与操作部分 35 分）。

② Photoshop 的操作，45 分（含 3 道题目，每题 15 分）。

- “网络安全素质教育”考试题型及分值比例如下。

① 单项选择题，40 题，40 分。

② 多选选择题，10 题，20 分。

③ 判断题，14 题，21 分。

④ 填空题，2 题，3 分。

⑤ 简答题，1 题，16 分。

（5）一级考试：上机考试环境及使用的软件

NCRE 一级上机考试环境为 Windows 7 简体中文版。各科目使用的软件如附表 2 所示。

附表 2　　NCRE 一级各科目使用的软件

考试科目	考试软件
计算机基础及 MS Office 应用	Microsoft Office 2010
计算机基础及 WPS Office 应用	WPS Office 2012 办公软件
计算机基础及 Photoshop 应用	Photoshop CS5（典型方式安装）

2021 年起，“计算机基础及 MS Office 应用”科目考试使用的软件将升级到 Microsoft Office 2016（中文专业版）。

参加 NCRE“计算机基础及 Photoshop 应用”科目的考生，可以在 NCRE 报名时自愿申请免试取得“Adobe Photoshop 产品工程师认证”证书，即通过 NCRE“计算机基础及 Photoshop 应用”科目考试，可以同时取得全国计算机等级证书与“Adobe Photoshop 产品工程师认证”证书，实现“一考双证”。

2. 二级考试

二级考试为程序设计/办公软件高级应用级。考核内容包括计算机语言与基础程序设计能力，要求参试者掌握一门计算机语言，可选类别有高级语言程序设计类、数据库程序设计类等；二级考试还包括办公软件高级应用能力，要求参试者具有计算机应用知识及 MS Office 办公软件的高级应用能力，能够在实际办公环境中开展具体应用。

（1）二级考试科目

二级考试科目包括“C 语言程序设计”“C++语言程序设计”“Java 语言程序设计”“Visual Basic 语言程序设计”“Web 程序设计”“Python 语言程序设计”“Access 数据库程序设计”“MySQL 数据库程序设计”“MS Office 高级应用”共 9 个科目。在这 9 个科目中选择一个参加考试并通过即可。其中，2020 年 9 月“Visual Basic 语言程序设计”科目进行最后一次组考。

（2）二级考试形式

二级考试完全采取上机考试形式。各科上机考试时间均为 120 分钟，满分 100 分。

（3）二级考试获证条件

二级 MS Office 高级应用总分达到 60 分。二级语言类及数据库科目（即除 MS Office 高级应用外的其他二级科目）总分达到 60 分且选择题得分达 50%以上（即选择题得分要达到 20 分以上）。

（4）二级考试考核内容

二级考试定位为程序员，考核内容包括公共基础知识和程序设计。所有科目对基础知识均做统一要求，使用了统一的公共基础知识考试大纲和教程。二级公共基础知识会在各科考试的选择题中体现。程序设计部分，主要是考查考生对程序设计语言使用和编写调试的基本能力，常在选择题和操作题中加以体现。

（5）二级考试题型及分值比例

- "MS Office 高级应用"考试题型及分值比例如下。

① 单项选择题，20 题，20 分（含公共基础知识部分 10 分）。

② 文字处理题（Word），1 题，30 分。

③ 电子表格题（Excel），1 题，30 分。

④ 演示文稿题（PowerPoint），1 题，20 分。

- "C 语言程序设计"考试题型及分值比例如下。

① 单项选择题，40 题，40 分（含公共基础知识部分 10 分）。

② 程序填空题，1 题，18 分。

③ 程序改错题，1 题，18 分。

④ 程序设计题，1 题，24 分。

- "Python 语言程序设计"考试题型及分值比例如下。

① 单项选择题，40 题，40 分（含公共基础知识部分 10 分）。

② 基本操作题，3 题，15 分。

③ 简单应用题，2 题，25 分。

④ 综合应用题，1 题，20 分。

- 其他科目考试题型及分值比例如下。

① 单项选择题，40 题，40 分（含公共基础知识部分 10 分）。

② 基本操作题，18 分。

③ 简单应用题，24 分。

④ 综合应用题，18 分。

（6）二级考试：上机考试环境及使用的软件

NCRE 二级上机考试环境为 Windows 7 简体中文版。各科目使用的软件如附表 3 所示。

附表 3　NCRE 二级各科目使用的软件

考试科目	考试软件
MS Office 高级应用	Microsoft Office 2010
C 语言程序设计	Microsoft Visual C++ 2010 学习版
C++语言程序设计	Microsoft Visual C++ 2010 学习版
Visual Basic 语言程序设计	Microsoft Visual Basic 6.0 简体中文专业版
Java 语言程序设计	JDK 1.6.0 或 NetBeans 中国教育考试版（2007）
Web 程序设计	NetBeans 中国教育考试版（2007），IE 6.0 及以上

续表

考试科目	考试软件
Python 语言程序设计	Python 3.4.2 至 Python 3.5.3 版本 IDLE 开发环境
Access 数据库程序设计	Microsoft Access 2010
MySQL 数据库程序设计	WAMP 5.0 及以上开发环境，MySQL 5.5 数据库管理系统，PHP 编程语言

2021 年起，“MS Office 高级应用”科目考试使用的软件将升级到 Microsoft Office 2016（中文专业版）；“Access 数据库程序设计”科目考试使用的软件将升级到 Microsoft Access 2016。

3. 三级考试

三级考试为工程师预备级，考核面向应用、面向职业的岗位专业技能。

（1）三级考试科目

三级考试科目包括“网络技术”“数据库技术”“信息安全技术”“嵌入式系统开发技术”共 4 个科目。

（2）三级考试形式

三级考试完全采取上机考试形式。各科上机考试时间均为 120 分钟，满分 100 分。

（3）三级考试获证条件

总分不低于 60 分。

（4）三级考试考核内容

- “网络技术”的考核内容包括网络规划与设计、局域网组网技术、计算机网络信息服务系统的建立、计算机网络安全与管理。
- “数据库技术”的考核内容包括数据库应用系统分析及规划、数据库设计及实现、数据库存储技术、并发控制技术、数据库管理与维护、数据库技术的发展及新技术。
- “信息安全技术”的考核内容包括信息安全保障概论、信息安全基础技术与原理、系统安全、网络安全、应用安全、信息安全管理、信息安全标准与法规。
- “嵌入式系统开发技术”的考核内容包括嵌入式系统的概念与基础知识、嵌入式处理器、嵌入式系统硬件组成、嵌入式系统软件、嵌入式系统的开发的相关知识和技能。

（5）三级考试题型及分值比例

- “网络技术”考试题型及分值比例如下。

① 单项选择题，40 题，40 分。

② 综合题，4 题，40 分。

③ 应用题，1 题，20 分。

- “数据库技术”考试题型及分值比例如下。

① 单项选择题，30 题，40 分（1～20 题每题 1 分，21～30 题每题 2 分）。

② 应用题，15 题，30 分。

③ 设计与应用题，3 题，30 分。

- “信息安全技术”考试题型及分值比例如下。

① 单项选择题，50 题，60 分（1～40 题每题 1 分，41～50 题每题 2 分）。

② 填空题，20 题，20 分。

③ 综合应用题，3 题，20 分。

• “嵌入式系统开发技术”考试题型及分值比例如下。

① 单项选择题，40 题，40 分。

② 填空题，20 题，40 分。

③ 综合题，1 题，20 分。

（6）三级考试：上机考试环境及使用的软件

NCRE 三级上机考试环境为 Windows 7 简体中文版。

4. 四级考试

四级考试为工程师级。四级证书面向已持有三级相关证书的考生。

（1）四级考试科目

四级考试科目包括“网络工程师”“数据库工程师”“信息安全工程师”“嵌入式系统开发工程师”共 4 个考核项目。

（2）四级考试形式

四级考试采取无纸化考试。四级考试科目由四门专业基础课程中指定的两门课程组成，总分 100 分，两门课程各占 50 分。四门专业基础课程为计算机专业核心课程，包括操作系统原理、计算机组成与接口、计算机网络、数据库原理。考试总时间为 90 分钟，单课程考试没有时间要求。

（3）四级考试获证条件

两门课程成绩分别达到 30 分及以上，并已经（或同时）获得三级相关证书。2013 年 3 月及以前获得的三级各科目证书，不区分科目，可以作为四级任一科目的获证条件。

（4）四级考试考核内容

• “网络工程师”：考核计算机网络、操作系统原理两门课程。测试内容包括网络系统规划与设计的基础知识、中小型网络的系统组建、设备配置调试、网络系统现场维护与管理的基本技能。

• “数据库工程师”：考核数据库原理、操作系统原理两门课程。测试内容包括数据库系统的基本理论以及数据库设计、维护、管理与应用开发的基本能力。

• “信息安全工程师”：考核计算机网络、操作系统原理两门课程。测试内容包括网络攻击与保护的基本理论和技术，以及操作系统、路由设备的安全防范技能。

• “嵌入式系统开发工程师”：考核操作系统原理、计算机组成与接口两门课程。测试内容包括嵌入式系统基本理论、逻辑电路基础以及嵌入式系统中的信息表示与运算、评价方法等基本技能。

（5）四级考试题型及分值比例

四级考试题型及分值比例如下。

① 单选题，60 题，60 分。

② 多选题，20 题，40 分。

（6）四级考试：上机考试环境及使用软件

NCRE 四级上机考试环境为 Windows 7 简体中文版。

5. 全国计算机等级考试时间及报名要求

（1）考试时间

NCRE 以往每年开考两次，2014 年开始每年开考次数由两次增加到三次，2019 年开始增加为四次。其中 3 月和 9 月开考全部级别全部科目，6 月和 12 月只开考一级和二级，由各省级承办机构根据实际情况确定是否开考 6 月和 12 月的考试。

（2）考试报名

考生不受年龄、职业、学历等背景的限制，均可根据自己的学习情况和实际能力报考相应的级别和科目。

（3）报名时间

上半年考试的报名时间一般在上一年的 11 月至当年 1 月之间；下半年考试的报名时间一般在 5 月至 7 月之间。每次考试报名的具体时间都由各省级承办机构规定。

（4）报名方式

报名分为考点现场报名与网上报名两种方式。

考生在考点现场报名时，需出示身份证并缴纳相关的考试费。考生一定要亲自到场，不能由任何单位、个人代劳。考生应按要求进行信息采集，并逐一核实报名表上的个人信息，如姓名、身份证号、照片、报考科目、报考类别（是否补考）等，发现信息不一致要立刻更改。报名完成后请妥善保管“考生报名登记表”。

考生采取网上报名方式时，需先在所在省份的网上报名系统注册并填报相关基本信息、上传正面免冠电子近照，然后在网上缴费或至指定地点缴费并确认身份信息，完成报名。

一般情况下，每次考试每个考生只能在一个考点完成报名。

考生报名时缴纳的考试费的具体金额由各省级承办机构根据考试需要和当地物价水平确定，并报当地物价部门核准。考点不得擅自加收费用。

（5）特殊人员报名

现役军人可使用军官证报名参加考试，通过在其军官证号码前后各加入识别码完成信息采集。识别码的编码有统一格式，前 6 位后 4 位。

另外，根据《现役军人和人民武装警察居民身份证申领发放办法》的规定，现役军人可以通过团以上单位集中向地方公安机关申请居民身份证（军人身份证）以参加考试。

无身份证的学生可携带户口本参加报名，身份证丢失者凭公安机关开具的身份证明参加报名，外籍人员凭护照参加报名。